ミヤケン先生の
合格講義

コンクリート技士試験

改訂2版

宮入賢一郎 編　森 多毅夫・小林雄二郎 共著

Ohmsha

■はじめに■

　土木構造物や建築構造物を構築するうえで主要な材料となるものがコンクリートです。コンクリートは、使用材料の特性と配(調)合設計によって基本的な性能が決まりますが、要求されるコンクリートの品質を得るためには、適切な練混ぜや取扱い、施工などを行うことが不可欠となります。

　「コンクリート技士」の試験制度は、コンクリートの製造、施工等に携わっている技術者の資格を認定して技術の向上を図るとともに、コンクリートに対する信頼性を高め、建設産業の進歩・発展に寄与することを目的としています。そして「コンクリート技士」は、コンクリートの製造、施工、検査および管理など、日常の技術的業務を実施する能力のある技術者とされているため、コンクリート技術者にとって、必要な資格として位置づけられています。

　「コンクリート技士」を名乗り、活用するための試験が、「コンクリート技士試験」です。

　この試験において、確実に合格に近づくためには、事前に十分に準備をし、学習を積み重ねなければならないのは他の資格試験と一緒です。しかし、出題範囲や傾向を意識して学習しなければ、決して効率的なものにはならないでしょう。本書は、日常の多忙な仕事に身を置かれているコンクリート技術者の方々が、合格できる実力を効率良く身につけることをねらいとしています。

　コンクリート技士試験は、四肢択一式の問題です。以前には、四肢択一式に加えて○×式問題もありました。いずれにしても、例年、たいへん広い分野からまんべんなく出題されていることや、深い理解と豊富な知識が要求されるために、どこから手をつけていいのかがわかりにくい受験者も多いようです。また、得意分野はともかく、どちらかというと苦手な分野をどのようにマスターしておくのかは、どの受験者にとっても難しいところです。

本書では、経験や知識が豊富な受験者だけでなく、このような試験が苦手な受験者を含め、すべての受験者が要領よく学習できるように秘訣となるポイントを解説しました。また、効率良く学習するために出題傾向と、それに基づいた重要ポイント講義、問題攻略の秘訣、過去問題を用いた解答の導き方なども解説しています。

　もしも、次のようなことに少しでも心当たりがあるなら、本書での学習が最適です。

- 日頃の仕事が忙しくて勉強がなかなか進まない。
- 初めての受験で、何をどう準備して学習すれば合格できるかわからない。
- 出題範囲が広くて的が絞れず困っている。
- 実際に体験している現場だけでは、出題範囲の分野をカバーしきれない。
- マネジメント能力を高め、現場での実務に活かしたい。
- コンクリート主任技士・診断士試験へのステップアップとしたい。
- 確実にコンクリート技士試験を合格したい。

　本書1冊をしっかり理解していただくことにより、合格できる実力が身につくはずです。見事に合格されることを心より祈念しております。

2022年6月

宮入賢一郎

森　多毅夫

小林雄二郎

目　次

補習 ● ○×式問題 集中講義

予習

試験概要と攻略ポイント

　　コンクリート技士試験は、コンクリートに関する幅広い知識と豊かな経験を有する技術者が多く求められている現在、その重要性が高まってきています。この試験の合格率は 30％前後ですが、しっかりとした準備と学習をしておかないと、たとえベテランの方でも合格には及びません。

　　まずは問題の傾向を把握しながら、合格までの道のりをイメージしましょう！

この資格試験は、コンクリートの製造、施工などに携わっている技術者の資格を認定して技術の向上を図るとともに、コンクリートに対する信頼性を高め、建設産業の進歩・発展に寄与することを目的として、昭和45年度に創設されたもので、公益社団法人日本コンクリート工学会が実施している。

試験による認定資格の称号は、「コンクリート技士」および「コンクリート主任技士」の2種類。「コンクリート技士」は、コンクリートの製造、施工、検査および管理など、日常の技術的業務を実施する能力のある技術者として、「コンクリート主任技士」は、コンクリートの製造、工事および研究における計画、施工、管理、指導などを実施する能力のある技術者として認定される。

コンクリートに関する幅広い知識と豊かな経験を有する技術者が多く求められている現在、この資格の重要性がより高まっている。また、コンクリート技士、主任技士の資格は、コンクリート診断士試験の受験資格要件のひとつになっている。

なお、この試験の合格率は30%前後となっている。

1 ◆ 試験の受験申込みから登録までの流れ

どのような資格試験にも共通のことであるが、まずは受験資格を確認し、受験申込みをしなければならない。受験の申込みは8月初旬〜9月初旬と比較的長い期間であるが、日頃のあわただしいスケジュールのなか、ついつい受験申込書を書きそびれていたり、郵送し忘れてしまうことは時折耳にすることである。つねに早め早めを心がけて準備をするように努めてほしい。

試験機関である公益社団法人 日本コンクリート工学会の広報、ホームページ（https://www.jci-net.or.jp）を確認し、早めに受験申込書等を入手し、必要資料などを整えて、記載事項をしっかりと確認したうえで、あまり間をおかずに申込みたいところである。

```
┌─────────────────────────┐
│      受験資格を有する者      │
└─────────────────────────┘
              │
┌─────────────────────────────────────┐
│ 受験願書販売　例年 7 月初旬から 8 月下旬 │
├─────────────────────────────────────┤
│ 受験申込み　例年 8 月初旬から 9 月初旬 │
├─────────────────────────────────────┤
│ 受験票　　　例年 11 月初旬に受験票を発送 │
├─────────────────────────────────────┤
│ 試験実施　　例年 11 月下旬 │
│                                       │
│          試験地                       │
│          札幌、仙台、東京、           │
│          名古屋、大阪、広島、         │
│          高松、福岡、沖縄             │
├─────────────────────────────────────┤
│ 合格発表　　例年翌 1 月中旬 │
└─────────────────────────────────────┘
              │
┌─────────────────────────┐
│         登　　　録          │
└─────────────────────────┘
```

例年ほぼ同じような日程ですが、早めに試験機関である「公益社団法人 日本コンクリート工学会」からの広報をインターネット等で入手し、万全に準備しよう。

公益社団法人 日本コンクリート工学会
https://www.jci-net.or.jp

受験申込みの際にもういちど確認し、自分の希望する試験地を決定しよう。交通機関の確認や、前泊などの対策をぬかりなく！

🟦 コンクリート技士試験の流れ 🟦

🟦 **合格の秘訣！**

・試験情報をホームページなどでチェックし、早めに手続きを進めよう。

・必要書類の準備は済みましたか？ 願書の販売期間に注意し、早めに入手しよう。

・当然のことですが受験願書を提出しなければ、永遠に合格はありません。願書を取り寄せたら必ず申込み期間内に必要書類を整え、提出しよう！

🔹 コンクリート技士　受験資格 🔹

	資　　　　格		必要となる 実務経験年数	C 証明書等
A1	コンクリート診断士	いずれかを登録していること	実務経歴書の記入および勤務先の証明など不要	登録証明書、監理技術者資格者証等のコピー
A2	一級建築士			
A3	技術士（建設部門）			
A4	技術士（農業部門－農業土木）			
A5	（特別上級・上級・1級）土木技術者 （土木学会）			
A6	RCCM（鋼構造及びコンクリート） （建設コンサルタンツ協会）			
A7	コンクリート構造診断士 （プレストレストコンクリート工学会）			
A8	1級土木施工管理技士または、 1級建築施工管理技士	監理技術者資格者証を有すること		監理技術者資格者証のコピー
B1	コンクリートの技術関係業務実務経験者（学歴・年齢は関係なし）		3年以上	実務経歴書およびその証明（受験願書に記載）
A1～A8・B1の資格がない場合	B2　大学 B3　高等専門学校（専攻科）	コンクリート技術に関する科目を履修した卒業者（注1）	2年以上※	実務経歴書およびその証明（受験願書に記載）卒業証明書および履修（成績）証明書
	B4　短期大学 B5　高等専門学校	コンクリート技術に関する科目を履修した卒業者（注1）	2年以上	
	B6　高等学校	コンクリート技術に関する科目を履修した卒業者（注1）	2年以上	

（注1）コンクリート技術に関する科目（コンクリート工学、土木材料学、建築材料学、セメント化学、
　　　　無機材料工学、等）
　　　※大学院でコンクリートに関する研究を行った期間を実務経験とする場合は、実務経歴書に研究
　　　　テーマの記入と、大学院の修了証明書が必要。

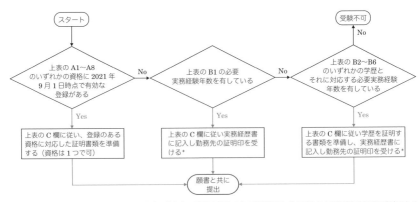

＊受験資格 B1～B6 で前年度と同資格で受験する場合、前年度の受験票添付により卒業証明書などの提出および勤務先の証明は省略できる

🔹 受験資格と提出書類（2021年受験の例）🔹

2章 過去問題の分析と攻略

1 ◆ 試験問題の構成

　試験は、午後の2時間で実施される筆記試験のみ。最近の出題形式は四肢択一式となっている。以前は、四肢択一式に加え、○×式も出題されたことがあった。

　問題用紙は、冊子となって配布される。[解答作成の注意事項]が表紙にあるので、熟読して間違いのないように解答する必要がある。

表紙には出題形式や問題数、その他の注意事項が明記されている。また、解答用紙は別紙である。

受験年度によって、出題や解答の方法が変わることもあるので、注意事項はしっかり読もう！！

四肢択一式が36問（年によって異なる場合もあり）。解答はひとつしかないので、二つ以上解答するとその問題の解答は無効になる。

四肢択一式の問題には、図表を用いた出題もある。知識を総動員させて正解を導こう！

四肢択一式

問題は複数のページで構成されています。

（参考）以前の試験では、最後に○×式問題があったことも。この時の採点方法は、間違った解答を減点（マイナス点）するものだった。

コンクリート技士試験の学習を効率的に進め、合格への攻略を導くために、過去問題を分析した。この試験はたいへん出題範囲が広く、受験者の多くが勘どころがつかめずに苦労するはずである。しかし例年の出題範囲はほぼ分類ができるため、これに沿った学習をすることが合格への近道である。

　本書ではコンクリート技士試験の合格を目的とした『講義』のイメージで分野を構成し、各分野を『○時限目』と表記した。各出題範囲との対応を次に示す。

🧱 出題範囲と本書の対応 🧱

本書の章立て	出題範囲（分野）
1 時限目	コンクリートの材料
2 時限目	コンクリートの性質
3 時限目	コンクリートの劣化・耐久性
4 時限目	コンクリートの配(調)合
5 時限目	製造・品質管理と検査
6 時限目	コンクリートの施工
7 時限目	各種コンクリート
8 時限目	コンクリート構造とコンクリート製品
補　習	○×式問題 集中講義

　過去の試験でみられた○×式問題は、各分野からの出題で構成される短文の記述文に対して、○か×かの判定を行う形式となっていた。本書では各分野ごとの理解と四肢択一式の重点問題を解いたあとでの総仕上げに役立つことから、章タイトルを『補習』として構成した。

出題範囲となる分野と項目

出題分野と項目
コンクリートの材料
セメント
骨材
混和材・混和剤
練混ぜ水
鋼材・補強材
コンクリートと環境
コンクリートの性質
フレッシュコンクリート
硬化コンクリートの性質
コンクリートの劣化・耐久性
劣化とその抑制対策
ひび割れとその抑制対策
コンクリートの配(調)合
配(調)合条件の設定
配(調)合の計算方法
製造・品質管理と検査
レディーミクストコンクリートの基本
レディーミクストコンクリートの製造
統計的品質管理の基礎知識

出題分野と項目
コンクリートの施工
運搬
打込み、締固め、打継ぎ
仕上げ、養生
型枠、支保工
鉄筋の加工、組立て
各種コンクリート
寒中コンクリート
暑中コンクリート
マスコンクリート
水中コンクリート
海水の作用を受けるコンクリート
高強度コンクリート
高流動コンクリート
流動化コンクリート
舗装コンクリート
その他の各種コンクリート
コンクリート構造とコンクリート製品
鉄筋コンクリート構造
プレストレストコンクリート
コンクリート製品

予習

　本書では、出題範囲となる分野を『○時限目』、項目を『章』として構成した。各時限の冒頭で、出題傾向をまとめているので、参考にされたい。

コンクリート技士を試験によって選考するための項目と、それぞれの具体的な内容と程度は下表のとおりとなっている。

🧱 選考の基準 🧱

	項　目	内容と程度
1.	土木学会コンクリート標準示方書（ただし、構造設計関連の内容は除く）日本建築学会建築工事標準仕様書 JASS5 鉄筋コンクリート工事	• 内容を理解する能力
	a. コンクリート用材料の品質、試験および管理	• JIS に規定されている試験についての実施能力と結果の判定能力 • 通常使用される材料について試験し、その結果をコンクリートの配(調)合および製造管理に反映させる能力 • 材料を適切に扱う能力
	b. コンクリートの配(調)合設計	• 通常使用されるコンクリートについて、その使用材料に応じ、所要の性質を満たす配(調)合を定めることができる能力およびこれに必要なコンクリートの性質に関する基礎的知識
	c. コンクリートの試験	• JIS に規定されている試験についての実施能力と結果の判定能力
	d. プラントの計画管理	• 基本的計画に基づいてプラントの性能仕様を立案する能力 • 日常の管理検査をする能力
	e. コンクリートの製造および品質管理	• 定められた示方配合（計画調合）に対する現場配合（現場調合）を定める能力 • コンクリートの性質の変化に応じ配(調)合を調整する能力 • 製造に必要な機械の適切な使用、もしくは作業員にその指示をする能力 • コンクリートの品質管理図を作成し、その結果をコンクリートの品質管理に反映させる能力
	f. コンクリートの施工	• 施工計画に基づいて必要な施工準備を行い、施工作業を適切に指導し、機械器具を選定し、その適切な使用方法を指示する能力 • 施工方法とコンクリートの性質との関係についての一連の知識
	g. コンクリートに関わる環境問題	• コンクリートおよびコンクリート構造物に関わる環境問題についての基礎的な知識と理解力
	h. その他	• コンクリートおよびコンクリート構造物に関わる基礎的な知識と理解力
2.	関係法令（たとえば建築基準法施行令のうちコンクリートの品質ならびに施工に関係する事項）およびコンクリート関係の JIS	• 内容についての基本的な知識
3.	小論文	• コンクリート技士には、小論文はありません（コンクリート主任技士のみ）。

ただし、試験日からさかのぼって1年以内に制定されたJISおよび改正された基準類（コンクリート標準仕方書、JASS5等）中の変更事項については出題の対象とされていない。

3 ◆ 合格するための本書の活用方法

- 試験科目、出題分野に対応した準備が必要である。

  次の1時限目から8時限目までは、出題分野ごとに攻略法と、基礎知識・標準問題をまとめている。補習では、出題分野全体からの○×式問題と解答を載せた。1〜8時限の内容を振り返りながら解答を理解しよう。

- 各時限の扉では、この分野の攻略法を簡潔にまとめ、過去問題の分析から得られた項目構成を示している。それぞれの項目では冒頭に「**出題傾向**」と「**こんな問題が出題されます！**」というタイトルをつけた基本問題を1問載せている。これをまず解いてみよう。実際に自分の知識で解くことができるか、それとも解説を読まないと分からなかったのか、自分の知識レベルを把握することができる。

- 次に「**重要ポイント講義**」というタイトルで、過去の出題傾向から合格レベルに達するために必要な最低限の知識をまとめている。基本問題でおおまかに確認した現在の実力を意識しながら、読み進めるとよいだろう。**色ゴシック文字**は、試験に頻出する事項と特に重要な内容である。

- 「**標準問題でレベルアップ!!!**」として、各項目の末尾に演習問題を載せた。過去に出題された問題ですから、確実に正解を導けるまで繰り返し解答することがだいじである。「重要ポイント講義」の解説でカバーできていない問題では、その解説に必要な知識を載せて補足している。

- コンクリート技士の試験は、コンクリートに関する総合的な知識が求められるので、覚えていなかった問題や難問も試験問題には出題される。これまでの知識を総動員させて、チャレンジしてみよう。

  今後、もし○×式の問題が復活した場合は、うろ覚えやヤマ勘で解答することは避けよう。間違った解答は減点にされる採点方法になっている場合があるため、きちんと正解を導けたものについてマークすることが合格に近づくポイントである。

4 ◆ 参考文献について

　本書は、次の規格、文献を参考に作成した。このような規格、文献は必要に応じて、改正・改定されている。改正・改定された年に出題されることはありませんが、翌年度以降には出題される可能性もあり、要注意である。

- 日本工業規格　（「JIS」と表記）　2021 年 3 月末での最新版を使用
- 公益社団法人土木学会『コンクリート標準示方書』(「土木学会示方書」と表記。2017 年制定版を使用)
- 一般社団法人日本建築学会『建築工事標準仕様書・同解説　JASS5　鉄筋コンクリート工事』(「JASS5」と表記。2018 年版を使用)
- 公益社団法人日本コンクリート工学会『コンクリート技術の要点　'21』

1時限目
コンクリートの材料

　1時限目は、コンクリートの使用材料について学びます。コンクリートの材料は種類が多く、また、コンクリートの品質を決定する重要な要素のため、細かな規定が定められています。材料の種類と品質、特徴や用途、コンクリート性状への影響などの出題が多い傾向があります。

　暗記による知識の習得が学習の中心になる分野であり受験者を悩ませると思いますが、確実に得点できる分野でもあります。なぜそのような規定となっているのかという理由や原則を理解すると、単純な暗記ではなく生きた知識となり、応用が効きます。

1章 セメント

出題傾向 セメントは毎年1～2問の出題がある。セメントの種類、品質規定、特徴、用途、セメントを構成する組成化合物の種類と特徴、化学成分や物理的性質、およびこれらがコンクリート性状に与える影響などの出題が多い。

こんな問題が出題されます！

基本問題

ポルトランドセメントに関する次の一般的な記述のうち、**不適当なもの**はどれか。

(1) けい酸三カルシウム（C_3S）が多いと、早期の強度発現は大きくなる。

(2) 風化が進むと、強熱減量は小さくなる。

(3) 耐硫酸塩ポルトランドセメントは、アルミン酸三カルシウム（C_3A）の含有率が少ない。

(4) 中庸熱ポルトランドセメントは、マスコンクリートや高強度コンクリートに適している。

解説 セメントの組成化合物や化学成分に関する基本的な設問である。

(1) C_3S の強度発現時期は、28日以内の早期である。

(2) 強熱減量は、セメントを $950\pm25℃$ で強熱した時の減量で、セメントが空気中の水や二酸化炭素と結合した量であり、**風化が進むと大きくなる。**

(3) 耐硫酸塩ポルトランドセメントは、硫酸塩との反応性を下げるため、他のポルトランドセメントに比べて C_3A の含有率が少ない。

(4) 中庸熱ポルトランドセメントは、C_3S、C_3A の含有量を少なく、ケイ酸二カルシウム（C_2S）を多くしているため、水和熱が小さく、長期強度の増進が大きい。また、C_3A が少ないことで高性能 AE 減水剤が有効に作用する。これらのため、セメント量の多い高強度コンクリートでの流動性確保や、マスコンクリートの水和熱による温度ひび割れ抑制に適している。 【解答 (2)】

重要ポイント講義

1 ◆ セメントの種類、品質規定

セメントの種類

セメントの種類を大きく分類すると、JIS 規格品であるポルトランドセメント、混合セメント、エコセメント、およびその他の特殊セメントとなる。

🧱 セメントの種類 🧱

JIS 規格品	ポルトランドセメント		普通、早強、超早強
	(6 種類それぞれに低アルカリ形もある)		中庸熱、低熱、耐硫酸塩
	混合セメント	高炉セメント	A種、B種、C種
		シリカセメント	A種、B種、C種
		フライアッシュセメント	A種、B種、C種
	エコセメント		普通、速硬
特殊セメント			白色、アルミナ、その他

セメントの JIS 規格

セメントの JIS 規格についての出題では、規定値そのものよりも、規定の有無や、最大値規定か最小値規定か、などが多い傾向にある。

🧱 セメントの JIS 規格（ポルトランドセメント）🧱

品質		JIS 番号	JIS R 5210					
		種 別	ポルトランドセメント					
		種 類	普通	早強	超早強	中庸熱	低熱	耐硫酸塩
		記 号	N	H	UH	M	L	SR
比表面積（cm²/g）			≧2 500	≧3 300	≧4 000		≧2 500	
圧縮強さ（N/mm²）	1 日		—	≧10.0	≧20.0	—		—
	3 日		≧12.5	≧20.0	≧30.0	≧7.5	—	≧10.0
	7 日		≧22.5	≧32.5	≧40.0	≧15.0	≧7.5	≧20.0
	28 日		≧42.5	≧47.5	≧50.0	≧32.5	≧22.5	≧40.0
	91 日		—	—	—	—	≧42.5	—
水和熱（J/g）	7 日		—	—	—	≦290	≦250	—
	28 日		—	—	—	≦340	≦290	—
酸化マグネシウム（%）			≦5.0					
三酸化硫黄（%）			≦3.5	≦3.5	≦4.5	≦3.0	≦3.5	≦3.0
強熱減量（%）			≦5.0				≦3.0	
全アルカリ（%）			≦0.75 （低アルカリ形：≦0.60）					
塩化物イオン（%）			≦0.035		≦0.02			
けい酸三カルシウム（%）			—	—	—	≦50	—	—
けい酸二カルシウム（%）			—	—	—	—	≧40	—
アルミン酸三カルシウム（%）			—	—	—	≦8	≦6	≦4
少量混合成分の分量（wt%）			0 以上 5 以下				0	

品質	JIS 番号	JIS R 5211			JIS R 5212		
	種 別	高炉セメント			シリカセメント		
	種 類	A 種	B 種	C 種	A 種	B 種	C 種
	記 号	BA	BB	BC	SA	SB	SC
比表面積〔cm²/g〕		≧3 000	≧3 000	≧3 300	≧3 000		
圧縮強さ〔N/mm²〕	1 日	—	—	—	—	—	—
	3 日	≧12.5	≧10.0	≧7.5	≧12.5	≧10.0	≧7.5
	7 日	≧22.5	≧17.5	≧15.0	≧22.5	≧17.5	≧15.0
	28 日	≧42.5	≧42.5	≧40.0	≧42.5	≧37.5	≧32.5
	91 日	—	—	—	—	—	—
水和熱〔J/g〕	7 日	—	—	—	—	—	—
	28 日	—	—	—	—	—	—
酸化マグネシウム〔%〕		≦5.0	≦6.0	≦6.0	≦5.0		
三酸化硫黄〔%〕		≦3.5	≦4.0	≦4.5	≦3.0		
強熱減量〔%〕		≦5.0			≦5.0		
全アルカリ〔%〕							
塩化物イオン〔%〕							
けい酸三カルシウム〔%〕							
けい酸二カルシウム〔%〕							
アルミン酸三カルシウム〔%〕							
少量混合成分の分量〔wt%〕		≦5[1]			≦5[1]		
混合材分量〔wt%〕		5 超え 30 以下	**30 超え 60 以下**	60 超え 70 以下	5 超え 10 以下	10 超え 20 以下	20 超え 30 以下

＊1）：クリンカー、せっこうおよび少量混合成分の合量に対する質量〔%〕

品質	JIS 番号	JIS R 5213			JIS R 5214	
	種 別	フライアッシュセメント			エコセメント	
	種 類	A 種	B 種	C 種	普通	速硬
	記 号	FA	FB	FC	E	—
比表面積〔cm²/g〕		≧2 500			≧2 500	≧3 300
圧縮強さ〔N/mm²〕	1 日	—	—	—	—	≧15.0
	3 日	≧12.5	≧10.0	≧7.5	≧12.5	≧22.5
	7 日	≧22.5	≧17.5	≧15.0	≧22.5	≧25.0
	28 日	≧42.5	≧37.5	≧32.5	≧42.5	≧32.5
	91 日	—	—	—	—	—
水和熱〔J/g〕	7 日	—	—	—	—	—
	28 日	—	—	—	—	—
酸化マグネシウム〔%〕		≦5.0			≦5.0	
三酸化硫黄〔%〕		≦3.0			≦4.5	≦10.0
強熱減量〔%〕		≦5.0			≦5.0	≦3.0
全アルカリ〔%〕		—			≦0.75	
塩化物イオン〔%〕		≦0.1			0.5 以上 1.5 以下	
けい酸三カルシウム〔%〕		—				
けい酸二カルシウム〔%〕		—				
アルミン酸三カルシウム〔%〕		—				
少量混合成分の分量〔wt%〕		≦5[1]			0 以上 5 以下	0
混合材分量〔wt%〕		5 超え 10 以下	**10 超え 20 以下**	20 超え 30 以下	—	

＊1）：クリンカー、せっこうおよび少量混合成分の合量に対する質量〔%〕

強熱減量	• セメントを 950±25℃で強熱した時の減量で、セメントが空気中の水や二酸化炭素と結合した量 • 風化が進むと大きくなる
全アルカリ	• アルカリシリカ反応の抑制対策として規定 • 各種ポルトランドセメント、エコセメントは 0.75%以下 • 混合セメントはアルカリシリカ反応抑制効果があるため規定なし
塩化物イオン	• コンクリート中の塩化物イオン（Cl⁻）量の低減対策として規定 • 原料やセメントの品質に応じて規定値が異なる

■ 物理的性質の要点 ■

密度	• 質量を絶対容積で除した値 • 混合セメントの密度は、ポルトランドセメントより小さく、かつ、混合材の分量が多いほど小さい （混合材密度 ＜ ポルトランドセメント密度のため） • 密度はセメントの風化が進むと小さくなる 試験方法 ルシャテリエフラスコと鉱油を使用する
比表面積 （ブレーン値）	• セメントなど粉体の粒度の細かさを示す粉末度の指標で、1 g 当たりの全表面積のこと • 比表面積が大きいほど、強度発現が早く、水和反応による発熱が速く発熱量も大きく、乾燥収縮が大きくなる 試験方法 ブレーン空気透過装置で測定する
凝結	• セメントに水を加えて練り混ぜてから、ある時間を経た後、水和反応によって流動性を失い次第に硬くなる現象 試験方法 セメント 500 g と水で標準軟度のセメントペーストを作製し、ビカー針装置で針の貫入量から始発時間、終結時間を測定
圧縮強さ	• 材齢 3、7、28 日の最低値規定あり、ただし、以下が例外 • 早強、超早強ポルトランドセメント：材齢 1 日を追加 • 低熱ポルトランドセメント：材齢 3 日を除外、材齢 91 日を追加 試験方法 セメントと標準砂の比 1：3、水セメント比 50%のモルタルで、4×4×16 cm の角柱試験体を作製して強度試験を行う
安定性	• セメントが異常な体積変化を起こさずに、安定して水和する性質のこと。未反応の石灰、酸化マグネシウムが過剰に含まれていることによる硬化過程での異常膨張の有無を確認する 試験方法 パット法とルシャテリエ法がある
水和熱	• 水和熱は、セメントと水の水和反応で発生する熱量 • コンクリートの温度上昇量の目安となり、中庸熱ポルトランドセメントと低熱ポルトランドセメントで上限値規定あり 試験方法 溶解熱法で測定する

■ 組成化合物の種類と特徴

　ポルトランドセメントは、組成化合物の割合を変化させて、水和熱、化学抵抗性、強度発現性状などをコントロールしている。

　C_3S の含有量は次の順であり、C_2S はこの逆である。

[多い] 早強 ＞ 普通 ＞ 中庸熱 ＞ 低熱 [少ない]

また、C_3A はごく初期の強度発現と発熱が大きく、硬化後は硫酸塩と反応してエトリンガイトを生成し膨張するため、含有量は次の順となる。

多い 普通≒早強 ＞ 中庸熱 ＞ 低熱 ＞ 耐硫酸塩 少ない

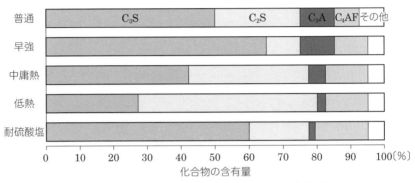

■ ポルトランドセメントの組成化合物の構成割合 ■

■ セメントの組成化合物の種類と特徴 ■

名　称	略号	水和反応速度	強度発現時期	水和熱	収縮	化学抵抗性
けい酸三カルシウム	C_3S	比較的速い	28日以内の早期	中	中	中
けい酸二カルシウム	C_2S	遅い	28日以後の長期	小	小	大
アルミン酸三カルシウム	C_3A	非常に速い	1日以内の早期	大	大	小
鉄アルミン酸四カルシウム	C_4AF	かなり速い	強度にほとんど寄与しない	小	小	中

■ セメントの水和反応

セメント中の組成化合物が水と反応して水和物を生成することを水和反応という。主な水和生成物は、けい酸カルシウム水和物と水酸化カルシウム（$Ca(OH)_2$）であり、水酸化カルシウムはセメント硬化体をアルカリ性に保つ。なお、完全に水和するのに必要な水量は、セメント質量の約40%であり、25%は化学的に結合し、15%はゲル水として吸着されるとされている。

■ 混合セメントの混合材品質

混合セメントの混合材は、以下に示す品質を満足する必要がある。

高炉セメント	高炉スラグは、塩基度1.6以上の高炉スラグや高炉スラグ微粉末であること
シリカセメント	シリカ質混合材は、二酸化けい素を60%以上含む天然ポゾランであること
フライアッシュセメント	フライアッシュは、コンクリート用フライアッシュのⅠ種またはⅡ種であること

少量混合成分

少量混合成分として認められているのは、**高炉スラグ、シリカ質混合材、フライアッシュ I 種または II 種、石灰石** の 4 種類である。混合セメントでは主混合物を含まない。また、普通エコセメントは石灰石のみとする。

2 ◆ 主なセメントの特徴や用途

■ 主なセメントの特徴や用途 ■

普通ポルトランドセメント	・もっとも一般的なセメントで、汎用性が大きい ・圧縮強度は材齢 28 日までの発現が大きく、その後の増進は小さい
早強ポルトランドセメント	・普通ポルトランドセメントに比べ、粉末度（比表面積）を大きく、C_3S の割合を大きく、C_2S の割合を小さくして、早期強度発現性を高めている ・材齢 3 日で普通ポルトランドセメントの 7 日強度相当となる ・水和反応による発熱が速くて大きく、低温でも強度を発現する ・寒中コンクリート、プレストレストコンクリート、工場製品、型枠支保工の存置期間短縮などで使用する
中庸熱ポルトランドセメント	・普通ポルトランドセメントに比べ、C_3S、C_3A を少なく、C_2S を多く含有する ・初期強度は小さいが長期強度が大きい ・乾燥収縮が小さく、化学抵抗性（耐硫酸塩）がある ・C_3A が少なく高性能 AE 減水剤が有効に作用するため、セメント量の多い高流動コンクリート、高強度コンクリートに使用、また、水和熱が小さいため、マスコンクリートの温度ひび割れ抑制に有効である
低熱ポルトランドセメント	・中庸熱ポルトランドセメントより C_2S を多く含有しており、初期強度は小さいが長期強度が大きい ・圧縮強さ下限値が材齢 7、28、91 日で規定あり ・水和熱が小さいため、セメント量が多い高流動コンクリート、高強度コンクリート、マスコンクリート等で水和熱抑制を目的として使用する
耐硫酸塩ポルトランドセメント	・C_3A 含有量を少なくして硫酸塩との反応性を小さくしている ・酸性土壌、海水、下水道など、硫酸塩の多い環境で使用する ・海洋で用いる場合、鉄筋腐食防止のため、低水セメント比で密実にすること
高炉セメント B 種	・ポルトランドセメントに、混合材として高炉スラグ微粉末を、30％を超え 60％以下の範囲で混合したセメント、<u>特徴は次ページ参照</u> ・高炉スラグは、セメントの水和生成物によるアルカリ分の刺激で硬化する潜在水硬性を示す
フライアッシュセメント B 種	・ポルトランドセメントにフライアッシュを、10％を超え 20％以下の範囲で混合したセメント、<u>特徴は次ページ参照</u> ・フライアッシュは、セメントの水和生成物と反応して硬化するポゾラン反応性あり
普通エコセメント	・製品 1 t に都市ごみ焼却灰、下水汚泥などの廃棄物 500 kg 以上を原料として使用したものがエコセメントである ・原料に塩化物の含有量が多いため、脱塩素化して塩化物イオン量を低減させ 0.1％以下としている ・無筋および鉄筋コンクリートに適用可、単位セメント量の多い高流動コンクリート、高強度コンクリートなどは、塩化物イオン量が大きくなるため塩害の危険性があり適用不可である

■ 高炉セメント**B**種の特徴

- 初期強度は普通ポルトランドセメントよりやや小さいが長期強度は大きい。
- 硬化組織が緻密であり、塩分の浸透抵抗性や化学抵抗性が大きく、海水の作用を受けるコンクリートに適する。
- アルカリシリカ反応抑制効果あり（高炉スラグ分量 40%以上の場合）。
- 十分な初期湿潤養生をしないと乾燥収縮の増加など品質低下のおそれあり。
- コンクリートの流動性を高めるので、単位水量の低減効果あり。
- ポルトランドセメントより高炉スラグ混入分だけアルカリ分である水酸化カルシウム（$Ca(OH)_2$）が少ないため、中性化速度は大きくなる。

■ フライアッシュセメント**B**種の特徴

- フライアッシュが微小な球状のため、ボールベアリング効果によってコンクリートの流動性を高め、ワーカビリティー向上、単位水量減少に効果あり。
- ポゾラン反応により長期強度が増進する。
- 高炉セメントと同様、水密性が高く、化学抵抗性が大、中性化速度大。
- ポゾラン反応は常温で進むため、水和熱が小さく、マスコンクリートの温度ひび割れ対策として有効である。
- コンクリートの組織が密実になるため、乾燥収縮が小さい。
- アルカリシリカ反応抑制効果あり（含有量 15%以上の場合）。

3 ◆ ポルトランドセメントの原料と製造

- 原料は、石灰石、粘土、けい石、鉄原料などであり、セメントの主成分（CaO、Al_2O_3、SiO_2、Fe_2O_3）を含む、副産物の高炉スラグや石炭灰、廃棄物の汚泥、スラッジ、焼却灰なども利用されている。
- 原料を粉砕して所定量を均一に混ぜ合わせ、半溶融する高温（**1 450℃前後**）で焼成した後、急冷してクリンカーとする。
- 焼成時の燃料は、微粉炭などのほか、代用燃料として廃タイヤ、廃油、廃プラスチック、木くず、再生油などが用いられている。
- クリンカーにせっこう（3 〜 4%）、少量混合成分および粉砕助剤を加えて、所定の粉末度となるまで粉砕すると、製品であるポルトランドセメントになる。

(((問題1))) 各種セメントの用途に関する次の一般的な記述のうち、**不適当なもの
はどれか。**

(1) 早強ポルトランドセメントは、プレストレストコンクリートに適している。

(2) 中庸熱ポルトランドセメントは、高流動コンクリートに適している。

(3) フライアッシュセメントは、寒中コンクリートに適している。

(4) 高炉セメントは、海水の作用を受けるコンクリートに適している。

解説 (3) フライアッシュセメントは、水和熱が小さく強度発現が遅い。よっ
て、マスコンクリートの温度ひび割れ抑制には有効だが、**寒中コンクリートには
適さない。**　　　　　　　　　　　　　　　　　　　　　　　【解答 (3)】

(((問題2))) 混合セメントおよびエコセメントに関する次の記述のうち、**誤ってい
るものはどれか。**

(1) JIS R 5211（高炉セメント）に規定されている高炉セメント A 種、B 種、C
種のうちで、高炉スラグの分量が最も多いのは C 種である。

(2) JIS R 5212（シリカセメント）に規定されているシリカセメントには、二酸
化けい素を 60％以上含むシリカ質混合材をポルトランドセメントに混合したセ
メントがある。

(3) JIS R 5213（フライアッシュセメント）に規定されているフライアッシュセ
メント B 種と JIS R 5211（高炉セメント）に規定されている高炉セメント B 種
では、フライアッシュセメント B 種の方が混合材の分量が多い。

(4) JIS R 5214（エコセメント）に規定されているエコセメントは、製品 1 トン
につき都市ごみ焼却灰や下水汚泥などの廃棄物を乾燥ベースで 500 kg 以上用
いて作られるセメントである。

解説 (3) フライアッシュセメント B 種のフライアッシュ分量は 10％超え
20％以下であり、高炉セメント B 種の高炉スラグ分量は 30％超え 60％以下であ
る。よって、**高炉スラグ B 種の混合材の分量のほうが多い。**　　【解答 (3)】

1 時限目　コンクリートの材料

(((問題3))) 下表は、普通、早強、中庸熱、低熱の各ポルトランドセメントおよび高炉セメントB種について、JIS R 5201（セメントの物理試験方法）によって求めた密度、比表面積および圧縮強さの試験結果を示したものである。表中に示すCのセメントとして、**適当なものはどれか**。なお、圧縮強さは、JIS R 5210（ポルトランドセメント）または JIS R 5211（高炉セメント）に規定されている材齢に対応した試験値を示している。

セメントの種類	密度 (g/cm³)	比表面積 (cm²/g)	圧縮強さ〔N/mm²〕				
			1日	3日	7日	28日	91日
普通ポルトランドセメント	3.16	3400	—	29.5	45.2	62.6	—
A	3.03	3880	—	22.4	36.2	62.8	—
B	3.21	3280	—	20.4	30.1	59.6	—
C	3.21	3440	—	—	21.6	55.3	81.7
D	3.14	4630	26.5	46.6	57.3	66.6	—

(1) 早強ポルトランドセメント　　(2) 中庸熱ポルトランドセメント
(3) 低熱ポルトランドセメント　　(4) 高炉セメントB種

解説 各種セメントの特徴や **JIS** の品質規定についての理解度が問われている。以下、選択肢のセメント種類ごとに考え方を記述する。

（1）早強ポルトランドセメントは、比表面積が大きく（粒度が細かい）強度発現が早いことから、1日圧縮強さの規定がある。また、3日圧縮強さは普通ポルトランドセメントの7日圧縮強さと同等である。よって、選択肢 D が該当する。

（2）中庸熱ポルトランドセメントは、普通ポルトランドセメントと密度と比表面積がほぼ同等だが、強度発現がやや遅い。よって、選択肢 B が該当する。

（3）**低熱ポルトランドセメントは**、選択肢の中で**最も強度発現が遅い**。圧縮強さは、3日の規定がなく、7、28、91日である。よって、**選択肢 C が該当する**。

（4）高炉セメントB種は、ポルトランドセメントに30％超え60％以下の高炉スラグ微粉末が混合されている。高炉スラグ微粉末の密度はポルトランドセメントに比べて小さいため、高炉セメントB種の密度は普通ポルトランドセメントより小さくなる。よって、選択肢 A が該当する。　　　　　　【解答（3）】

(((問題 4))) セメントの組成化合物に関する次の記述中の空欄 (A)〜(C) に当てはまる (1)〜(4) の語句の組合せのうち、**適当なものはどれか。** ただし、けい酸三カルシウムを C_3S、けい酸二カルシウムを C_2S、アルミン酸三カルシウムを C_3A、および鉄アルミン酸四カルシウムを C_4AF と略記する。

早強ポルトランドセメントは、普通ポルトランドセメントに比べて (A) の含有率を多くすることで、初期の強度発現性を高めている。低熱ポルトランドセメントは、水和熱を下げるために (B) の含有率が中庸熱ポルトランドセメントより多く、JIS R 5210（ポルトランドセメント）では、低熱ポルトランドセメントの (B) の含有率の (C) が規定されている。

	(A)	(B)	(C)
(1)	C_3S	C_4AF	上限値
(2)	C_3S	C_2S	下限値
(3)	C_3A	C_2S	上限値
(4)	C_3A	C_4AF	下限値

解説 セメントの組成化合物の特徴、および JIS R 5210 の規定についての基礎的な設問である。

(A) の選択肢である C_3S と C_3A はどちらも初期強度の発現性が大きいが、C_3A の含有率は普通ポルトランドセメントと早強ポルトランドセメントでほぼ同等であるとともに、約 10 ％程度と小さく、強度への影響は小さい。よって、(A) は C_3S である。

次に、(B) の選択肢である C_2S と C_4AF はどちらも水和熱が小さいが、中庸熱ポルトランドセメントと低熱ポルトランドセメントの C_4AF の含有率はほぼ同程度である。よって、(B) は C_2S である。

さらに、**低熱ポルトランドセメントでは、C_2S の下限値が規定**されていることから、(2) が適当であることがわかる。

解答を求める別の考え方として、JIS R 5210 では、低熱ポルトランドセメントの組成化合物含有率について、C_2S の下限値 40 ％、C_3A の上限値 6 ％と規定されており、C_4AF の含有率の規定はない。表の (B) と (C) の組合せでは (2) だけが当てはまる。　　　　　**【解答 (2)】**

(((問題5))) JIS R 5210（ポルトランドセメント）の規定に関する次の記述のうち、**誤っているものはどれか。**
  (1) 普通ポルトランドセメントでは、質量で5％までの少量混合成分を用いてもよいことが規定されている。
  (2) 早強ポルトランドセメントでは、普通ポルトランドセメントよりも比表面積の下限値が大きく規定されている。
  (3) 中庸熱ポルトランドセメントでは、けい酸二カルシウム（C_2S）の上限値が規定されている。
  (4) 低熱ポルトランドセメントでは、材齢91日の圧縮強さの下限値が規定されている。

解説 (3) 中庸熱ポルトランドセメントでは、**けい酸三カルシウム（C_3S）**の上限値が規定されている。 【解答（3）】

(((問題6))) 下図は普通、早強、中庸熱、低熱ポルトランドセメントについて、JIS R 5201（セメントの物理試験方法）によって求めた圧縮強さの試験結果の一例を示したものである。試験結果Cのセメントとして、**適当なものはどれか。**

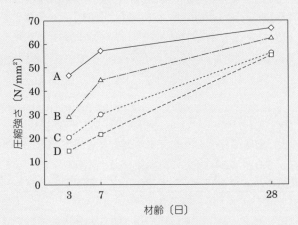

  (1) 普通ポルトランドセメント　　(2) 早強ポルトランドセメント
  (3) 中庸熱ポルトランドセメント　(4) 低熱ポルトランドセメント

解説 各種セメントの圧縮強さの発現性状に関する設問である。特徴の明確なセメントから考えて選択肢を絞っていくとよい。また、選択肢にある4種類のセメントの**初期圧縮強さの発現**が、早いものから**早強 ＞ 普通 ＞ 中庸熱 ＞ 低熱**の順であることを知っていると簡単に正答を選択することができる。 【解答（3）】

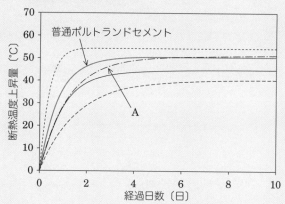

(((問題7))) 下図は、単位セメント量 300 kg/m³ のコンクリートで、打込み温度 20℃にて断熱温度上昇試験を行った結果を示したものである。使用したセメントは、普通ポルトランドセメント、早強ポルトランドセメント、低熱ポルトランドセメント、高炉セメントB種、フライアッシュセメントB種である。図中のAの曲線を示すセメントとして、**適当なものはどれか**。

(1) 早強ポルトランドセメント　　(2) 低熱ポルトランドセメント
(3) 高炉セメントB種　　(4) フライアッシュセメントB種

解説 断熱温度上昇試験はセメントの水和反応に伴うコンクリートの発熱量を測定する試験である。この設問は、その試験結果から、使用しているセメントの種類を特定する問題である。水和反応の速度と大きさについて、以下の3点を理解していることが必要である。

① 組成化合物の水和反応速度は、速いものから C_4AF ＞ C_3A ＞ C_3S ＞ C_2S の順番であり、水和熱量は C_4AF、C_2S は小、C_3S は中、C_3A は大である。

② 粉末度（比表面積）が大きいほど水和反応が速い。

③ 混合セメントの混合物は、ポルトランドセメントの水和によってアルカリ性水和生成物が生成した後に反応が進行する。

普通ポルトランドセメントとほかのセメントを比較すると次表のようになる。

	普通ポルトランドセメントとの発熱等の比較
早強ポルトランドセメント	粉末度が高く、C_3S 含有率が高いため、発熱速度も発熱量も大きい
高炉セメント B 種	ポルトランドセメント成分の減少分だけ初期の温度上昇速度が小さい その後、長期間、高炉スラグの水和による温度上昇が継続する
フライアッシュセメント B 種	ポルトランドセメント成分量が少ないため、初期の温度上昇が小さい その後、ポゾラン反応が長期間継続するが、常温でゆっくりとした反応のため温度上昇はあまりない
低熱ポルトランドセメント	C_2S 含有割合が高く C_3A 含有割合が低いため、発熱速度も発熱量も小さい

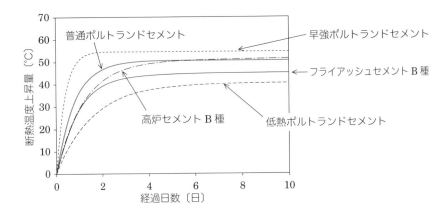

以上より、(3) の**高炉セメント B 種が曲線 A** らしいと判断できる。このように、設問で直接問われている性状についての知識がなくても、基本的なセメントや混合物の水和、発熱性状を理解していると正答を得られる。　　**【解答 (3)】**

2章 骨　　材

出題傾向 骨材は毎年1～2問出題される。骨材の種類、品質規定、特性、用途、適用制限、骨材の品質とコンクリート性状の関係、骨材の品質試験方法や試験結果から特性値を計算する問題などである。砂利・砂・砕石・砕砂の品質規定は数値でも出題される。骨材の混合使用時の注意点もポイント。

こんな問題が**出題**されます！

基本問題

　骨材の品質とコンクリートの性状に関する次の一般的な記述のうち、**不適当なもの**はどれか。

（1）細骨材中の0.3～0.6mmの粒径の部分が増えると、コンクリートに連行される空気量は増加する。

（2）細骨材中に有機不純物が多く含まれると、コンクリートの凝結や硬化が妨げられる。

（3）粗骨材の弾性係数が大きいと、コンクリートの乾燥収縮は大きくなる。

（4）粗骨材の安定性試験による損失質量が大きいと、コンクリートの耐凍害性は低下する。

解説 骨材品質がコンクリートの性状に与える影響に関する設問である。

（1）記述のとおり。

（2）細骨材中に、腐植土や泥炭中に含有するフミン酸やタンニン酸などの有機不純物が多く含まれると、コンクリートの凝結や硬化を妨げる。

（3）粗骨材の弾性係数が大きいほど、コンクリートの**乾燥収縮は小さくなる**。

（4）骨材の安定性は、凍結融解の繰り返しに対する物理的安定性のことで、安定性試験による損失量が多いとコンクリートの耐凍害性が低下する。JIS A 5308（レディーミクストコンクリート）附属書A（レディーミクストコンクリート用骨材）では、砂利が12％以下、砂が10％以下と規定されている。　**【解答（3）】**

重要 ポイント講義

1 ◆ 骨材の種類

大きさによる種類

骨材の粒の大きさにより粗骨材と細骨材に分類される。

粗骨材	5 mm 網ふるいに質量で 85%以上とどまる骨材
細骨材	10 mm 網ふるいを全部通り、5 mm 網ふるいを質量で 85%以上通る骨材

重さによる種類

重さによる骨材の種類は、普通の岩石程度の普通骨材、普通の岩石より密度の小さな軽量骨材、および密度 $2.8 \, \mathrm{g/cm^3}$ 程度以上の重量骨材がある。

① **軽量骨材**

軽量骨材は、天然軽量骨材（火山れきなど）、人工軽量骨材および副産物軽量骨材（膨張スラグなど）であるが、レディーミクストコンクリートには人工軽量骨材のみ使用できる。普通の岩石よりも密度の小さい骨材であり、軽量(骨材)コンクリート用の骨材として、コンクリート質量軽減の目的で用いる。

> ### ■ 軽量骨材の区分と呼び方
> 【区分名称例】人工軽量骨材　MA-417
> 　M：絶乾密度による区分（L、M、H）
> 　A：実積率による区分（A、B）
> 　4：コンクリートの圧縮強度による区分（1、2、3、4）
> 　17：フレッシュコンクリートの単位容積質量による区分（15、17、19、21）

② **重量骨材**

重量骨材は、磁鉄鉱、砂鉄、鉄、重晶石などであり、重量コンクリートに使用する。放射線（ガンマ線、X 線など）の遮蔽性能は部材厚さと材料密度に比例するため、密度の大きな重量コンクリートを遮蔽用コンクリートとして使用する。

原材料による種類

従来からの砂利・砂、砕石・砕砂、人工軽量骨材のほか、環境配慮の観点から、各種スラグ骨材、再生骨材、回収骨材などがある。

砂利・砂	・自然作用でできた骨材 ・川、山、陸、海などの産出場所によって、川砂利、川砂など
砕石・砕砂	・工場で岩石を破砕し、粒度分布や粒形を調整して製造した骨材
人工軽量骨材	・膨張けつ岩、膨張粘土、フライアッシュなどを主原料にして、人工的に焼成して製造した骨材
スラグ骨材	・金属精錬などの副産物であるスラグを原料に製造した骨材 ・原料となるスラグによって、高炉スラグ粗骨材・細骨材、フェロニッケルスラグ粗骨材・細骨材、銅スラグ細骨材、電気炉酸化スラグ粗骨材・細骨材がある ・一般廃棄物、下水道汚泥あるいはこれらの焼却灰を溶融固化した溶融スラグ骨材は、JIS A 5308（レディーミクストコンクリート）には適用不可
再生骨材	・既存構造物を解体したコンクリート塊を原料に、破砕・磨砕などの処理を行って製造した骨材 ・処理程度および品質に応じて、再生骨材 H、M、L に分類
回収骨材	・戻りコンクリートや運搬車・プラントのミキサなどの付着コンクリートを洗浄し粗骨材と細骨材に分別して取り出したもので、普通コンクリート、舗装コンクリートおよび高強度コンクリートから回収する

アルカリシリカ反応性による区分

　区分は、アルカリシリカ反応性試験の結果による。試験には化学法とモルタルバー法があり、化学法で"無害でない"と判定されても、モルタルバー法で"無害"と判定されれば、"無害"として取り扱える。骨材の一部に区分Bのものを混合した場合は、骨材全体を無害でない骨材として取り扱う。

区分A	アルカリシリカ反応性試験の結果が"無害"と判定されたもの
区分B	アルカリシリカ反応性試験の結果が"無害でない"と判定されたもの、またはこの試験を行っていないもの

2 ◆ 骨材品質、特徴、用途

砂利・砂

- 海砂は粒径がそろっており、粒度が細かく、塩分を残留しやすい。ほかの砂と混合使用されることが多い。
- 泥分（シルト、粘土など）の多い砂を用いたコンクリートは、単位水量の増加、ブリーディングの減少、凝結時間の変化、レイタンスの増加、プラスティック収縮ひび割れなどの影響が発生しやすい。

砕石・砕砂

- 表面が粗であるため骨材とセメントペーストとの付着が強く、表面が滑らかな砂利・砂コンクリートに比べて、同じ水セメント比では強度が高くなる。
- アルカリシリカ反応性は、原石採取地が同じ場合、その原石から製造される代表的な砕石の試験結果を、ほかの砕石や砕砂に用いることができる。

品　質	砂利	砂	砕石	砕砂
絶乾密度〔g/cm³〕	≧2.5[1]	≧2.5[1]	≧2.5	≧2.5
吸水率〔%〕	≦3.0[2]	≦3.5[2]	≦3.0	≦3.0
粘土塊量〔%〕	≦0.25	≦1.0	—	—
微粒分量〔%〕	≦1.0	≦3.0[3]	≦3.0[7]	≦9.0[8]
有機不純物	—	標準色と同じか、淡い[4]	—	—
塩化物量（NaClとして）〔%〕	—	≦0.04[5]	—	—
安定性〔%〕	≦12	≦10	≦12	≦10
すりへり減量〔%〕	≦35[6]	—	≦40[9]	—
粒形判定実積率〔%〕	—	—	≧56	≧54

＊1）：砂利・砂の絶乾密度は、購入者の承認を得て 2.4 g/cm³ 以上とすることができる。
＊2）：砂利・砂の吸水率は、購入者の承認を得て 4.0% 以下とすることができる。
＊3）：砂の微粒分量は、すりへり作用を受けない場合 5.0% 以下とする。
＊4）：砂の有機不純物は、標準色より濃い場合、圧縮強度分率が 90% 以上であれば、購入者の承認を得て使用することができる。
＊5）：砂の塩化物量 0.04% を超す場合、購入者の承認が必要。ただし、0.1% を限度とする。プレテンション方式のプレストレストコンクリート部材に用いる場合は 0.02% 以下とし、購入者の承認を得た場合 0.03% 以下とすることができる。
＊6）：すりへり減量の規定は舗装コンクリートの場合に適用する。
＊7）：粒形判定実積率が 58% 以上の場合、5.0% 以下とすることができる。
＊8）：舗装コンクリートやすりへり作用を受ける場合、5.0% 以下とする。
＊9）：舗装コンクリートの場合、35% 以下とする。

■ 人工軽量骨材

　人工軽量骨材の特徴として、プレウェッティングが不十分な場合、ポンプ圧送中のスランプの低下が大きいことがある。また、人工軽量骨材を用いたコンクリートは耐凍害性に劣る傾向があるため、寒冷地で使用する場合は使用実績や試験による確認を行ったうえで使用するとよい。

■ スラグ骨材

- スラグ粗骨材は単体使用することができるが、スラグ細骨材は、砂、砕砂あるいはその混合物と混合使用する必要がある。
- 各種スラグ粗骨材は JIS A 5308 の高強度コンクリートに適用不可である。

高炉スラグ骨材（粗骨材・細骨材）	・溶鉱炉で銑鉄と同時に生成する溶融スラグを冷却し、粒度調整した骨材 ・粗骨材は徐冷し、細骨材は水、空気などで急冷する ・粗骨材は、絶乾密度 2.2 〜 2.6 g/cm³、吸水率 2.0 〜 5.0 % 程度で、絶乾密度 2.4 g/cm³ 以上、吸水率 4.0 % 以下の N と、絶乾密度 2.2 g/cm³ 以上、吸水率 6.0 % 以下の L に区分されている ・粗骨材 N は砂利や砕石と同様に普通の粗骨材として使用できるが、L は多孔質で吸水率が高く、耐久性考慮の必要のない場合や Fc 21 N/mm² 未満で使用する ・細骨材は弱い水硬性があり、気温 20℃ 超えの時期に貯蔵中の固結の可能性あり ・高炉スラグ骨材は、アルカリシリカ反応性のおそれはない
フェロニッケルスラグ骨材（粗骨材・細骨材）	・炉でフェロニッケルと同時に生成する溶融スラグを徐冷し、または水、空気などによって急冷し粒度調整した骨材 ・細骨材は、絶乾密度 2.7 〜 3.1 g/cm³、吸水率 0.3 〜 0.9 % 程度であり、普通の細骨材に比べて密度が少し大きい傾向あり
銅スラグ細骨材	・炉で銅と同時に生成する溶融スラグを水によって急冷し、粒度調整した細骨材 ・絶乾密度 3.3 〜 3.7 g/cm³、吸水率 0.1 〜 0.8 % 程度であり、普通の細骨材に比べて密度が大きく吸水率が小さい傾向あり
電気炉酸化スラグ骨材（粗骨材・細骨材）	・電気炉で溶鋼と同時に生成する溶融した酸化スラグを冷却し、鉄分を除去して粒度調整した骨材 ・粗骨材は徐冷し、細骨材は徐冷または水、空気などで急冷する ・絶乾密度が 3.1 〜 4.5 g/cm³ 程度と大きい。また密度の範囲が広いため、粗骨材、細骨材とも、4.0 g/cm³ 未満の N と 4.0 g/cm³ 以上の H に区分している。

再生骨材

レディーミクストコンクリートには再生骨材 H のみ使用でき、M、L は使用できない。また、品質に応じて以下の用途制限がある。

再生骨材 H	JIS A 5308（レディーミクストコンクリート）の普通コンクリートおよび舗装コンクリートに使用
再生骨材 M	乾燥収縮および凍結融解の影響を受けにくい部位に使用
再生骨材 L	裏込めコンクリートや均しコンクリートなど、高い強度や耐久性の必要のない部位に使用

回収骨材

戻りコンクリートや、レディーミクストコンクリート工場内で運搬車、プラントのミキサ、ホッパなどに付着および残留したフレッシュコンクリートを洗浄して、粗骨材と細骨材に分別して取り出した骨材を**回収骨材**という。

再利用できる回収骨材は、普通コンクリート、高強度コンクリートおよび舗装コンクリートから回収したものとし、以下の①〜③は再利用してはならない。

① 粒度の著しく異なる普通骨材

② 軽量骨材、重量骨材などの密度が著しく異なる骨材

③ 再生骨材を含むフレッシュコンクリートからの回収骨材

また、回収骨材は、軽量コンクリートおよび高強度コンクリートに用いること

ができない。

回収骨材の管理方法

使用方法	貯蔵	目標回収骨材置換率	管理期間	管理項目
A方法	新骨材と混合した後、貯蔵	5%以下	1日または出荷量100 m³に達する日数を1管理期間	微粒分量が新骨材の管理値を超えないこと
B方法	専用設備に貯蔵	20%以下	使用の都度1バッチごとに管理	

3 ◆ 骨材の品質とコンクリートの性状

密度、吸水率・含水率

　吸水率が大きいほど密度は小さく、安定性試験の損失量やすりへり減量が大きい。そのような骨材を使用したコンクリートは、次のような特徴があるため、所定の強度を得るための単位セメント量を増加させる必要がある。

① ヤング係数（弾性係数）が小さい

② 乾燥収縮が大きい

③ 凍結融解作用に対する抵抗性が小さい

なお、粗骨材の弾性係数が大きいほどコンクリートの乾燥収縮は小さくなる。

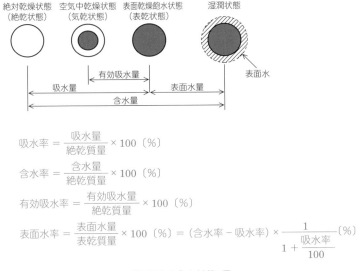

$$吸水率 = \frac{吸水量}{絶乾質量} \times 100 〔\%〕$$

$$含水率 = \frac{含水量}{絶乾質量} \times 100 〔\%〕$$

$$有効吸水率 = \frac{有効吸水量}{絶乾質量} \times 100 〔\%〕$$

$$表面水率 = \frac{表面水量}{表乾質量} \times 100 〔\%〕 = （含水率 - 吸水率） \times \frac{1}{1 + \dfrac{吸水率}{100}} 〔\%〕$$

骨材の含水状態

■ 単位容積質量・実積率

骨材密度が同じであれば、単位容積質量が大きいものほど実積率が大きく、粒形が良好である。実積率が大きくなるとワーカビリティーが改善し、実積率が小さくなると所定のワーカビリティーを得るための単位水量が増加する。

粒形判定実積率の大きい砕石・砕砂は、粒形が良好（球に近い）であり、ワーカビリティーが向上し、コンクリートの単位水量を低減できる。

JIS A 1104（骨材の単位容積質量及び実積率試験方法）における試験試料は、細骨材では絶乾状態とし、粗骨材では絶乾あるいは気乾状態とすることに注意する。

■ 粒度・最大寸法・粗粒率

① 粗骨材の最大寸法

質量で **90%** 以上が通るふるいのうち、最小寸法のふるいの呼び寸法をいう。骨材の粒度が適当であれば、最大寸法が大きいほど流動性が増加するため、単位水量・単位セメント量を少なくでき、水和熱や乾燥収縮の低減に有効となる。ただし、最大寸法が大きいほど、分離しやすくなる。

② 粗粒率

80、40、20、10、5、2.5、1.2、0.6、0.3、0.15 mm の１組のふるいを用い、各ふるいを通らない全部の試料の質量百分率の和を **100** で割った値をいう。ふるい分け試験結果から粗粒率を計算する問題では、以下がポイントとなる。

要　点	注意するポイント
15 mm ふるいは含まれていないこと	ふるい分け試験は 15 mm ふるいも実施するため、問題では 15 mm の結果も記述される
ふるいを通らない（留まる）ものの和であること	設問によっては、「ふるいを通過する質量」を記す場合がある
0.15 mm ふるいまで計算すること	粗骨材のみの問題では、より大きなふるい目までの表が示されることがある

③ 細骨材の粒度の影響

- 細骨材の粒度は、フレッシュコンクリートのスランプや空気量、ブリーディング、ポンプ圧送性などに及ぼす影響が大きい。
- 細骨材の粗粒率が小さくなると、コンクリートのスランプが小さくなる。
- 細骨材中の **0.3 ～ 0.6 mm** の粒が多いと、コンクリートの空気量は増加する。

🧊 その他の骨材品質の出題ポイント 🧊

粘土塊量	・骨材中に含まれる強度を持たない粘土の塊のこと ・粘土塊が骨材に含まれていると、コンクリート中で塊として残るため、弱点となり強度や耐久性を低下させる 試験方法　24 時間吸水後、指で押して細かく砕くことのできるものを粘土塊とする（JIS A 1137）
微粒分量	・骨材中の $75\,\mu\mathrm{m}$（0.075 mm）ふるいを通過する微粒子の全量 ・砂利・砂では主に泥分（シルト質、粘土、ヘドロなど）であり、砕石・砕砂では主に製造時の破砕に伴って生じる石粉である 　微粒分量の上限値：砂利 1%、砂 3%、砕石 3%、砕砂 9% 試験方法　容器内で試料を水に浸して激しくかき回したのち、$75\,\mu\mathrm{m}$ ふるいを通して微粒分を洗い流し、その前後の試料の絶乾質量の差を求める（JIS A 1103） ※コンクリート性状への影響は別表参照
有機不純物	・腐植土・泥炭中に含まれるフミン酸やタンニン酸など ・有機不純物の量が多いと、セメントの凝結や硬化を妨げ、コンクリートの強度や耐久性を低下させる 試験方法　有機不純物を水酸化ナトリウム 3% 溶液で抽出し、24 時間以上静置した後に色調が標準色より濃い場合を不合格と判定する（JIS A 1109）
安定性	・骨材の凍結融解の繰り返しに対する物理的安定性のこと ・安定性試験による損失質量は、細骨材で 10% 以下、粗骨材で 12% 以下と規定されている ・安定性試験での損失量の大きな骨材は、吸水率が大きく、ポップアウトやスケーリングなどの凍害を生じやすい 試験方法　硫酸ナトリウム飽和溶液への浸漬・乾燥を 5 回繰り返し、損失質量を測定する（JIS A 1122）
塩化物量	・細骨材中に含まれる塩化物イオン量の指標であり、塩化ナトリウム（NaCl）の質量百分率で表す ・塩化物を含んだ海砂を使用すると、塩化物イオンの効果により初期強度が増大するが、長期強度は低下する。また、鉄筋コンクリート部材では、鉄筋腐食の原因となる ・細骨材中の塩化物量が 0.04% 以下であれば、コンクリート中の塩化物イオン（Cl⁻）量規定値 0.30 kg/m³ 以下をほぼ満足できる 試験方法　細骨材の塩分を蒸留水に抽出し、0.1 規定の硝酸銀溶液で滴定する

🧱 骨材の微粒分量がコンクリート性状に与える影響 🧱

砂利・砂における泥分が多い場合	・所定のスランプのコンクリートを得るための単位水量が増加する ・骨材とセメントペーストの付着が阻害され、コンクリートの耐久性や強度が低下する ・同じ空気量とするために AE 減水剤量を増加させる必要あり ・コンクリート表面の硬化不良や微細なひび割れの原因となる ・ブリーディング量の低下やレイタンス量の増加を生じる
砕石・砕砂で石粉が過剰な場合	・泥分と同様な悪影響を生じるが、適切な粉末度・混入量であれば、ワーカビリティーの改善に効果が期待できる ・砂利・砂の泥分に比べて、単位水量への影響は小さい

4 ◆ 骨材の混合使用時の注意事項

①	アルカリシリカ反応性 "無害でない" 骨材の混合	骨材全体を、無害であることを確認されていない骨材として取り扱う
②	同一種類の骨材の混合	絶乾密度、吸水率、安定性およびすりへり減量は、混合前の品質が規定を満足しており、かつ混合後の品質がすべての規定を満足している必要がある
③	異種類の骨材の混合 (砂と砕砂、砕砂とスラグ細骨材、ほか)	混合前の骨材品質が塩化物量および粒度を除いて規定を満足しており、塩化物量は混合後の品質が規定を満足している必要がある

標準問題でレベルアップ!!!

(((問題1)))　下図は、骨材の含水状態を模式的に表したものである。次の数式のうち、表面水率（％）を求める式として、**正しいものはどれか**。なお、図中の実線の円は骨材粒子を、また、斜線部は水分を表している。

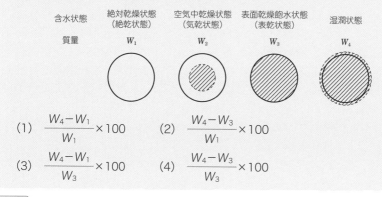

含水状態　　絶対乾燥状態　　空気中乾燥状態　　表面乾燥飽水状態　　湿潤状態
　　　　　　（絶乾状態）　　（気乾状態）　　（表乾状態）

質量　　　　W_1　　　　W_2　　　　W_3　　　　W_4

(1) $\dfrac{W_4 - W_1}{W_1} \times 100$　　　(2) $\dfrac{W_4 - W_3}{W_1} \times 100$

(3) $\dfrac{W_4 - W_1}{W_3} \times 100$　　　(4) $\dfrac{W_4 - W_3}{W_3} \times 100$

解説　骨材の密度や含水についての基本的かつ重要な問題である。吸水率、含水率は絶乾状態に対する割合であるが、表面水率は骨材表面に付着している水の割合のため、表乾状態に対する割合であることに注意する。

$$表面水率〔\%〕 = \frac{表面水量}{表乾質量} \times 100$$　であるため、（4）が正しい。

　ここで、（1）は含水率を求める式であり、（3）は（1）の分母が誤った式である。また、（2）は、分子は正しいが分母を絶乾状態とした誤った式である。

【解答（4）】

各種骨材に関する次の記述のうち、**誤っているものはどれか。**

(1) 重量骨材は、放射線に対する遮蔽性能を高めるための材料として利用できる。

(2) 人工軽量骨材は、コンクリートの単位容積質量を小さくするための材料として利用できる。

(3) 再生骨材は、一般廃棄物、下水汚泥あるいはそれらの焼却灰を溶融し、冷却固化して製造される。

(4) 高炉スラグ粗骨材は、高炉で銑鉄を製造する際に生成する溶融スラグを徐冷して製造される。

解説 日常使用していない特殊な骨材についても基本的な知識が必要である。

(3) 再生骨材は、**構造物の解体などにより発生したコンクリート塊に、破砕、磨砕、分級などの処理を行って製造したコンクリート用の骨材**である。設問の記述は、溶融スラグ骨材の説明である。　　　　　　　　　　　　　　【解答（3）】

(((問題3))) 各種スラグ骨材の製造に関する次の記述のうち、**不適当なものはどれか。**

(1) 銅スラグ細骨材は、炉で銅と同時に生成する溶融スラグを水によって急冷し、粒度調整して製造されるものである。

(2) フェロニッケルスラグ細骨材は、炉でフェロニッケルと同時に生成する溶融スラグを徐冷し、又は水、空気などによって急冷し、粒度調整して製造されるものである。

(3) 溶融スラグ骨材は、溶鉱炉で銑鉄と同時に生成する溶融スラグを冷却し、粒度調整して製造されるものである。

(4) 電気炉酸化スラグ骨材は、電気炉で溶鋼と同時に生成する溶融した酸化スラグを冷却し、鉄分を除去し、粒度調整して製造されるものである。

解説 (3) 溶融スラグ骨材は、**一般廃棄物、下水汚泥またはそれらの焼却灰**を溶融固化したものである。設問の記述は高炉スラグ骨材の説明である。

【解答（3）】

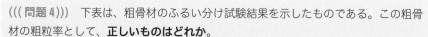

(((問題4)))　下表は、粗骨材のふるい分け試験結果を示したものである。この粗骨材の粗粒率として、**正しいものはどれか。**

ふるいの呼び寸法〔mm〕	40	25	20	15	10	5	2.5
ふるいを通るものの質量分率〔%〕	98	90	62	50	20	0	0

(1) 1.80　　　(2) 3.20　　　(3) 7.20　　　(4) 7.80

解説　ふるい分け試験結果から粗粒率を求める問題である。しっかり理解しているかどうかが問われる、比較的難しい問題である。

　粗粒率は「80、40、20、10、5、2.5、1.2、0.6、0.3、0.15 mm の1組の網ふるいを用い、各ふるいを通らない全部の質量百分率の和を 100 で割った値」である。設問で与えられている試験結果は、「ふるいを通るものの質量分率」であるから、最初に、下表のとおり、それぞれの値を 100 から差し引いた「各ふるいを通らないものの質量分率」を求める必要がある。

ふるいの呼び寸法〔mm〕	80	40	25	20	15	10	5	2.5	1.2	0.6	0.3	0.15
ふるいを通るものの質量分率〔%〕	100	98	90	62	50	20	0	0	0	0	0	0
各ふるいを通らないものの質量分率〔%〕	0	2	10	38	50	80	100	100	100	100	100	100

　そのうえで粗粒率を計算すると、**粗粒率＝(0＋2＋38＋80＋100＋100＋100＋100＋100＋100)/100＝7.20** となる。

　ポイントは、以下の3項目である。

① 「ふるいを通るものの質量分率」から「各ふるいを通らないものの質量百分率」に換算すること（表参照）

② 25 mm ふるいと 15 mm ふるいの値を加えないこと

③ 0.15 mm ふるいの結果までの和を求めること

　ちなみに、ふるいを通るものの質量分率のまま計算すると (1) の 1.80 に、2.5 mm ふるいまでの和で求めると (2) の 3.20 に、25 mm、15 mm ふるいの分も加えると (4) の 7.80 になる。　　　　　　　　　　　　　　　**【解答 (3)】**

(((問題 5))) 骨材の試験方法に関する次の記述のうち、**誤っているものはどれか。**

(1) JIS A 1103（骨材の微粒分量試験方法）では、試料の絶乾質量に対する 75 μm ふるいを通過する微粒子の絶乾質量の割合を百分率で表したものを微粒分量とする。

(2) JIS A 1104（骨材の単位容積質量及び実積率試験方法）では、表乾状態の試料を用いて試験する。

(3) JIS A 1105（細骨材の有機不純物試験方法）では、容器に試料と 3.0 %水酸化ナトリウム溶液を加えて振り混ぜ、24 時間以上静置した後の試料の上部の溶液の色と標準色液の色の濃淡を比較する。

(4) JIS A 1137（骨材中に含まれる粘土塊量の試験方法）では、24 時間吸水後の骨材粒を指で押して細かく砕くことのできるものを粘土塊とする。

解説 ▶ (2) JIS A 1104 では、**細骨材は絶乾状態、粗骨材は絶乾あるいは気乾状態**とするよう規定されている。 【解答 (2)】

(((問題 6))) 湿潤状態の細骨材 500.0 g を表面乾燥飽水状態（表乾状態）に調整し、その質量を測定したところ 493.5 g であった。この表乾状態の細骨材を 105 ℃で一定の質量になるまで乾燥させた後、デシケータ内で室温まで冷やし、その質量を測定したところ 481.7 g であった。この細骨材の吸水率と表面水率の組合せとして、**適当なものはどれか。**

	吸水率〔%〕	表面水率〔%〕
(1)	2.39	3.8
(2)	2.39	1.3
(3)	2.45	3.8
(4)	2.45	1.3

解説 ▶ JIS A 1109（細骨材の密度及び吸水率試験方法）に沿った試験結果から、必要な数値を読み取って、正しい式で計算することで正答が得られる。

吸水率は表乾状態の骨材内部に含まれている全水量（吸水量）の絶乾状態の骨材質量に対する百分率であり、表面水率は、骨材の表面についている水量の表乾状態の骨材質量に対する百分率である。これらを式で表すと以下になる。

$$吸水率〔%〕 = \frac{吸水量}{絶乾質量} \times 100$$

$$表面水率〔%〕 = \frac{表面水量}{表乾質量} \times 100$$

ここで、設問より、湿潤状態の試験試料は 500.0 g、表乾質量は 493.5 g、絶乾質量は 481.7 g であるから、吸水量＝493.5－481.7＝11.8 g、表面水量＝500.0－493.5＝6.5 g となる。これらを前述の式に代入すると、**吸水率は 2.45％、表水率は 1.3％**となり、正答は（4）であることがわかる。　　　　　　　　【解答（4）】

(((問題7)))　JIS A 5308（レディーミクストコンクリート）の規定に照らして、回収骨材の使用に関する次の記述のうち、**誤っているものはどれか。**

（1）回収骨材の微粒分量が、未使用の骨材（新骨材）の微粒分量を超えた場合には、使用することができない。

（2）専用の設備で貯蔵、運搬、計量して用いる場合は、未使用の骨材（新骨材）への置換率の上限を 20％とすることができる。

（3）軽量コンクリートには回収骨材を使用できない。

（4）舗装コンクリートから回収した骨材は、回収骨材として使用できない。

解説 　（4）舗装コンクリートから回収した骨材は、**回収骨材として使用**できる。

【解答（4）】

3章 混和材・混和剤

出題傾向 混和材・混和剤は、多岐にわたるコンクリートへの要求性能を満足させるために、機能を付加する重要な材料である。毎年1～2問出題される。種類や品質、コンクリート性状の改善効果や用途についての出題が多い。ここ数年は混和剤の JIS 規定に関する出題が頻出している。

こんな問題が出題されます！

基本問題

各種混和材料の品質規格に関する次の記述のうち、**誤っているもの**はどれか。
(1) 高性能 AE 減水剤は、JIS A 6204（コンクリート用化学混和剤）において、スランプの経時変化量の上限値が規定されている。
(2) 高性能減水剤は、JIS A 6204（コンクリート用化学混和剤）において、凍結融解に対する抵抗性が規定されている。
(3) フライアッシュは、JIS A 6201（コンクリート用フライアッシュ）において、未燃炭素含有量の目安となる強熱減量の上限値が規定されている。
(4) 高炉スラグ微粉末は、JIS A 6206（コンクリート用高炉スラグ微粉末）において、比表面積の大きさにより4つに区分されている。

解説 ここ数年の出題傾向をよく示している問題である。

（1）JIS A 6204 で、スランプの経時変化は、高性能 AE 減水剤と流動化剤に規定がある。高性能 AE 減水剤では、練混ぜ直後と練混ぜ開始から 60 分後のスランプの差が 6.0 cm 以下と規定されている。

（2）JIS A 6204 で、凍結融解に対する抵抗性は、AE 剤、AE 減水剤、高性能 AE 減水剤および流動化剤に規定がある。これは、これらの混和剤が凍結融解に対する抵抗性に有効な空気連行作用を有していることによる。高性能減水剤は、空気連行作用がないため、**凍結融解に対する抵抗性の規定はない**。

（4）高炉スラグ微粉末は、粉末粒子の細かさを表す比表面積の大きさによって 3000、4000、6000、8000 の4種類がある。 **【解答（2）】**

重要ポイント講義

1 ◆ 混和材の種類とコンクリート性状

　混和材は比較的使用量が多く、それ自体の容積がコンクリートの練上がり容積に算入されるものである。主な混和材には、フライアッシュ、高炉スラグ微粉末、シリカフューム、膨張材、石灰石微粉末、砕石粉などがある。

■ フライアッシュ

　火力発電所などの微粉炭燃焼ボイラーの燃焼排ガス中に浮遊する微細なアッシュ（灰）を電気集塵機で捕集したもので、品質によりⅠ～Ⅳ種がある。

　ここで、比表面積が大きいほどポゾラン反応性が高いことを示し、強熱減量はフライアッシュに含有する未燃炭素量の目安を示している。

■ フライアッシュの種類と特徴 ■

種類	特　徴	比表面積 （cm²/g）	強熱減量 （%）
Ⅰ種	・Ⅱ種に比べ品質が高く、強熱減量が小さく比表面積が大きい ・高強度コンクリートや高流動コンクリートに適する	5 000 以上	3.0 以下
Ⅱ種	・標準的な品質	2 500 以上	5.0 以下
Ⅲ種	・Ⅱ種に比べて、強熱減量が大きい	2 500 以上	8.0 以下
Ⅳ種	・Ⅱ種に比べて、比表面積が小さい	1 500 以上	5.0 以下

■ コンクリートの性状への影響および施工上の特徴 ■

フレッシュコンクリート性状への影響	・フライアッシュはガラス質の球状微粒子で、コンクリート中でボールベアリング的な作用をして、ワーカビリティーを改善し、単位水量を低減できる ・フライアッシュの未燃炭素含有率が高いとAE剤を吸着して空気連行性が低下するため、AE剤や空気量調整剤を増量する必要がある
硬化コンクリート性状・耐久性への影響	・フライアッシュは、セメントの水和生成物の水酸化カルシウムと反応して、不溶性で化学的にも安定な、けい酸カルシウム水和物を生成して硬化する性質（ポゾラン反応性）がある ・フライアッシュのポゾラン反応は、セメントの水和反応に比べかなりゆっくりと常温で進行する。混合材としてセメントに置換して添加した場合、材齢28日以前ではポルトランドセメントのみの場合に比べて強度が低下するが、長期強度は増大する ・打込み後十分な湿潤養生を行えば、フライアッシュ粒子の周辺空隙がポゾラン反応生成物で充填され、水密性も向上する ・湿潤養生が十分でないと、初期強度の低下、中性化深さの増大、凍害による表面劣化のなどの可能性があるので注意する ・セメントに対するフライアッシュ混入率15%以上で、アルカリシリカ反応の抑制効果あり

高炉スラグ微粉末

　溶鉱炉で銑鉄と同時に生成する溶融状態のスラグを水で急冷し、微粉砕したものである。比表面積によって、3000、4000、6000、8000 の 4 種類がある。

　高炉スラグ微粉末はそのままでは硬化しないが、セメントの水和によって生成する水酸化カルシウムなどのアルカリ性物質の刺激によって水和・硬化する「潜在水硬性」という性質を持つ。

コンクリートの性状への影響および施工上の特徴

フレッシュコンクリート性状への影響	・高炉スラグ微粉末を混和する場合、比表面積が増大するほど、コンクリートの流動性は増大する傾向があり、同じ流動性を得るのに必要な単位水量および化学混和剤量を低減可能
硬化コンクリート性状・耐久性への影響	・セメントの水和反応の後に反応が進行するため、ポルトランドセメントの場合より材齢 28 日以降の長期強度は大きくなる ・打込み後十分に湿潤養生すれば、潜在水硬性によりペーストの細孔容積が減少して組織が緻密化するので、水密性の向上、乾燥収縮の減少、硫酸塩や海水に対する耐久性改善など効果が期待できる ・セメントに対して 40％以上置換すると、アルカリシリカ反応の抑制効果あり ・一般のコンクリートに比べ、中性化の進行がやや速くなる
施工上の特徴	・初期強度発現が遅いため、型枠支保工は存置期間を延長する必要がある ・強度発現やその他の性状が養生の影響を受けやすいため、特に初期の養生温度と湿潤養生の確保が重要である ・粉末度が小さい高炉スラグ微粉末は、セメントに対する置換率が大きく、養生温度が低い場合、水和熱によるコンクリート温度上昇を低減して温度ひび割れを抑制できる ・養生温度が高いと活性化して温度上昇大となるため注意する

シリカフューム

　金属シリコンなどをアーク式電気炉で製造するときに発生する排ガスから捕集される、ガラス質のほぼ完璧な球形の超微粒子である。主成分は、非晶質の二酸化けい素（SiO_2）であり、ポゾラン反応性がある。フライアッシュに比べ粒子が小さく活性度が高いため、ポゾラン反応は初期材齢から活発である。

　強度発現性やセメント粒子間の充填性（マイクロフィラー効果）などにより組織の緻密性に優れるため、超高強度コンクリート用混和材として使用されている。マイクロフィラー効果は、非常に細かい粒子がセメント粒子の間に充填されて組織を緻密にする性質である。

フレッシュコンクリート性状への影響	・シリカフュームのマイクロフィラー効果とボールベアリング効果により、ブリーディングの低減、材料分離抵抗性とポンプ圧送性の向上効果あり ・シリカフュームは比表面積が大きく、未燃炭素を含むため、AE剤による空気が連行されにくい。所定の空気量を得るためには、高性能AE減水剤中の空気量補助剤を増加させる ・低水セメント比では、凝結終了直後に大きな収縮（自己収縮）が発生する
硬化コンクリート性状・耐久性への影響	・シリカフュームのポゾラン反応とマイクロフィラー効果によりコンクリートの組織が緻密化し、中性化抵抗性、塩化物イオン浸透抵抗性、化学抵抗性、アルカリ骨材反応抑制、透気・透水抵抗性が向上する ・硬化組織が緻密な高強度コンクリートは、火熱により爆裂しやすい傾向がある。シリカフュームを添加すると、いっそう緻密になり内部の蒸気圧が高まりやすく、爆裂の危険性あり
施工上の特徴	・シリカフュームを添加した場合、ブリーディングが少なく、表面仕上げがしにくい傾向あり ・水和の早い時期から強度発現に寄与することから、初期養生が重要である

■ 膨張材

　水和反応によって生成する結晶の成長や増大によってコンクリートを膨張させる混和材。生成する結晶によって、エトリンガイトを生成する **CSA系**と、水酸化カルシウムを生成する石灰系がある。

　使用目的は、**乾燥収縮によるひび割れの低減（収縮補償）**あるいはケミカルプレストレスの導入である。収縮補償を目的に膨張材を添加したコンクリートの乾燥収縮率は、無添加の場合に比べ $20 \sim 30\%$ 程度小さくできる。この場合の圧縮強度は膨張材無添加の場合と同等である。

　膨張材は収縮補償用の標準使用量 $20\,\mathrm{kg/m^3}$ と $30\,\mathrm{kg/m^3}$ の2タイプがある。ケミカルプレストレス導入用の場合、収縮補償用の $1 \sim 2$ 倍の使用量が標準である。

■ 膨張材使用上のポイント

- 膨張材は風化すると強熱減量が増大し、膨張性能が低下するため、貯蔵時の管理に注意が必要である。
- ミキサでの練混ぜが不十分な場合、硬化後、局部的な異常膨張によりポップアウトや部分的な崩壊の発生する可能性がある。
- エトリンガイトや水酸化カルシウム生成時には十分な水分の供給が必要であり、初期材齢での湿潤養生が所定の膨張性能を発揮させるために重要である。
- 膨張材の膨張は材齢 $3 \sim 7$ 日程度でほぼ完了し、その後乾燥して収縮する。
- 膨張材を多量に添加すると、無拘束では膨張に伴い強度低下するが、膨張を十分拘束すると強度低下を防止できる。

■ 石灰石微粉末

　石灰石を微粉砕したものであり、砕石粉の一種である。セメントの一部あるいは細骨材の一部に置換して用い、コンクリートの流動性の改善、ブリーディングの低減効果などが得られる。高流動コンクリートなど、多量の粉体量が必要な場合に、材料分離抵抗性や施工性の確保、水和熱の低減のために用いられている。

　石灰石微粉末は、化学的活性がないか非常に低くコンクリートの強度発現にほとんど寄与しないため、結合材とみなさない。むしろ、必要以上にコンクリートの強度を高くせずに粉体量を確保しつつ水和熱を抑制できることに特徴がある。

■ 砕石粉

　砕石粉は、工場で岩石を乾式で破砕して砕石および砕砂を製造する際に同時に発生する石粉を原料とし、必要に応じて分級や粒度調整して製造される。

　砕石粉の原石は、アルカリシリカ反応性の区分が A（無害）のものとする。

2 ◆ 混和剤の種類とコンクリート性状

■ 混和剤の概要

① 混和剤の種類

　混和剤は、使用量が少なく、それ自体の容積がコンクリートの練上がり容積に算入されないもので、化学混和剤とその他の特殊混和剤とがある。

　化学混和剤の凝結時間の性能による種類は、標準形、遅延形、促進形である。遅延形は暑中期の速い凝結をコントロールして、適正な打込み可能時間の確保やコールドジョイントの抑制効果がある。促進形は気温の低い時期の凝結遅延を抑制して、初期強度発現の確保と仕上げ作業の遅延防止効果がある。

　化学混和剤は、塩化物量により Ⅰ種、Ⅱ種、Ⅲ種に区分される。Ⅰ種は無塩タイプで、現存する化学混和剤のほとんどが Ⅰ種である。

混和剤の種類

化学混和剤 （JIS A 6204）	AE 剤	―
	減水剤	標準形、遅延形、促進形
	AE 減水剤	標準形、遅延形、促進形
	高性能減水剤	―
	高性能 AE 減水剤	標準形、遅延形
	流動化剤	標準形、遅延形
	硬化促進剤	―
その他の特殊混和剤	収縮低減剤、防せい剤、水中不分離性混和剤など	

② 化学混和剤の品質

　化学混和剤の品質は JIS A 6204（コンクリート用化学混和剤）に規定されている。品質試験は、定期的な品質確認の通常管理試験と、化学混和剤の開発当初や大幅な改良時の形式（かたしき）評価試験がある。通常管理試験として、減水率、凝結時間の差、スランプおよび空気量の経時変化量、塩化物イオン（Cl⁻）量および全アルカリ量は6か月に1回、圧縮強度比は1年に1回実施されている。形式評価試験は、上記のほか、長さ変化比、凍結融解に対する抵抗性、ブリーディング量について実施されている。

　塩化物イオン（Cl⁻）量と全アルカリ量（Na_2O_{eq}）は、コンクリートでの規定値で、塩化物イオン（Cl⁻）量はⅠ種で **0.02 kg/m³ 以下**、全アルカリ量（Na_2O_{eq}）は **0.3 kg/m³ 以下**である。凍結融解抵抗性は、**300 サイクルで相対動弾性係数 60% 以上**と規定されている。

化学混和剤（標準形）の性能（JIS A 6204 の規定値）

項目		AE剤	高性能減水剤	硬化促進剤	減水剤	AE減水剤	高性能AE減水剤	流動化剤
減水率〔%〕		6以上	12以上	—	4以上	10以上	18以上	—
ブリーディング量の比〔%〕		—	—	—	—	70以下	60以下	—
ブリーディング量の差〔cm³/cm²〕		—	—	—	—	—	—	0.10以下
凝結時間の差分	始発	−60〜+60	+90以下	—	−60〜+90	−60〜+90	−60〜+90	−60〜+90
	終結	−60〜+60	+90以下	—	−60〜+90	−60〜+90	−60〜+90	−60〜+90
圧縮強度比〔%〕	材齢1日	—	—	120以上	—	—	—	—
	材齢2日	—	—	130以上	—	—	—	—
	材齢7日	95以上	115以上	—	110以上	110以上	125以上	90以上
	材齢28日	90以上	110以上	90以上	110以上	110以上	115以上	90以上
長さ変化比〔%〕		120以下	110以下	130以下	120以下	120以下	110以下	120以下
凍結融解に対する抵抗性（相対動弾性係数〔%〕)		60以上	—	—	—	60以上	60以上	60以上
経時変化量	スランプ(cm)	—	—	—	—	—	6.0以下	4.0以下
	空気量〔%〕	—	—	—	—	—	±1.5以内	±1.0以内

■ AE剤

　AE剤は、界面活性剤であり、コンクリートの中に多数の微細な独立した空気泡（連行空気泡・エントレインドエア）を一様に分布させ、ワーカビリティーおよび耐凍害性を向上させるために用いる。

　連行空気は直径 30 〜 250 µm（0.03 〜 0.25 mm）程度の球状であり、ボールベアリング効果によりワーカビリティーを改善して、所要のスランプを得るため

の単位水量を低減できる。

※連行空気とコンクリート性状に関しては、2時限目1章を参照。

> ■ 各種要因が AE 剤の空気連行性に与える影響
> ・細骨材の 0.3 〜 0.6 mm の粒度が多いと空気が連行されやすく、0.15 mm 以下が多いと連行されにくい傾向がある。
> ・回収水を使用する場合、スラッジ固形分が多いと所定の空気量とするための AE 剤使用量が多く必要になる。
> ・コンクリート温度が低いほど空気連行量が多く、温度が高くなると低下する。

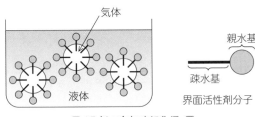

■ AE 剤の空気連行作用 ■

減水剤

　所要のスランプを得るための単位水量を減少できる混和剤。セメントと水を混ぜ合わすとセメントは小さな塊に凝集するが、減水剤は静電気的な反発作用によりセメント粒子を分散させて、流動性を高める作用を持つ。

　減水剤を使用したコンクリートは、ワーカビリティーが向上するため、所要スランプを得るための単位水量および単位セメント量を減少できる。

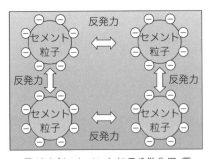

■ 減水剤のセメント粒子分散作用 ■

AE 減水剤

　減水剤のセメント分散作用と AE 剤の空気連行作用を合わせ持つ混和剤。減水効果による流動性の向上効果と、空気の連行作用によるワーカビリティーの向上効果と耐凍害性向上効果とが得られる。

　AE 減水剤の減水率は 10％以上と規定されているが、一般には 12 〜 16％程度であり、同一強度ではセメント量を 6 〜 10％低減できる。

高性能減水剤

　コンシステンシーに影響を及ぼさず単位水量を大幅に減少できるか、または単位水量に影響することなくスランプを大幅に増加できる混和剤。

　減水率は 12％以上と規定されているが、セメントの水和反応を阻害しないので、使用量を増加して減水率を大きくでき、プレーンコンクリートに比べて 20 〜 30％の大幅な減水も可能である。スランプ保持性能が小さいため、主に、練混ぜ後時間をおかずに打込みが可能であるコンクリート製品で使用されている。また、AE 剤を同時に使用することで、適切な空気量を得ることもできる。

高性能 AE 減水剤

　空気連行性能を持ち、AE 減水剤よりも高い減水性能と良好なスランプ保持性能をもつ混和剤。減水率は 18％以上と規定されており、AE 減水剤使用時に比べ単位水量を 10 kg/m³ 以上低減することができる。

> ### 高性能 AE 減水剤の使用目的
> ・高強度コンクリートや高流動コンクリートでのワーカビリティー確保と単位水量の低減
> ・良質の骨材が得られず、所定のスランプとするための単位水量が大きくなる場合の単位水量低減および乾燥収縮ひび割れ抑制
> ・マスコンクリートで、単位水量低減によって単位セメント量を低減し、水和熱発生量を削減して温度ひび割れを抑制

流動化剤

　あらかじめ練り混ぜられたコンクリートに添加、撹拌することによって、流動性を増大させる混和剤。一般的には、施工現場に到着後に添加される。標準形と遅延形があり、促進形はない。遅延形は暑中コンクリートなどで流動化後の早いスランプ低下を緩和させる目的に使用される。

　流動化剤を添加する前の生コン工場で製造されるコンクリートをベースコンクリートといい、流動化剤添加後を流動化コンクリートという。配(調)合上の注意

点として、流動化後のコンクリートの分離を防止するため、ベースコンクリートの細骨材率は、ベースコンクリートのスランプではなく流動化後のスランプに合わせて、少し大きめに設定する。

> ■ **流動化剤の特徴と施工上の注意点**
> ・空気連行性や凝結遅延性が少なく、高減水性能を有している
> ・配(調)合を変化させず、強度その他の硬化コンクリート性状に大きな影響を与えずに、流動性の優れたコンクリートが得られる
> ・流動化後のスランプ低下が早いため、流動化後はできるだけ早く打込みを終了させることが必要である

■ 硬化促進剤

セメントの水和を早め、初期材齢の強度を大きくするために用いる化学混和剤。AE減水剤促進形より硬化を促進して、寒中期の初期凍害防止、初期強度発現の促進による養生期間や型枠支保工存置期間の短縮などに効果がある。

JIS A 6204 では、硬化促進剤について、材齢 1、2、28 日の圧縮強度比が規定されている。

■ 収縮低減剤

コンクリートの乾燥収縮および自己収縮を低減する効果を持つ混和剤。硬化コンクリート中の毛細管凝縮水に溶解してその表面張力を低下させ、乾燥時の毛細管張力を小さくして収縮を低減する。

添加量の増加とともに収縮の低減量が増加し、おおよそ 20 ～ 40％程度の収縮低減効果がある。また、膨張材との併用でより大きな収縮低減効果が得られる。

(((問題 1))) 下表は、混和材の種類、主な作用機構および付与される性能の例を示している。混和材の種類 A ～ D に関する次の組合せのうち、**適当なものはどれか。**

混和材の種類	主な作用機構	付与される性能の例
A	ポゾラン反応	・長期強度の増進 ・アルカリシリカ反応の抑制
B	エトリンガイトや水酸化カルシウムの生成	・収縮補償 ・ケミカルプレストレス導入
C	潜在水硬性	・硫酸塩に対する抵抗性の向上 ・アルカリシリカ反応の抑制
D	マイクロフィラー効果	・高強度化 ・水密性の向上

	A	B	C	D
(1)	フライアッシュ	膨張材	高炉スラグ微粉末	シリカフューム
(2)	高炉スラグ微粉末	石灰石微粉末	シリカフューム	フライアッシュ
(3)	高炉スラグ微粉末	膨張材	フライアッシュ	シリカフューム
(4)	シリカフューム	フライアッシュ	高炉スラグ微粉末	石灰石微粉末

解説 4種類の混和材について、主な作用機構と性能の記述から種類を特定する問題である。基本的な問題であり、主な作用機構だけでも特定が可能である。

まず、A は、性能からフライアッシュと高炉スラグ微粉末があてはまるが、作用機構から、**ポゾラン反応を示すのはフライアッシュ**と、特定できる。

B は、**用途が収縮補償やケミカルプレストレスであることから膨張材がこれに当たる。**エトリンガイトや水酸化カルシウムは膨張材の水和生成物であり、いずれも膨張性を有する。

C は、**潜在水硬性を有することから高炉スラグ微粉末に特定できる。**

D は、**マイクロフィラー効果を有することからシリカフュームに特定できる。**以上より、適当な組み合わせは（1）である。　　　　　　　　　　　【解答（1）】

(((問題2)))　各種混和材に関する次の一般的な記述のうち、**不適当なものはどれか。**

(1) フライアッシュは、未燃炭素含有量が多いほど、AE剤のコンクリートへの空気連行性を低下させる。

(2) 石灰石微粉末は、コンクリートの流動性の改善を目的として使用することがある。

(3) 高炉スラグ微粉末は、アルカリシリカ反応によるコンクリートの膨張を増加させる。

(4) シリカフュームは、マイクロフィラー効果及びポゾラン反応によって、コンクリートを緻密にする。

解説 (3) 高炉スラグ微粉末は、セメントに対して40％以上置換すると、**アルカリシリカ反応を抑制できる。**　　　　　　　　　　　　　　　　【解答 (3)】

(((問題3)))　下表は、減水剤、AE減水剤および高性能AE減水剤（いずれも標準形）の品質の一部を示したものである。JIS A 6204（コンクリート用化学混和剤）の規定に照らし、表中のA、B、Cに当てはまる数値の組合せとして、**正しいものはどれか。**

項 目	減水剤	AE減水剤	高性能AE減水剤
減水率%	4以上	10以上	A
ブリーディング量の比%	規定なし	70以下	60以下
長さ変化比%	120以下	B	110以下
凍結融解に対する抵抗性（相対動弾性係数%）	C	60以上	60以上
スランプの経時変化量 cm	規定なし	規定なし	6.0以下

	A	B	C
(1)	12以上	120以下	60以上
(2)	12以上	130以下	規定なし
(3)	18以上	120以下	規定なし
(4)	18以上	130以下	60以上

解説 化学混和剤のJIS規定の具体的な数値などに関する知識を問うており、細かい知識を必要とし、難易度が高い。とはいえ、知識のない受験者が正答に近づく方法はある。**作用の原理**を理解しておくことである。

まず、減水率だが、減水効果は、減水剤ではセメントの凝集を電気的に分散させることで、またAE剤では連行する微細な気泡のボールベアリング効果で得ている。AE減水剤はこの両者の性能を併せ持ち、減水率10％以上と規定されてい

る。**高性能 AE 減水剤は、AE 減水剤よりも格段に高い減水性能が得られること**が特徴であり、**18％以上と規定**されている。

　乾燥収縮による長さ変化の比は、化学混和剤を添加しない場合に比べてあまり大きくならないよう、**減水剤と AE 減水剤は 120％以下**、高性能 **AE** 減水剤では **110％以下と規定**されている。

　凍結融解に対する抵抗性は、化学混和剤によって連行される微細な気泡（連行空気泡）の効果であり、**減水剤は空気連行性を有しないため、規定はない。**

　以上より、正答は（3）となる。　　　　　　　　　　　　　　　【解答（3）】

(((問題 4)))　JIS A 6204（コンクリート用化学混和剤）の規定に関する次の記述のうち、**誤っているものはどれか。**
　(1)　AE 剤には、空気量の経時変化量が規定されている。
　(2)　硬化促進剤には、材齢 1 日の圧縮強度比が規定されている。
　(3)　AE 減水剤には、凍結融解に対する抵抗性が規定されている。
　(4)　高性能 AE 減水剤には、スランプの経時変化量が規定されている。

解説　JIS A 6204 における、化学混和剤の種類ごとの規定項目に関する設問である。具体的な数値の記憶は大変でも、項目ぐらいは覚えておきたい。

　(1)　AE 剤は空気連行作用があり、凍結融解に対する抵抗性の規定はあるが、**空気量の経時変化量の規定はない。**

　(2)　化学混和剤の圧縮強度比は、硬化促進剤以外は材齢 7、28 日の規定だが、硬化促進剤だけは材齢 1、2、28 日について規定されている。　　**【解答（1）】**

4章 練混ぜ水

出題傾向 練混ぜ水は毎年1問の出題がある。練混ぜ水の種類と品質基準、回収水の種類・使用方法や使用制限について繰り返し出題あり。

■ こんな問題が出題されます！

基本問題

コンクリートの練混ぜ水に関する次の記述のうち、JIS A 5308 附属書C（レディーミクストコンクリートの練混ぜに用いる水）の規定に照らして、誤っているものはどれか。

(1) 地下水は、上水道水としての処理がなされていない場合、回収水に分類される。

(2) 上水道水は、特に試験を行わなくても、練混ぜ水として使用できる。

(3) スラッジ水は、コンクリートの洗浄排水から、粗骨材、細骨材を取り除いて、回収した懸濁水である。

(4) 上澄水は、スラッジ水から、スラッジ固形分を沈降その他の方法で取り除いた水である。

解説 (1) 練混ぜ水は、上水道水、上水道水以外の水、回収水に区分され、上水道水として未処理の地下水は**上水道水以外の水に分類される。**

(2)、(3)、(4) 記述のとおり。 【解答 (1)】

重要ポイント講義

1◆練混ぜ水の種類

練混ぜ水は、以下のように区分されている。水を混合して使用する場合は、それぞれの水が、混合する前の種類に応じた品質に適合している必要がある。

■ 練混ぜ水の種類 ■

練混ぜ水	上水道水
	上水道水以外の水 【例】河川水、湖沼水、地下水、工業用水など
	回収水 　上澄水、スラッジ水

2 ◆ 練混ぜ水の品質および使用上の留意点

■ 上水道水

　上水道水は、特に試験を行わなくても使用できる。上水道水は人がそのまま飲用できるよう、多くの品質に非常に厳しい基準を設けているためである。

■ 上水道水以外の水

　上水道水以外の水は、以下の品質規定がある。ここで、海水は一般に練混ぜ水として使用できないが、土木学会示方書では、用心鉄筋を配置しない無筋コンクリートには用いてもよいとしている。

■ 上水道水以外の水の品質 ■

項　目	品　質
懸濁物質の量	2 g/L 以下
溶解性蒸発残留物の量	1 g/L 以下
塩化物イオン（Cl^-）量	200 ppm 以下
セメントの凝結時間の差	始発は 30 分以内、終結は 60 分以内※
モルタルの圧縮強さの比	材齢 7 日および材齢 28 日で 90% 以上※

※基準水（蒸留水、イオン交換樹脂で精製した水または上水道水）
　を使用した場合との比較結果

■ 回収水

　回収水は、レディーミクストコンクリート工場で、運搬車やプラントのミキサ、ポッパーなどに付着した残留コンクリート等の洗浄廃水であり、**上澄水とスラッジ水**がある。

　JIS A 5308（レディーミクストコンクリート）では、呼び強度 36 を超える場合は使用する水の区分について協議のうえ指定することとしているが、呼び強度 36 以下では購入者との協議なしで、回収水の使用も可能である。

　なお、JASS5 では、以下の場合、回収水は使用できないとしている。

- 計画供用期間が長期および超長期の場合
- 高流動コンクリート、高強度コンクリート、鋼管充填コンクリート

① スラッジ水

　洗浄廃水から粗骨材、細骨材を取り除いて回収した懸濁水。スラッジとは、スラッジ水が濃縮され、流動性を失った状態のものである。

　コンクリートにスラッジ水を用いるとき、コンクリートの配(調)合における単位セメント量に対するスラッジ固形分の質量の割合をスラッジ固形分率という。また、安定剤を用いた洗浄水で洗浄した場合のスラッジ水を、**安定化スラッジ水**という。

② **上澄水**

　スラッジ水から、スラッジ固形分を沈降や脱水などの方法で取り除いた水で、セメントの水和生成物である水酸化カルシウムを含み、**高アルカリ性**である。上澄水は、練混ぜ水として上水道水と同様に使用してよい。

回収水の品質

項　目	品　質
塩化物イオン（Cl⁻）量	200 ppm 以下
セメントの凝結時間の差	始発は 30 分以内、終結は 60 分以内※
モルタルの圧縮強さの比	材齢 7 日および材齢 28 日で 90％以上※

※基準水（蒸留水、イオン交換樹脂で精製した水または上水道水）
　を使用した場合との比較結果

スラッジ水使用時のポイント

- スラッジ水を用いる場合、スラッジ固形分率が 3％を超えてはならない。
- 配(調)合で、スラッジ水中に含まれるスラッジ固形分は水の質量に含めない。
- ただし、スラッジ固形分率を 1％未満で使用する場合には、スラッジ固形分を水の質量に含めてもよい。
- スラッジ水を使用するとコンクリートの粘性が増す。水セメント比、スランプを同一にするには、スラッジ固形分率 1％につき単位水量、単位セメント量をそれぞれ 1 ～ 1.5％増すとよい。また、細骨材率は、スラッジ固形分 1％につき約 0.5％小さくするとよい。
- スラッジ水を使用すると、AE 剤が吸着されて空気量が減少する傾向にあるため、AE 剤や空気量調整剤の量を調整するとよい。
- スラッジ水の管理は、スラッジ水の濃度を一定に保つ独立した濃度調整槽を使用するバッチ濃度調整方法、または連続測定可能な自動濃度計を使用する連続濃度測定方法による。

- 安定化スラッジ水を練混ぜ水として当日使用する場合、1日分の安定剤量とし、翌日使用の場合は1日分を追加して撹拌のうえ使用する。なお、使用予定日までの保存期間に応じた安定剤使用量とした場合、使用予定日以外に使用してはならない。
- JIS A 5308（レディーミクストコンクリート）では、スラッジ水は高強度コンクリートには適用しない、としている。
- JASS5では、凍結融解作用を受けるコンクリートには練混ぜ水としてスラッジ水は使用しない、と規定されている。

標準問題でレベルアップ！！！

(((問題1)))　JIS A 5308 附属書C（レディーミクストコンクリートの練混ぜに用いる水）に規定される上水道水以外の水の品質に関する次の記述のうち、**誤っているものはどれか。**

(1) 懸濁物質の量の上限値が規定されている。

(2) 溶解性蒸発残留物の量の上限値が規定されている。

(3) 全アルカリ量の上限値が規定されている。

(4) モルタルの圧縮強さの比の下限値が規定されている。

解説 上水道水以外の水の品質項目に関する設問である。規定されている品質項目は、設問の (1)、(2)、(4) と、塩化物イオン（Cl^-）量の上限値の 4 項目である。

【解答 (3)】

(((問題2)))　コンクリートの練混ぜ水に関する次の記述のうち、JIS A 5308（レディーミクストコンクリート）ならびに JIS A 5308 附属書C（レディーミクストコンクリートの練混ぜに用いる水）の規定に照らして、**誤っているものはどれか。**

(1) スラッジ固形分率が3%を超えないように調整したスラッジ水を、高強度コンクリートに使用した。

(2) スラッジ固形分率1%未満のスラッジ水を使用する場合、スラッジ固形分を水の質量に含めて計量した。

(3) 塩化物イオン（Cl^-）量、セメントの凝結時間の差、およびモルタルの圧縮強さの比が上水道水以外の水の品質に規定される値を満足する回収水を普通コンクリートに使用した。

(4) 上水道水以外の水の品質に関する規定に適合した地下水を、上水道水に混合して使用した。

解説 (1) JIS A 5308（レディーミクストコンクリート）には、スラッジ水は高強度コンクリートには適用しない、とある。　　　　　　　　【解答（1）】

(((問題3))) 練混ぜ水に関する次の記述のうち、JIS A 5308 附属書C（レディーミクストコンクリートの練混ぜに用いる水）の規定に照らして、**正しいものはどれか。**
  (1) 上澄水には、全アルカリ量の上限値が規定されている。
  (2) 回収水には、懸濁物質の量の上限値が規定されている。
  (3) 品質試験に用いる基準水として、蒸留水やイオン交換樹脂で精製した水だけでなく、上水道水も用いることができる。
  (4) 上水道水と上水道水以外の水を混合して用いる場合には、混合した後の水が「上水道水以外の水の品質」の規定に適合していればよい。

解説 (1) 上澄水には、**全アルカリ量の規定はない。**
  (2) 懸濁物質の量は、上水道水以外の水では規定されているが、**回収水では規定されていない。**
  (4) 2種類の水を混合して用いる場合は、**混合前にそれぞれの種類の規定を満足している必要がある。**　　　　　　　　　　　　　　　　　【解答（3）】

(((問題4))) JIS A 5308 附属書C（レディーミクストコンクリートの練混ぜに用いる水）に関する次の記述のうち、**正しいものはどれか。**
  (1) 地下水は、水の品質に関する試験を行わなくても用いることができる。
  (2) 塩化物イオン（Cl⁻）量の上限値は、上水道水以外の水よりも回収水の方が小さく規定されている。
  (3) 2種類以上の水を混合して用いる場合には、混合した後の水の品質が規格に適合していれば使用できる。
  (4) スラッジ固形分率は、配合における単位セメント量に対するスラッジ固形分の質量の割合を分率で表したものである。

解説 (1) 地下水は、上水道水以外の水に分類されるため、**上水道水以外の水に規定されている4項目の品質試験を実施して所定の品質を満足する必要がある。**
  (2) 塩化物イオン（Cl⁻）量の上限値の規定は、**上水道水以外の水と回収水とでは、同じ 200 mg/L である。**
  (3) 2種類以上の水を混合して用いる場合、それぞれが混合する前の種類に応じた品質に適合している必要がある。　　　　　　　　　　【解答（4）】

5章 鋼材・補強材

出題傾向 鋼材・補強材は毎年1問の出題がある。鋼材の物理的性質や応力-ひずみ曲線の特性値、鉄筋コンクリート用棒鋼やPC鋼棒の種類や品質などである。また、近年、繊維補強材の特徴に関する出題もある。

こんな問題が**出題**されます！

基本問題

> コンクリート用補強材に関する次の一般的な記述のうち、**適当なものはどれか**。
> (1) コンクリートとの付着強度は、丸鋼よりも異形棒鋼の方が大きい。
> (2) 鉄筋コンクリート用棒鋼の弾性係数は、引張強さに比例する。
> (3) 鋼材は、含有炭素量が多いほど、破断時の伸びが大きくなる。
> (4) PC鋼材を引っ張って一定の長さに保つと、時間の経過とともに、その引張応力が増加する。

解説 (1) 丸鋼は、断面が一様な円形の鉄筋。異形棒鋼は、コンクリートとの付着をよくするために、表面に突起をもつ。

(2) 鉄筋コンクリート用棒鋼の弾性係数は、**引張強さに比例せず、一定である**。

(3) 含有炭素量が多いほど鋼の強度（引張強さ、降伏点）、硬度は増加するが、延性（伸び、絞り）は低下する。

(4) PC鋼材に引張応力を与えて一定の長さに保っておくと、**時間の経過とともにその引張応力が減少する**。これをリラクセーションといい、プレストレスの減少に大きな影響を及ぼす。　　　　　　　　　　　　　　　【解答 (1)】

重要 ポイント講義

1 ◆ コンクリート用補強材の種類

コンクリート用補強材には次の種類がある。

コンクリート用補強材の種類

鋼材	鉄筋コンクリート用棒鋼	丸鋼、異形棒鋼
	PC 鋼材	PC 棒鋼、PC 鋼線など
	鉄骨	一般構造用圧延鋼材など
	その他の鋼材	溶接金網、鉄筋格子、鋼繊維など
繊維補強材	連続繊維補強材	棒状、格子状、シート
	短繊維補強材	鋼繊維、合成短繊維、他

2 ◆ 鋼材の特徴

鋼材の物理的性質とコンクリート

鋼材とコンクリートの熱膨張係数はほぼ同等で、鋼材の弾性係数はコンクリートの7～10倍程度である。鋼材の化学成分のうち炭素量が増すと、硬く、引張強さが大きく、弾性限度や降伏点が高くなるが、延性および耐衝撃性が低下する。

鋼材とコンクリートの物理的性質の比較

品　質	鋼（炭素量 0.2%程度）	普通コンクリート（普通強度）
密　度	7.85 kg/cm³（常温）	2.25～2.35 kg/cm³（気乾状態）
熱膨張係数	10～12×10⁻⁶/K（常温～100℃）	7～13×10⁻⁶/℃
弾性係数	200 kN/mm²	22～26 kN/mm²（割線弾性係数）

鋼材の応力-ひずみ関係

図に示した応力-ひずみ曲線と対比させると覚えやすい。出題頻度が高いのですべての用語を理解しておくこと。

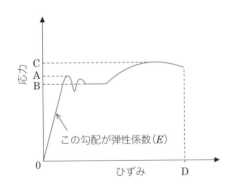

A：上降伏点
B：下降伏点
C：最大応力（引張強さ）
D：破断伸び

この勾配が弾性係数（E）

鋼材の応力-ひずみ曲線

用　語	用語の意味
弾性変形、塑性変形	・弾性変形はばねのようにもとに戻る変形であり、応力とひずみが直線的な関係にある。もとの形に戻る性質を弾性といい、もとに戻らなくなる変形を塑性変形という ・弾性変形から塑性変形に移行する応力限界を降伏点という
比例限界	・応力（σ）とひずみ（ε）が直線関係、つまりフックの法則が成り立つ範囲の限界点 ・$\sigma = E \cdot \varepsilon$ で表され、E を弾性係数（ヤング率）という
弾性限界	・鋼材に引張力を加えて伸びを生じさせた後に引張力を取り除いたとき、もとの長さに戻る応力の範囲が弾性範囲であり、この限界点が弾性限界
永久ひずみ	・鋼材に生じる応力が弾性範囲を超えると、引張力を除いてももとの長さに戻らなくなる。このときのひずみを永久ひずみという
降伏点	・鋼材の応力－ひずみ曲線で、塑性変形がはじまる応力限界 ・軟鋼などでは明確な降伏点を示すが、PC鋼は明確な降伏点を示さないため、便宜上、0.2％の永久ひずみを生じる応力を"耐力"と名づけて、降伏点とみなす
上降伏点	・明瞭な降伏点を示す鋼材で、降伏し始める以前の最大応力
下降伏点	・明瞭な降伏点を示す鋼材で、上降伏点を過ぎた後のほぼ一定の状態における最小応力 ・上降伏点が試験機の剛性や引張速度などの影響で安定しないのに比べ、下降伏点は安定した数値を示すため、下降伏点をその材料の降伏点とする
引張強さ	・最大荷重を原断面積で割った応力
破断伸び	・試験片破断時の永久伸び

3 ◆ 鉄筋や PC 鋼材の種類と品質

■ 記号の意味と機械的性質

　鉄筋コンクリート用棒鋼・PC鋼棒の記号の例および機械的性質の JIS 規格を示す。

■ 鋼材の記号の例 ■

SR 235	SD 345	SBPR 785/1030
SR：丸鋼 　　（Steel Round（Bar）） 235：降伏点または耐力の下限値〔N/mm²〕	SD：異形棒鋼 　　（Steel Deformed（Bar）） 345：降伏点または耐力の下限値〔N/mm²〕	SBPR：PC鋼棒 　　　（Steel Bar Prestressed-concrete Round） 785 ：耐力の下限値〔N/mm²〕 1030：引張強さの下限値〔N/mm²〕

鋼材の機械的性質の例

種類		記号	降伏点または耐力（N/mm²）	引張強さ（N/mm²）	伸び（試験片）（%）
鉄筋コンクリート用棒鋼	丸鋼	SR 235	235 以上	380 〜 520	20 以上（2 号）
		SR 295	295 以上	440 〜 600	18 以上（2 号）
	異形棒鋼	SD 295	295 以上	440 〜 600	16 以上（2 号）
		SD 345	345 〜 440	490 以上	18 以上（2 号）
		SD 390	390 〜 510	560 以上	16 以上（2 号）
		SD 490	490 〜 625	620 以上	12 以上（2 号）
PC 鋼棒	A 種 2 号	SBPR 785/1030	785 以上	1030 以上	5 以上
	B 種 1 号	SBPR 930/1080	930 以上	1080 以上	5 以上
	B 種 2 号	SBPR 930/1180	930 以上	1180 以上	5 以上
	C 種 1 号	SBPR 1080/1230	1080 以上	1230 以上	5 以上

鉄筋コンクリート用棒鋼（JIS G 3112）の特徴

　鉄筋コンクリート用棒鋼は、丸鋼と異形棒鋼があり、化学成分、機械的性質、形状・寸法、質量および許容差について規格がある。丸鋼の径は 5.5 〜 50 mm である。異形棒鋼は呼び名で表し、D4 〜 D51 の範囲である。

　異形棒鋼は断面が円形でないので、公称直径、公称断面積、公称周長を用いる。表面に軸線方向のリブやその他の方向の節と呼ばれる突起があり、コンクリートとの付着強度が大きい。

PC 鋼材の特徴

　PC 鋼材は、プレストレストコンクリート構造物の緊張材として用いる鋼材で、鉄筋に比べ、高強度であり、弾性限界および耐力または降伏点が高い。

　PC 鋼材の種類としては、PC 鋼棒、細径異形 PC 鋼棒、PC 鋼線および PC 鋼より線がある。

　明瞭な降伏点を示さないので、**0.2% の永久ひずみを生ずる応力を耐力と呼び、降伏点の代用としている**。耐力は、PC 鋼棒で 785 〜 1 080 N/mm² と、通常の鉄筋の降伏点の 2 倍以上である。耐力に達してから破壊に至るまでの塑性変形能力を考慮して、種類ごとに 3.5 〜 5% 以上の伸びが規定されている。この値は鉄筋の降伏後の伸びに比べてかなり小さい。

　PC 鋼材に引張応力を与えて一定の長さに保っておくと、時間の経過とともにその引張応力が減少する。これをリラクセーションといい、プレストレスの減少に大きな影響を及ぼす。PC 鋼棒では、リラクセーション値 4% 以下の規定がある。

4 ◆ 繊維補強材

繊維補強材は、その形状で、**短繊維**、樹脂を含浸・硬化させた棒状や格子状の**連続繊維補強材**、および**補強用連続繊維シート**がある。素材では、鋼、ガラス、炭素などの無機繊維や、アラミド、ポリプロピレンなどの有機繊維がある。

補強用連続繊維シートは、1 本の太さ数 μm〜十数 μm 程度の繊維を多数束ね、平面状の一方向または二方向に配列してシート状や織物状にしたものである。

鋼繊維は断面積 0.1 〜 0.4 mm²、長さ 20 〜 40 mm 程度で、コンクリートのひび割れ抑制、伸び能力や靭性向上、剥落防止などの目的で、トンネル覆工、のり面・斜面の吹付け、土間床や舗装などで、鉄筋の代わりにコンクリート中に分散させて使用されている。

JIS A 6208（コンクリートおよびモルタル用合成短繊維）では、繊維の素材、径、長さ、形状の区分とともに、径、長さの許容差、引張強度および引張弾性率（見かけのヤング係数）による品質区分が規定されている。合成短繊維の種類は、アラミド、ナイロン、ビニロン、ポリエチレンおよびポリプロピレンである。

▌ 短繊維の特徴と用途

- 高層 RC 建築物等の超高強度コンクリートの火災時爆裂防止（ポリプロピレン等）
- トンネル、高架橋などのコンクリート剥落防止
- コンクリートのひび割れ進展の抑制
- プレキャストコンクリート製品の剥落防止、ひび割れ進展の抑制、爆裂防止
- 短繊維混入により曲げ靭性が改善され、混入率が高いほどその効果は大きい
- 短繊維の混入率が高いほど、コンクリート中で均一な分散がしにくくなるため、短繊維の投入方法や練混ぜ方法を十分検討する必要がある
- 所要のワーカビリティー確保のため、単位水量と細骨材率を大きくすること

▌ 連続繊維補強材の特徴と用途

- 鋼材の 1/3 程度の軽量であり、棒状の炭素繊維やアラミド繊維の引張強度は PC 鋼材と同等〜1.5 倍程度の高強度である。コンクリート橋の桁や床版の緊張材、補強材などに用いられる。
- 応力−ひずみ関係では、塑性挙動を示さず、直線的な弾性変形のまま最大応力度に至って破断する、脆性的な性質を示す。

- 弾性係数は鋼材同等〜1/7 程度。弾性係数の小さなものはプレストレスの緊張材に用いると、コンクリートのクリープや乾燥収縮の影響を軽減できる。
- 一方、炭素繊維やアラミド繊維では高弾性タイプの補強用連続繊維シートがあり、橋脚や建築柱の耐震補強のほか、道路橋の床版や桁の補強に用いる。
- 鋼材のような腐食性がなく、塩害環境でも高い耐久性を示す。
- 一般に熱膨張係数は小さく、炭素繊維やアラミド繊維は鋼材の 1/10 程度であり、ガラス繊維はコンクリートとほぼ同等である。
- 耐火性は鋼材に比べて劣り、含浸させる樹脂も耐用温度は 150℃程度である。
- 金属と異なり、非磁性である。

標準問題でレベルアップ!!!

(((問題1))) 鉄筋に関する次の一般的な記述のうち、**不適当なものはどれか。**

(1) 鉄筋の熱膨張係数（線膨張係数）は、コンクリートとほぼ同等である。

(2) 鉄筋の破断時の伸びは、炭素含有量が多いほど小さい。

(3) 鉄筋とコンクリートとの付着強度は、鉄筋の降伏点が大きいほど大きい。

(4) 鉄筋の弾性係数（ヤング係数）は、降伏点の大小によらず、200 kN/mm² 程度である。

解説 (1) 鉄筋、PC 鋼材、鉄骨などのコンクリート補強用鋼材の熱膨張係数は、コンクリートとほぼ同等の 10×10^{-6}/℃程度である。熱膨張係数が同等であることが鉄筋コンクリートや鉄骨鉄筋コンクリート造が成り立つ一つの理由である。

(2) 鉄筋の炭素含有量が多いほど、強度は大きくなるが、もろくなって伸びが小さくなる。

(3) 鉄筋とコンクリートとの付着強度は、鉄筋表面の凹凸などの表面状態、コンクリート中での鉄筋の位置や方向、鉄筋とコンクリートとの粘着力や摩擦力などの影響が大きく、**鉄筋の降伏点の影響はほぼない。**よって、記述は不適当である。

【解答 (3)】

(((**問題2**)))　下図は、鉄筋、PC鋼材および炭素繊維補強材の引張試験で得られる応力－ひずみ関係を模式的に示したものである。図中のA～Cに対する材料の組合せとして、**適当なものはどれか。**

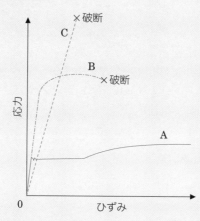

	A	B	C
(1)	炭素繊維補強材	鉄　筋	PC鋼材
(2)	鉄　筋	PC鋼材	炭素繊維補強材
(3)	PC鋼材	鉄　筋	炭素繊維補強材
(4)	鉄　筋	炭素繊維補強材	PC鋼材

解説　各種補強材の応力－ひずみ曲線の特徴に関する設問である。

　Aの曲線は、応力とひずみが比例する弾性変形に近い性状を示したのち降伏点を迎え、その後はひずみだけが進行する。これは**一般的な鋼材の特徴**である。

　Bの曲線は、一般的な鋼材よりも弾性限界の応力が大きく、弾性限界を超えると徐々にひずみが大きくなり最大応力を示したのちに破断している。これは**PC鋼材の特徴と一致**する。

　Cは、AやBに比べて弾性係数が小さく、弾性的な変形のまま限界点で最大荷重を示して破断している。これは、**連続繊維補強材の特徴**であり、選択肢の中では炭素繊維補強材がこれにあたる。

　以上より、**適当な組み合わせは、(2) となる。**　　　　　　【解答　(2)】

(((問題 3))) コンクリート用短繊維を用いたコンクリートに関する次の一般的な記述のうち、**不適当なものはどれか。**

　(1) 繊維の混入率が多くなるほど、コンクリート中で繊維が一様に分散しやすくなる。

　(2) 繊維を混入すると、同じスランプを得るためには、細骨材率と単位水量が大きくなる。

　(3) コンクリートに鋼繊維を用いると、曲げ靭性が改善される。

　(4) 高強度コンクリートにポリプロピレン短繊維を用いると、火災時の爆裂防止に効果がある。

| 解説 | (1) 繊維の混入率が多くなるほど、**コンクリート中で繊維同士が絡まって一様な分散が困難になる。** よって、記述は不適当である。

　(2) 繊維を混入すると見かけ上の流動性が低下する。同じスランプを得るためには、単位水量を大きくして流動性を増すとともに、繊維同士の絡まりを抑制するため、細骨材率を大きくしてモルタル分を多くする必要がある。

【解答 (1)】

(((問題 4))) JIS G 3112 (鉄筋コンクリート用棒鋼) に規定されている SD 345 と SD 490 について、これらの性質を比較した次の一般的な記述のうち、**不適当なものはどれか。**

　(1) 弾性係数 (ヤング係数) は、SD 345 と SD 490 ではほぼ同じである。

　(2) 熱膨張係数 (線膨張係数) は、SD 345 と SD 490 ではほぼ同じである。

　(3) 降伏点の下限値は、SD 345 のほうが SD 490 よりも大きい。

　(4) 破断伸びの下限値は、SD 345 のほうが SD 490 よりも大きい。

| 解説 | 規定値については具体的な数値までは覚えなくても、項目ごとの傾向は理解しておく必要がある。

　(3) SD 345 の降伏点の下限値は 345 N/mm²、SD 490 は 490 N/mm² である。

　(4) SD 490 の伸びは、引張試験片が 2 号に準じるもので 12 % 以上、3 号に準じるもので 14 % 以上と規定されている。また、SD 345 では、それぞれ、18 % 以上、20 % 以上と規定されている。

【解答 (3)】

6章 コンクリートと環境

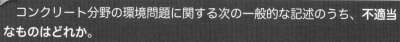

出題傾向 コンクリート分野の環境問題に関しては、2019年から毎年1題の出題がある。環境負荷の低減、産業廃棄物の活用、建設リサイクル、SDGs などがキーワードであり、セメント、骨材、混和材、練混ぜ水、解体コンクリート塊などに関する設問が多い。

1時限目

こんな問題が**出題**されます！

基本問題

コンクリート分野の環境問題に関する次の一般的な記述のうち、**不適当**なものはどれか。

（1）スラッジ水の活用は、産業廃棄物削減の観点から有効である。

（2）セメントの一部を高炉スラグ微粉末やフライアッシュなどの混和材で置換することは、CO_2 排出量の削減に有効である。

（3）セメント製造1トン当たりの廃棄物・副産物の使用量は、100 kg 程度である。

（4）構造物を解体して生じたコンクリート塊の再資源化率は、我が国では現在90％を上回っている。

解説 コンクリート分野の環境問題に関する基本的な知識を問う問題である。

（2）高炉スラグやフライアッシュは副産物であるため、分級や粉砕などの混和材として用いるための処理段階で発生する環境負荷だけであり、製品1tにつき約760 kg 程度の CO_2 が発生するポルトランドセメントに比べて環境負荷がごく小さい。よって、混和材をセメントの一部に置換して用いることは、CO_2 排出量の削減に非常に有効である。

（3）セメント1t当たりの廃棄物・副産物の使用量は、2019年度では **473 kg** である。

（1）、（4）記述のとおり。　　　　　　　　　　　　　　**【解答（3）】**

重要 ポイント講義

1 ◆ 環境問題の基礎

　環境問題はいろいろな側面があるが、一般的な知識として以下を理解しておくとよい。

- 環境問題を大きく捉えると、地球温暖化、生態系破壊、資源枯渇、廃棄物累積などが挙げられ、**環境に負の影響を及ぼすものを環境負荷**という。
- 地球温暖化は、各種温室効果ガスの増加が原因であり、そのうち9割を占める二酸化炭素（CO_2）の削減が最も大きな課題である。
- LCA（ライフサイクルアセスメント）は、製品の製造、使用から廃棄、再利用までのすべての段階を評価範囲として、その製品が環境に及ぼす影響を定量的に評価する手法である。
- SDGsは、持続可能でよりよい社会の実現を目指す世界共通の開発目標で、災害に強いインフラ作りと持続可能な形での産業発展、安全で災害に強く持続可能な都市および居住環境の実現、持続可能な方法で生産し消費する取組、気候変動およびその影響を軽減するための緊急対策などが含まれる。
- 鉄筋コンクリート建築物は、大量に天然資源が用いられ、供用中は長期にわたって大量のエネルギーを消費し、最終的に解体・廃棄されると大量の廃棄物を生じる。よって、**環境配慮として、省資源、省エネルギーおよび環境負荷物質低減が重要**である。
- 環境に配慮した活動を組織として主張することを環境主張といい、環境主張のためのシンボルとして、メビウスループを製品や包装に表示できる。メビウスループは、三角形を形成する互いに追いかける三つの曲がった矢印の形のシンボルであり、リサイクル可能であることおよびリサイクル材含有率を主張するためにだけに表示することができる。

2 ◆ コンクリートによる環境負荷と環境配慮

　コンクリートと環境の関わりは、環境負荷と環境配慮の両面から理解しておく必要がある。

■ コンクリートの環境負荷と環境への配慮 ■

分野		環境負荷	環境配慮
材料	セメント	・ポルトランドセメントの製造では、石灰石の焼成時の脱炭酸反応や、燃料の燃焼に伴い CO_2 が排出される。その量は、製品 1 t 当たり 765 kg 前後（2018 年度）である。そのうち約 6 割が焼成時の石灰石脱炭素反応によるものであり、約 4 割が燃料の燃焼によるものである	・産業副産物や産業廃棄物を、原料や混合材、熱エネルギーとして、ポルトランドセメント 1 t 当たり 473 kg（2019 年度）が使用されている ・混合セメントは、産業副産物の有効利用であり、ポルトランドセメントの製造量を削減してセメントの環境負荷低減にも役立つ ・エコセメントは、都市ごみ焼却灰や下水汚泥などの廃棄物削減に役立つ
	骨材	・コンクリート用砕石として年間約 1 億トンの天然資源が消費される	・スラグ骨材は産業副産物の有効利用と、天然資源の消費削減に役立つ ・再生骨材の利用は、廃棄物の削減に有効
	混和材料	・混和材の環境負荷は、分級や微粉砕の過程のみで生じ、セメントに比べて著しく小さい	・高炉スラグ微粉末やフライアッシュなどの混和材の利用は、副産物の有効活用であり、廃棄物削減や資源循環に貢献
	練混ぜ水	・回収水は、そのまま廃棄するとすべて産業廃棄物の扱いになる	・回収水のうちスラッジ水利用は、産業廃棄物の削減に有効
製造		・コンクリート製品製造時の蒸気養生に伴う環境負荷が大きい	・回収骨材の再利用は資源の有効利用に有効 ・ドラム内付着モルタルの再利用は産業廃棄物削減に有効
施工		・建設機械の稼働に伴う燃料消費による環境負荷あり	・低環境負荷型の建設機械の開発と利用は環境負荷の低減に有効
供用中		・建築物では、建設時よりも使用期間中の空調設備の運転等に伴う環境負荷の方が大きい	・土木構造物では長寿命化することで改築に伴う環境負荷が低減
解体		・コンクリートの解体に伴い、廃棄物の発生のほか、改築に伴う環境負荷が発生	・解体時に発生するコンクリート塊は 99 % 以上の再資源化率だが、大部分は路盤材に利用されている

■ レディーミクストコンクリートにおけるメビウスループの表示

　JIS A 5308（レディーミクストコンクリート）では、レディーミクストコンクリート工場は、所定のリサイクル材を用いている場合には、納入書にメビウスループによるリサイクル材使用の表示をすることができる、としている。

レディーミクストコンクリートにおけるリサイクル材と納入書の表示

使用材料名（リサイクル材）	記号	納入書の表示例（メビウスループ）
エコセメント	E（または EC）	
高炉スラグ骨材	BFG、BFS	
フェロニッケルスラグ骨材	FNG、FNS	
銅スラグ骨材	CUS	
電気炉酸化スラグ骨材	EFG、EFS	
再生骨材 H	RHG、RHS	BFG 100％／RW2（2.5％）
回収骨材	RAG、RAS	
フライアッシュ	FAⅠ、FAⅡ	【凡例】
高炉スラグ微粉末	BF	BFG 100％：高炉スラグ粗骨材 100％使用
シリカフューム	SF	RW2（2.5％）：スラッジ水使用
上澄水	RW1	（スラッジ固形分率 2.5％）
スラッジ水	RW2	

注：記号の末尾の G は粗骨材、S は細骨材を示す

標準問題でレベルアップ!!!

(((問題 1))) コンクリート分野の環境問題に関する次の一般的な記述のうち、**不適当なものはどれか。**

（1）廃棄物や産業副産物は、セメントの原料や混合材、セメント製造時の熱エネルギーとして利用されている。

（2）ポルトランドセメントの製造では、主原料である石灰石の焼成時の脱炭酸反応や燃料の燃焼に伴い、CO_2 が排出される。

（3）スラッジ水の活用は、産業廃棄物の削減につながる。

（4）構造物を解体して生じたコンクリート塊の再資源化率は、我が国では現在 50％を下回っている。

解説 （4）構造物を解体して生じたコンクリート塊は、路盤材を中心に **99％以上再利用されている。** よって記述は不適当である。 **【解答（4）】**

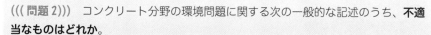

(((問題2))) コンクリート分野の環境問題に関する次の一般的な記述のうち、**不適当なものはどれか。**

   (1) セメントの一部を混和材で置換することは、環境負荷低減につながる。

   (2) 建設リサイクル法の施行に伴い、コンクリート塊の再資源化率は、90%を上回っている。

   (3) スラグ骨材や再生骨材の利用は、SDGs（持続可能な開発目標）の観点から重要である。

   (4) ポルトランドセメントの製造の際に排出される CO_2 は、ほとんどが燃料の燃焼によるものであり、焼成時の石灰石脱炭酸によるものは少ない。

解説 (4) セメントは、石灰石を主原料とし、焼成時の脱炭酸反応によって、石灰石の主成分である炭酸カルシウム（$CaCO_3$）は酸化カルシウム（CaO）と二酸化炭素（CO_2）に分解される。このときに、多量の CO_2 を排出することになる。さらに燃料の燃焼に伴う CO_2 排出が加わり、ポルトランドセメントの製品 1 t 当たりでは約 765 kg の CO_2 が排出される。**焼成時の石灰石脱炭酸の割合が 6 割程度、燃料の燃焼による割合が 4 割程度で、焼成時の石灰石脱酸素によるものの方が多い。**

【解答 (4)】

2時限目
コンクリートの性質

　2時限目は、フレッシュコンクリートと硬化コンクリートの性質について学びます。

　スランプ、空気量、圧縮強度など、受験者の業務分野にかかわらず、比較的知識のある分野です。しかし、コンクリート性状との関係や試験方法などでは、知識が正確で十分ではない項目もあると思います。また、あまりなじみのない凝結やクリープなどは出題頻度が高く、要注意です。

　学習にあたって、なぜそのような性状となるのかを理解することが大切です。

1章 フレッシュコンクリート

出題傾向 フレッシュコンクリートは、練混ぜ後、硬化するまでの柔らかい状態のコンクリートであり、その性質は、ワーカビリティー・コンシステンシー、材料分離、空気量、凝結、ブリーディングなどで表される。出題は、毎年平均3問程度。フレッシュコンクリート性状がコンクリートの性質に与える影響、各種要因による影響や試験方法などの出題が多い。

こんな問題が出題されます！

基本問題

フレッシュコンクリートの試験方法に関する次の記述のうち、**不適当なものはどれか。**

(1) JIS A 1101（コンクリートのスランプ試験方法）による試験において、コンクリートの中央部分の下がりを測定し、スランプとした。

(2) JIS A 1128（フレッシュコンクリートの空気量の圧力による試験方法─空気室圧力方法）による試験において、コンクリートの見掛けの空気量から骨材修正係数を差し引いてコンクリートの空気量とした。

(3) JIS A 1150（コンクリートのスランプフロー試験方法）による試験において、コンクリートの広がりの最大と思われる直径とその直角方向の広がりを測り、それらの平均値をスランプフローとした。

(4) JIS A 1156（フレッシュコンクリートの温度測定方法）による試験において、スランプを測定した状態のコンクリート試料に温度計を挿入し、その示度を読み取った。

解説 (1) スランプは、コンクリートの中央部で下がりを 0.5 cm 単位で測定する。

(2) エアメーターの読み値である見掛けの空気量は骨材中の空隙量も含んでいるため、骨材中の空隙分の補正値である骨材修正係数を差し引く必要がある。

(3) スランプフローは、広がりの最大と思われる直径とその直交する方向の直径を 1 mm 単位で測り、両直径の平均値を 5 mm または 0.5 cm 単位に丸める。

（4）温度は**コンクリートを容器に入れて測定する。**容器は、水密で、内径（一辺）および高さが 14 cm 以上かつ容量が 2 L 以上とする。　　**【解答（4）】**

1 ◆ ワーカビリティー、コンシステンシー

　フレッシュコンクリート性状を表す用語には、ワーカビリティー、コンシステンシー、プラスティシティー、圧送性、フィニッシャビリティーなどがある。

■ ワーカビリティーとコンシステンシーの特徴 ■

ワーカビリティー	材料分離を生じることなく、運搬、打込み、締固め、仕上げなどのフレッシュコンクリートの移動・変形を伴う作業が容易にできる程度を表す。数値での評価は困難であり、「良い」「悪い」「作業に適する」などの、定性的かつ相対的な評価が一般的である
コンシステンシー	フレッシュコンクリートの変形または流動に対する抵抗性の程度を表す。スランプは、スランプ 5 〜 21 cm 程度のコンクリートが分離したり崩れたりしない範囲のコンシステンシーの評価に適する。スランプ 5 cm 程度以下では振動式コンシステンシー試験、スランプ 21 cm を超えるとスランプフロー試験が適する

■ コンシステンシー性状への影響要因 ■

使用材料	・粉末度の高いセメントや混和材を使用すると、ペーストの粘性が大きくなり、コンクリートの流動性が小さくなる ・実積率や粒形判定実積率の高い骨材（粒形が球や立方体に近く、丸みのある骨材）を使用するとスランプが大きくなる ・細骨材の粗粒率が大きいほどスランプは大きくなる ・フライアッシュはボールベアリング効果でスランプが大きくなる
配(調)合	・単位水量が増せばスランプが大きくなる ・細骨材率を小さくすればスランプが大きくなる ・粗骨材の最大寸法を大きくすればスランプが大きくなる
その他	・AE 剤などの化学混和剤により空気量が増せばスランプが大きくなる。空気量が 1％増すとスランプは約 2.5 cm 大きくなる ・コンクリート温度が低いほどスランプが大きくなる ・コンクリート温度が高いと時間の経過に伴うスランプ低下が大きくなる

■ コンシステンシーの試験方法

①　スランプ試験方法（JIS A 1101）

　試験機器は、平板、スランプコーン、突き棒などである。スランプコーンは上下に開口のある高さ 30 cm の円錐形容器である。

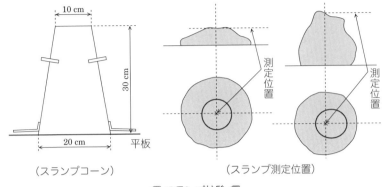

（スランプコーン）　　　　　　　　　（スランプ測定位置）

■ スランプ試験 ■

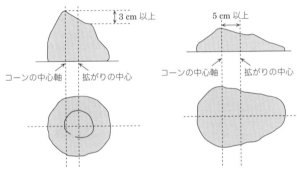

■ スランプ試験の再試験を必要とする場合の例 ■

■ スランプ試験方法の要点

- スランプコーンは、水準器を用いて水平に設置した、十分な水密性および剛性をもつ鋼などの金属性平板上に置き、足で動かないように押さえる。

- スランプコーンにコンクリート試料をほぼ等しい量の3層に分けて詰める。その各層は、突き棒で均した後、25回偏りがないように一様に突く。この割合で突いて材料の分離を生じるおそれのあるときは、分離を生じない程度に突き数を減らす。各層を突く際の突き棒の突き入れ深さは、その前層にほぼ達する程度とする。

- スランプコーンに詰めたコンクリートの上面をスランプコーンの上端に合わせて均した後、直ちにスランプコーンを静かに鉛直に引き上げる。スランプコーンを引き上げる時間は、高さ30 cmで2～3秒とする。

- コンクリートの中央部で下がりを 0.5 cm 単位で測定し、これをスランプとする。最も高い位置や低い位置ではないことに注意する。コンクリートがスランプコーンの中心軸に対して偏ったり崩れたりして、形が不均衡になった場合は、別の試料を用いて再試験をする。
- スランプコーンにコンクリートを詰め始めてからスランプコーンの引上げを終了するまでの時間は、3 分以内とする。

② スランプフロー試験方法（JIS A 1150）

スランプ試験と試験用具、試験方法はほぼ同じ。以下のスランプ試験との相違点に注意すること。

■ スランプフロー試験とスランプ試験の相違点

- 平板は、板厚 3.0 mm 以上の鋼などの金属製とし、表面が平滑で、大きさはスランプフロー試験ができる余裕を持った寸法（80 cm×80 cm 以上）とする。
- 試料の詰め方は、分離しないようにして、高強度コンクリートおよび高流動コンクリートの場合、必要に応じて適切な受け容器にためておいて、偏りのないように流し込み、突固めなしで 1 層詰めとするか、3 層詰めで各層 5 回突きとする。水中不分離性コンクリートの場合、スランプ試験と同じ方法による。スランプコーンに詰め始めてから、詰め終わるまでの時間は 2 分以内とする。
- スランプコーンの引上げは、スランプ試験同様 2～3 秒とするが、コンクリートがスランプコーンとともに持ち上がるおそれがあるときは、試料が落下しない程度にゆっくり引き上げる。なお、スランプコーンの内側に多量のコンクリートが付着している場合は、持ち上げ後、試料の中心に静かに掻き落とす。
- 測定は、500 mm フロー到達時間、フローの流動停止時間およびスランプフローとする。コンクリートの動きが止まったのち、広がりの最大直径とそれに直交する方向の直径を 1 mm 単位で測定して、その平均値を 5 mm または 0.5 cm 単位に丸めた数値をスランプフローとする。コンクリートの広がりが円形から極端に外れ、2 か所の直径の測定値の差が 50 mm を超える場合は、同一バッチの別試料を新たに採取して再度試験を行う。
- 500 mm フロー到達時間は、スランプコーン引上げ開始時からコンクリートの広がりが平板に描いた直径 500 mm の円に最初に達した時までの時間を、ストップウォッチを用いて 0.1 秒単位で計る。

■ フレッシュコンクリートの温度測定方法（JIS A 1156）

- コンクリート試料は、内径（一辺）および高さが 14 cm 以上、かつ容量 2 L 以上の水密な容器に入れる。
- 試料を入れた容器は、直射日光や風などが当たらない平らな場所に静置する。
- 温度計は、容器のほぼ中央に、検出部（感温部）全体が試料に浸没するように垂直に挿入する。
- 温度計の示度が安定するまで静置し、試料に挿入した状態で示度を読み取る。

2 ◆ 材料分離

　材料分離の基本的な原因は、コンクリートが粒の大きさや密度の大きく異なる材料の混合物であるのにも関わらず、流動性を持っていることにある。そのために、材料の粒の大きさによる偏りや密度差による浮き沈みを生じて分離することになる。フレッシュコンクリートの材料分離は、粗骨材の材料分離と、水の分離であるブリーディングが代表的である。

フレッシュコンクリートの材料分離

粗骨材の材料分離	・コンクリートの運搬・打込み過程で生じる。豆板など、粗骨材だけが局所的に集中する現象が代表例 ・粗骨材の分離抵抗性は、スランプ試験後に平板の端を軽く叩いて振動させた時のコンクリートの広がり方や崩れ方を観察することで目安が得られる
水の分離	・水の分離であるブリーディングは、打込み終了後、密度の大きいセメント粒子や骨材が沈降するのに伴い、密度の小さい材料である水が上昇してコンクリート上面方向へ移動する現象

粗骨材の分離に影響する要因

配(調)合	・単位水量が大きいほど分離傾向あり ・水セメント比が大きいほど、単位セメント量が少ないほど分離しやすい。水セメント比を小さくすると、セメントペーストの粘性が大きくなるため、粗骨材の分離も生じにくくなる ・粗骨材の最大粒径が大きく細骨材率が小さいほど分離傾向あり
その他	・スランプが大きいほど分離傾向あり。スランプ 5 〜 18 cm は比較的安定する ・長いシュートによる運搬、打込み時の距離のある自由落下等、施工方法で粗骨材の分離傾向は高まる

3 ◆ ブリーディング

ブリーディングは、フレッシュコンクリート中で、練混ぜ水のうち、セメントや骨材などの粒状の固体材料やエントレインドエアがその表面や間隙で保持できる量を超えた分が、固体材料の沈降、衝撃、圧力などによって押し出されて分離する現象、と考えてよい。つまり、**単位水量が多く、固体材料や空気量が少ない場合や分離しやすい状態の場合に、ブリーディングが多い**、ということになる。

ブリーディングは、コンクリート上面のほか、コンクリート内部や型枠面でも生じる。コンクリート内部では、粗骨材や鉄筋の下側にブリーディング水が溜まり、硬化後空隙となるため、鉄筋とコンクリート、骨材とセメントペーストの付着性を低下させるほか、コンクリート中に水が上昇する水みちができ、硬化後空隙となり、水密性や耐久性を低下させる。また、型枠と接する面では、水が上昇する道筋がセメントペーストのない砂すじとなり表面の密実性に影響を与える。

なお、ブリーディング水と一緒に軽い微粒分が浮上して、コンクリート上面で脆弱な薄層となることがある。この微粒分は強度のない脆弱な物質でレイタンスと呼ぶ。レイタンスは、コンクリート打継ぎ面でのコンクリートの一体性や、仕上材との付着を阻害するので注意が必要である。

📖 ブリーディングに影響する要因 📖

使用材料	・粉末度の大きなセメントや粒度の細かな（粗粒率の小さな）細骨材は、コンクリート中の水分を保持して分離しにくくするため、ブリーディング量が減少する ・早強性のセメントは、凝結を速めてブリーディングの発生時間を短くすることで、ブリーディングの発生量を減少させる ・細骨材の粗粒率が大きいほど、ブリーディング量が増加する
配(調)合	・単位水量が多いほどブリーディング量が増加する。よって、AE減水剤等の化学混和剤を使用して単位水量を減少させるとブリーディングは減少する ・水セメント比が大きいほど、単位セメント量が少ないほど、ブリーディング量が増加する
フレッシュコンクリート性状	・スランプが大きいほどブリーディング量が増加する ・空気量が多いほどブリーディングは減少する ・ブリーディング発生時間が長い（凝結遅延）ほど、ブリーディング量が増加する ・コンクリート温度が高いとブリーディングは少なく、温度が低いと凝結が遅延してブリーディングの発生時間が長くなり発生量が増加する
施工、他	・コンクリートの打込み速度が速いと、ブリーディング量が増加する ・水を押し出す圧力が大きい（高い打込み高さ）ほど、ブリーディング量が増加する ・過度の締固め作業はブリーディングを増加させる

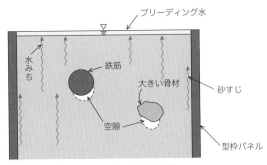

ブリーディングの概念図

■ 加圧ブリーディング試験

- コンクリート試料を入れた容器に一定の圧力を作用させた際のコンクリート試料からの脱水量を一定時間測定する試験。
- 圧力を加えたコンクリート中の水の分離傾向から、圧送管壁でのコンクリートの滑動のしやすさを評価できる。
- 一般的なコンクリートの圧送性を評価する目安として用いることができるが、特殊な圧送条件や特殊なコンクリートへの適用は困難である。

4 ◆ 空気量

フレッシュコンクリート内に存在する空気には、エントレインドエア（連行空気）とエントラップトエアがある。

■ コンクリート中の空気の分類と特徴 ■

エントレインドエア（連行空気）	AE剤などの化学混和剤によって計画的に連行される微細な空気泡である。エントレインドエアは球状で、フレッシュコンクリート中でボールベアリングのような役割を果たし、ワーカビリティーを改善して、同じワーカビリティーを得るための単位水量を低減できる。一般に、空気量が1%増加すると、スランプは約2.5 cm増加する また、硬化コンクリート中で気泡間隔係数150～200 μm程度以下にすると、凍結融解抵抗性が確保できる
エントラップトエア	練混ぜ、運搬、打込みなどによりコンクリート内に取り込まれる比較的大きな空気泡で、コンクリート内部の欠陥やコンクリートの表面気泡となり、品質に影響することがある。凍結融解抵抗性の向上には効果がない

空気量の測定は、通常、JIS A 1128（フレッシュコンクリートの空気量の圧力による試験方法–空気室圧力方法）による。この方法では、空気量測定器（通称、

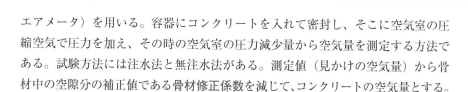

エアメータ）を用いる。容器にコンクリートを入れて密封し、そこに空気室の圧縮空気で圧力を加え、その時の空気室の圧力減少量から空気量を測定する方法である。試験方法には注水法と無注水法がある。測定値（見かけの空気量）から骨材中の空隙分の補正値である**骨材修正係数**を減じて、コンクリートの空気量とする。

🟩 フレッシュコンクリートの空気量に影響する要因 🟩

使用材料	・粉末度の高い（比表面積の大きい）セメントを使用すると、空気量が減少する ・細骨材中の粒径 0.3 ～ 0.6 mm の割合が多くなると、空気量が増加する ・高炉スラグ微粉末やフライアッシュなどの混和材は、使用量が多いほど、粉末度が高いほど、空気量が減少する ・フライアッシュの強熱減量（未燃炭素量）が多いと、空気量が減少する ・回収水は、スラッジ固形分が多いほど、空気量が減少する
配(調)合	・AE 剤の添加量を単位セメント量に対して一定にするとほぼ同等の連行空気が得られる。AE 剤量を一定にしてセメント量を増加させると空気量は減少する ・細骨材率を大きくするほど、空気量が増加する ・AE 剤、AE 減水剤等のセメント量に対する添加量を多くすると、増加量にほぼ比例して空気量が増加する
施工	・練混ぜ開始後 1 ～ 2 分間で連行空気泡が形成され 3 ～ 5 分で最大となる。その後は、経過時間に応じて 1 時間に 0.5 ～ 1.0%程度の割合で徐々に減少する ・コンクリートの練上がり温度が低いほど、空気量が増加する ・コンクリートの流動性が高すぎると、空気量が減少する ・振動締固めはコンクリート中の空気量を減少させるが、適切に実施すると、エントラップトエアを排除しコンクリートに密実にできるだけでなく、エントレインドエアの保持が可能である

5 ◆ 凝結と硬化

　セメント粒子間や骨材間をセメント水和生成物が充填していく過程が凝結と硬化である。水と練り混ぜたセメントが流動性を失って、小さい力では変形しなくなる現象（流動性のある状態から固体への移行）を「凝結」といい、その後の剛性を持った固体となっていく（凝結したセメントペーストが強度を発現していく）過程を「硬化」という。これらの過程は連続的で凝結と硬化の境目をはっきりさせることはできない。そのため、水和生成物の合計量が一定の値に達したときを、便宜的に凝結の始発および終結としている。コンクリートの凝結の始発は練混ぜ時の注水から貫入抵抗値が **3.5 N/mm²** になるまでの時間、凝結の終結は**貫入抵抗値が 28.0 N/mm²** になるまでの時間としている。

　コンクリートの凝結時間の測定は、コンクリートを 5 mm 網ふるいでウェットスクリーニングして粗骨材を取り除いたモルタルを試験体にして、表面に針を貫入させてその時の抵抗を測る、**プロクター貫入抵抗試験**で実施する。

使用材料	• 早強性のセメントは普通ポルトランドセメントの場合より凝結が早く、強度発現の遅い混合セメントは凝結が遅い • 砂や練混ぜ水に塩分が含まれている場合、凝結が早くなる • 骨材に含まれる糖類や腐植土などの有機不純物は凝結を遅延させる • 化学混和剤の遅延形や促進形を適切に使用することで凝結時間をコントロールできる
配(調)合、フレッシュコンクリート性状	• 水セメント比が小さいほど、凝結は早くなる • スランプが小さいほど、凝結は早くなる
環境条件	• 気温やコンクリート温度が高いと、凝結が早くなる • 湿度が低い場合、日射が強い場合、風がある場合など、コンクリート表面からの水分の蒸発が早いと凝結が早くなる

6 ◆ コールドジョイント

　コールドジョイントは、同一打込み日でコンクリートを打ち重ねる場合に、先に打ち込んだコンクリートと後から打ち込んだコンクリートの境面が一体になっていない状態である。コールドジョイントを防止するためには、凝結の開始よりも早いタイミングで打重ねを実施する必要がある。

　コールドジョイントの防止には、温湿度やコンクリートの水和熱による温度上昇等も考慮した打込み計画と、打込み時に先に打ち込んだ部分に 10 cm 程度バイブレータを挿入して加振し、一体化することが重要である。

標準問題でレベルアップ!!!

(((問題1)))　コンクリートのスランプに関する次の一般的な記述のうち、**適当なものはどれか。**
　(1) 単位水量が大きくなると、スランプは小さくなる。
　(2) コンクリートの温度が低いと、時間の経過に伴うスランプの低下量は大きくなる。
　(3) 普通骨材の代わりに人工軽量骨材を使用しコンクリートの単位容積質量が小さくなると、スランプは大きくなる。
　(4) 空気量が増加すると、スランプは大きくなる

解説 (1) 単位水量が大きくなると、コンクリートの流動性が増し、**スランプが大きくなる。**
　(2) **コンクリートの温度が高いと、**時間の経過に伴うスランプの低下量は大きくなる。

（3）人工軽量骨材は普通骨材に比べ単位容積質量が小さく、かつ粗骨材の最大寸法が **15 mm** と小さい。そのため、骨材の分離傾向が小さくなり、**スランプは小さくなる。** 　　　　　　　　　　　　　　　　　　　　　　　　**【解答（4）】**

2
時限目

(((問題2))) 　コンクリートのスランプ試験に関する次の記述のうち、JIS A 1101（コンクリートのスランプ試験方法）の規定に照らして、**誤っているものはどれか。**

　（1）コンクリートを、スランプコーンにほぼ等しい高さで3層に分けて詰めた。

　（2）スランプコーンにコンクリートを詰めるときに、材料分離を生じるおそれがあったので、突き数を減らした。

　（3）コンクリートの中央において下がりを測定し、これをスランプとした。

　（4）コンクリートの下がりが 12.3 cm であったので、スランプを 12.5 cm とした。

解説 スランプ試験は、もっとも基本的な試験であるため、よく出題される。細かな試験方法や手順までしっかりと覚えておこう。

　（1）スランプ試験では、コンクリート試料をスランプコーンに**ほぼ等しい量の3層に分けて**詰める。

　（4）スランプは **0.5 cm** 単位で測定することとしている。　　**【解答（1）】**

(((問題3))) 　コンクリートのワーカビリティーに関する次の一般的な記述のうち、**不適当なものはどれか。**

　（1）エントラップトエアは、コンクリートのワーカビリティーを改善する。

　（2）セメントの粉末度が大きくなると、セメントペーストの粘性は高くなり、流動性は低下する。

　（3）スランプ試験の測定後に平板の端部を軽くたたいて振動を与えたときのコンクリートの変形状況は、材料分離抵抗性を評価する目安になる。

　（4）加圧ブリーディング試験は、コンクリートの圧送性を評価する目安になる。

解説 （1）**エントラップトエアは、**練混ぜから打込みまでの作業の過程でコンクリート中に巻き込まれる気泡で、比較的大きな気泡でありコンクリートの**ワーカビリティーにはあまり影響しない。**一方、AE剤により連行される微細な気泡であるエントレインドエアは、球状であるためボールベアリング効果でコンクリートのワーカビリティーを改善させる。

　（3）スランプ試験後のスランプ板の端を叩いた時に、容易に崩れたり、外周にセメントペーストだけが流れ出すコンクリートは、分離しやすい傾向がある。

　　　　　　　　　　　　　　　　　　　　　　　　【解答（1）】

(((問題 4))) AE剤を用いたコンクリートに関する次の一般的な記述のうち、**不適当なものはどれか。**
　(1) エントレインドエアが多いと、ワーカビリティーは改善する。
　(2) エントレインドエアが多いと、ブリーディング量は減少する。
　(3) エントレインドエアが少ないと、気泡間隔係数は小さくなる。
　(4) エントレインドエアが少ないと、耐凍害性は低下する。

解説 エントレインドエア量がコンクリート性状に与える効果に関する設問である。
　(3) **エントレインドエアが少ないと**、気泡の発生数が少ないため、気泡の間隔である**気泡間隔係数は大きくなり**、耐凍害性は低下する。　　　　　【解答 (3)】

(((問題 5))) コンクリート 1 m³ 当たりの AE剤の使用量を一定にした場合における空気量の変化に関する次の一般的な記述のうち、**適当なものはどれか。**
　(1) 単位セメント量が多くなると、空気量は増大する。
　(2) 比表面積の大きなセメントを使用すると、空気量は増大する。
　(3) 細骨材率が小さくなると、空気量は増大する。
　(4) コンクリートの温度が低いほど、空気量は増大する。

解説 配(調)合条件が空気量に与える影響に関する基本的な設問である。
　(1) 単位セメント量が多くなると、**空気量は減少する。**
　(2) 比表面積の大きなセメントを使用すると、**空気量は減少する。**
　(3) 細骨材率が小さいほど、**空気量は減少する。**　　　　　【解答 (4)】

(((問題 6))) フレッシュコンクリートのブリーディング量に関する次の一般的な記述のうち、**不適当なものはどれか。**
　(1) セメントの比表面積が大きくなると、ブリーディング量は多くなる。
　(2) エントレインドエアが多くなると、ブリーディング量は少なくなる。
　(3) 細骨材の粗粒率が大きくなると、ブリーディング量は多くなる。
　(4) コンクリートの凝結時間が長くなると、ブリーディング量は多くなる。

解説 「ブリーディングは、まだ固まらないコンクリート中で、セメントや骨材などの粒状の材料がその表面や間隙で保持できる水量を超える分が、衝撃や圧力で押し出されて分離する現象である」という原理に基づいて考えると正答が得られやすい。

（1）セメントの比表面積が大きいと、セメントの表面を覆う水の量が多くなり、ブリーディング量は少なくなる。

（2）エントレインドエアが多くなると、気泡を形成するための水量が多く必要になるため、ブリーディング量は少なくなる。

（3）細骨材の粗粒率が大きくなると、粒が大きく数が減る。その表面積は小さくなり保持できる水量は少なくなり、ブリーディング量は多くなる。

【解答（1）】

(((問題7))) コンクリートのブリーディングを低減させるための対策として、**不適当なものはどれか。**

（1）細骨材を粗粒率の大きいものにした。

（2）細骨材率を大きくした。

（3）石灰石微粉末を使用し、単位粉体量を多くした。

（4）高性能 AE 減水剤を用いて単位水量を少なくした。

解説 （1）細骨材の粗粒率を大きくすると、ブリーディングは増加する。

（2）細骨材率を大きくすると、粗骨材に比べ粒が細かい細骨材が増加するため、保持できる水量も増加し、ブリーディングは減少する。

（3）単位粉体量が増加すると、その分だけ保持できる水量が増し、ブリーディングが減少する。

（4）単位水量を少なくすると、ブリーディングのもとになる水が減少するため、ブリーディングも減少する。

【解答（1）】

(((問題8))) 一般のコンクリートの凝結が遅れる要因として、**不適当なものはどれか。**

（1）高温や直射日光にさらされる。

（2）水セメント比を大きくする。

（3）化学混和剤を標準形から遅延形に変更する。

（4）糖類、腐植土が骨材や練混ぜ水に混入する。

解説 各種要因が凝結時間に与える影響についての基本的な設問である。

（1）**気温やコンクリート温度が高いと**、セメントの水和反応が早く進行し、直射日光が強いと蒸発する水分が多くなるため、**凝結が早くなる**。

（2）凝結は、セメント粒子が水と反応して、生成する水和生成物がセメント粒子の隙間を埋めることで進行する。水セメント比が大きいと、水セメント比が小さい場合に比べてセメント粒子間隔が広くなり、隙間を水和生成物が埋める時間が掛かるため、凝結が遅れる。　　　　　　　　　　　　　　**【解答（1）】**

(((問題 9))) コンクリートの凝結に関する次の一般的な記述のうち、**不適当なものはどれか。**

（1）凝結が遅くなると、ブリーディング量は小さくなる傾向にある。

（2）コンクリート温度が低くなると、凝結は遅くなる傾向にある。

（3）遅延形の混和剤を用いて凝結を遅らせることは、コールドジョイントを防止するために有効である。

（4）コンクリートの凝結時間は、コンクリートを 5 mm の網ふるいでふるって粗骨材を除去したモルタルを用いて、貫入抵抗試験によって求められる。

解説 （1）**凝結が遅くなると**、水分の移動できる時間が長くなるため、**ブリーディング量は大きくなる**傾向がある。

（3）コールドジョイントは、同一打込み日でコンクリートを打ち重ねるとき、先に打ち込んだコンクリートが凝結開始以降である場合に生じやすい。よって、遅延形の混和剤で凝結を遅らせることは、コールドジョイント防止に有効である。　　　　　　　　　　　　　　　　　　　　　　　　　　**【解答（1）】**

2章 硬化コンクリートの性質

こんな問題が**出題**されます！

基本問題

　一般のコンクリートの各種強度を大きい順に並べた場合、適当なものはどれか。

(1) 圧縮強度　＞　支圧強度　＞　曲げ強度　＞　引張強度

(2) 支圧強度　＞　圧縮強度　＞　曲げ強度　＞　引張強度

(3) 圧縮強度　＞　支圧強度　＞　引張強度　＞　曲げ強度

(4) 支圧強度　＞　圧縮強度　＞　引張強度　＞　曲げ強度

解説 コンクリートの圧縮強度と各種強度との関係についての設問である。基本的知識として以下の事項を覚えておこう。

- 支圧強度は局部的に圧縮力を受けた場合の強度で、圧縮強度より大きい。
- 引張強度は圧縮強度の $1/9 \sim 1/13$ 程度であり、高強度になるほどこの割合が小さくなる。
- 曲げ強度は圧縮強度の $1/5 \sim 1/8$ 程度であり、高強度になるほどこの割合が小さくなる。

　以上より、(2) が適当である。　　　　　　　　　　　　　　【解答 (2)】

重要 ポイント講義

1 ◆ 強度、変形性状

圧縮強度

　圧縮強度に影響する要因として、使用材料、配(調)合、製造、施工、試験方法について、出題頻度の高い項目をまとめる。

圧縮強度に影響する要因

使用材料	・骨材の表面の状態が平滑なものより粗なもののほうがセメントペーストとの付着が良好で、圧縮強度が大きくなる。そのため、同一水セメント比で、川砂利を使用した場合より砕石を使用した場合、圧縮強度が 10 ～ 20%大きくなる ・高強度コンクリートなど水セメント比の小さい領域では、圧縮強度は粗骨材強度の影響が大きく、強度の頭打ち現象も起こる
配(調)合	・使用材料同一の場合、コンクリートの圧縮強度はセメント水比に比例するというセメント水比説が一般的である $\sigma_c = a + b \times (C/W)$　　　σ_c：コンクリートの圧縮強度〔N/mm²〕 　　　　　　　　　　　　　　C/W：セメント水比（水セメント比の逆数） 　　　　　　　　　　　　　　a，b：比例定数 ・水セメント比一定では、空気量 1%増加で圧縮強度 4 ～ 6%低下 ・粗骨材の最大寸法が大きいほど、骨材下面のブリーディングによる欠陥が大きくなり、圧縮強度が小さくなる
製造	・練混ぜ時間が短すぎると、セメントの分散が不十分になり圧縮強度が小さくなる ・セメントなどの粉体が多いほど、骨材寸法が小さいほど、練混ぜ時間が長く必要
施工	・湿潤養生を十分に行うと強度は長期にわたって増進する ・コンクリート温度や養生温度が高いほど、初期に水和が進み生成物の大きな結晶ができるため、初期強度は大きいが、長期強度の伸びは小さい ・逆に、材齢初期のコンクリート温度や養生温度が低いと、微細な水和生成物が徐々に形成されて緻密になり、初期強度は小さいが長期強度増進が大きい
試験方法	・供試体の形状により圧縮強度の試験結果が異なる ・角柱供試体の圧縮強度は円柱供試体よりやや小。試験時に角柱隅角部に応力が集中することや、この部分のコンクリートの締固めが十分できないためである ・供試体の直径や幅に対する高さの比が小さいほど圧縮強度試験結果は大きな値を示す。試験機の加圧板と供試体端面との摩擦により横方向の変形が拘束されるためである。この傾向は円柱供試体より角柱供試体のほうが大きい ・直径と高さの比が 1：2 の円柱と立方体では、立方体のほうが 1 ～ 2 割ほど圧縮強度の試験結果が大きい ・供試体の形状が相似であれば、供試体の寸法が大きいほど圧縮強度は小さい ・試験時の載荷速度が速いほど圧縮強度の試験値は増大する。JIS A 1108（コンクリートの圧縮強度試験方法）では載荷速度を毎秒 0.6±0.4 N/mm² と規定している ・供試体加圧面が平滑でないと、偏心荷重や集中荷重が作用して実際の強度より小さな応力で破壊する ・圧縮強度試験時に供試体が乾いていると、濡れている場合より強度試験結果の値が大きくなる

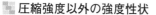

圧縮強度以外の強度性状

引張強度	• 引張強度試験は、円柱供試体を横にして圧縮強度試験機にセットし、上下から加圧する割裂試験による（割裂引張強度） $\sigma_t = 2P/(\pi \cdot d \cdot l)$　　σ_t：引張強度〔N/mm²〕 　　　　　　　　　　　P：最大荷重〔N〕 　　　　　　　　　　　d：供試体直径〔mm〕 　　　　　　　　　　　l：供試体長〔mm〕 　　　　　　　　　　　π：円周率 • 引張強度は圧縮強度の 1/9 〜 1/13 程度であり、高強度になるほど、この割合が小さくなる
曲げ強度	• 曲げ強度試験は、JIS で断面が正方形の角柱体を供試体にして、3 等分点載荷で行う方法が規定されている $\sigma_b = M/Z$　　σ_b：曲げ強度〔N/mm²〕 　　　　　　　M：破壊モーメント 　　　　　　　Z：断面係数 • 3 等分点載荷試験による場合の曲げ強度式 $\sigma_b = (P \cdot l)/(b \cdot h^2)$　P：最大荷重〔N〕 　　　　　　　　　　l：試験機の支持ローラースパン〔mm〕 　　　　　　　　　　b：供試体の断面の幅〔mm〕 　　　　　　　　　　h：供試体の断面の高さ〔mm〕 • 中央点載荷による方法もあるが、3 等分点載荷による場合に比べ試験結果が大きくなる • 曲げ強度は圧縮強度の 1/5 〜 1/8 程度であり、高強度になるほどこの割合が小さくなる
せん断強度	• せん断強度は、モールの応力円を利用し、圧縮強度と引張強度から間接的に算定 • 直接せん断試験方法もあるが、曲げの影響等を受けるため、正確なせん断強度を求めることが困難
付着強度	• 付着強度は鉄筋の引抜き試験による。試験する鉄筋径の約 6 倍を 1 辺とする立方体コンクリートの中央に鉄筋を差し込んだ形状の供試体を用いる • 付着強度はコンクリートの圧縮強度が大きいほど大きくなる • 水平筋に比べて垂直筋の付着強度は大きく、上端筋に比べて下端筋の付着強度は大きい • 付着強度は鉄筋の表面状態によって異なり、異形棒鋼は鉄筋表面にリブや節を設けているため、丸鋼の 2 〜 4 倍程度となる
支圧強度	• 支圧強度は、局部的に圧縮荷重を受けた場合の強度 • 最大圧縮強度を荷重作用面積で除して求める • 支圧強度は、一般の圧縮強度より大きく、荷重を受ける面のコンクリート面積と荷重の作用面積の比が大きいほど大きい
疲労強度	• 疲労とは、鉄道や道路などのコンクリート構造物で、静的強度より小さい荷重を繰り返し受けることで破壊に至る現象 • 無限回の繰返しに耐える限界を疲労限界といい、金属材料は疲労限界が認められるが、コンクリートはまだ確認されていない • 代わる指標の 200 万回疲労強度は静的強度の 55 〜 65％程度

変形性状

　コンクリートの圧縮時の変形性状は、応力と変形の関係の理解が重要である。弾性係数、ポアソン比、クリープなどについても知識を得ておきたい。

① 応力-ひずみ曲線

　図に、コンクリート、モルタル、セメントペーストおよび粗骨材の応力-ひずみ曲線を示す。骨材とセメントペーストは単一材料に近い直線的な挙動となるが、コンクリートは早い時期から曲線となっている。これは、荷重増に伴い、コンクリート内部でセメントペーストと骨材の界面に、微細なひび割れや剥離が徐々に発生するためである。

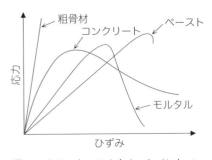

■ コンクリート、モルタル、セメントペースト、骨材の応力-ひずみ曲線 ■

（出典：日本コンクリート工学会「コンクリート技術の要点 '21」p. 74（2021））

　コンクリート強度が大きいと曲線の勾配が急になる。最大応力時ひずみは**0.2%程度、破壊時ひずみは 0.3 〜 0.4%程度で、強度の影響をあまり受けない。**

② 弾性係数

　コンクリートの弾性係数は、測定方法により**静弾性係数と動弾性係数**がある。コンクリートの圧縮強度が大きくなると弾性係数は大きくなる。これは、組織が密実となって変形しにくくなるためである。弾性係数の理論式としては、圧縮強度の平方根あるいは 3 乗根に比例関係となる実験式が使用されている。なお、鋼材の弾性係数は、コンクリートの 7 〜 10 倍である。

静弾性係数	圧縮強度試験における原点（供試体の縦ひずみが 50×10^{-6} のときの応力）と最大荷重の 1/3 に相当する応力とを結ぶ線分の勾配（割線弾性係数）である
動弾性係数	供試体に縦振動を与える振動特性試験において、振動の一次共鳴振動数から求められる弾性係数である。静弾性係数より 10 〜 40%程度大きい

③ ポアソン比

　軸方向に応力を加えた時の軸方向のひずみとその直角方向のひずみの比である。**コンクリート圧縮時のポアソン比は、1/5 〜 1/7 程度である。**ポアソン比の逆数をポアソン数という。

クリープ

　応力が作用している状態が維持されている場合に、ひずみが時間とともに増大していく現象をクリープという。クリープは乾燥収縮や弾性変形によるひずみを除いた、時間の経過とともに増加するひずみである。

　載荷応力が一定以上になるとクリープによってコンクリートが破壊されること

がある。これをクリープ破壊といい、クリープ破壊の起きる下限値をクリープ限度という。クリープ限度は、コンクリート強度の 75 ～ 85％程度である。

各種要因とクリープの関係では、コンクリートの組織が疎なほどクリープひずみが大きくなることが基本である。

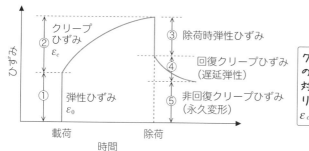

■ クリープ-時間曲線 ■

■ 各種要因とクリープの関係 ■

使用材料	・比重が小さく空隙の多い骨材を用いたり、粒度が不適当な骨材を用いた空隙の多いコンクリートはクリープひずみが大きい ・コンクリート中に占める骨材の絶対容積が大きいほど、骨材の弾性係数が大きいほどクリープは小さくなる
配(調)合	・セメントペースト量が多いほどクリープひずみは大きい ・水セメント比が大きく、強度が低いほど、クリープひずみは大きい ・同一水セメント比では単位水量が大きいとクリープひずみは大きい ・空気量が多いほどクリープひずみは大きい
載荷条件・環境条件	・載荷時の材齢が若いほどクリープひずみは大きい ・載荷時のコンクリート強度が小さいほどクリープひずみは大きい ・載荷期間中の温度が高いほどクリープひずみは大きい ・コンクリートが乾燥状態にあるとクリープひずみが助長される ・載荷応力が大きいほどクリープひずみが大きい ・部材寸法が小さいとコンクリートが乾燥しやすくクリープひずみが大きくなる

2 ◆ 体積変化

硬化コンクリートの体積変化としては、コンクリートの乾燥に伴う乾燥収縮と、セメントなどの結合材の水和反応に伴う自己収縮がある。

■ 乾燥収縮

コンクリートが乾燥とともに収縮していく現象である。乾燥収縮量は、各種要因により次のような傾向があるが、おおむね 5 ～ 10×10⁻⁴ 程度である。

各種要因と乾燥収縮との関係

使用材料	・中庸熱ポルトランドセメントなど、アルミン酸三カルシウム（C_3A）の含有量の少ないセメントほど収縮量が小さい ・フライアッシュセメントは、ポゾラン反応によりコンクリート組織が密実になるため、乾燥収縮は小さい ・粗骨材の弾性係数が大きいほど、最大寸法が大きいほど、単位粗骨材量が多いほど、モルタル部分の収縮を拘束して、コンクリートの乾燥収縮は小さくなる ・一般に、軟質砂岩や粘板岩は収縮が大きく、石英質、長石類、石灰岩は収縮が小さい傾向がある
配(調)合	・コンクリートの乾燥収縮は主にセメントペーストの収縮によって生じる。よって、骨材量が多いほど乾燥収縮は小さい ・単位セメント量および単位水量が多いほど、乾燥収縮は大きくなる傾向があるが、単位水量の影響のほうが大きい ・コンクリートの乾燥収縮はスランプが一定の場合、空気量が1〜5%程度の範囲であれば、空気量の影響を受けず、ほとんど変わらない
施工・養生	・蒸気養生したコンクリートの乾燥収縮は小さい。蒸気温度が高いほど、蒸気養生時間の長いほど乾燥収縮は小さい ・オートクレーブ養生すると、乾燥収縮は一般の養生に比べて約1/4になる
構造物形状等	・乾燥時間が同じであれば、部材寸法の大きいものほど乾燥収縮は小さい ・体積が同一であれば、表面積の大きいものほど、部材の厚さが薄いほど乾燥収縮が大きい ・乾燥収縮が周囲の拘束によって妨げられると、ひび割れが発生する（壁における梁、柱および鉄筋の拘束など）

■ 自己収縮

　セメントの水和反応によって水分が消費されて、コンクリートの体積が減少し、収縮する現象である。**コンクリートが湿潤状態でも収縮が進行する。**

> ### ■ 自己収縮のポイント
> ・自己収縮は単位セメント（結合材）量が大きいほど大きくなる。
> ・コンクリートの単位水量は水セメント（結合材）比に関わらずほぼ一定（スランプ18〜21 cm程度なら単位水量160〜185 kg/m³程度）であるから、水セメント（結合材）比の小さいコンクリートほどセメント（結合材）量が多くなり、自己収縮は大きくなる。
> ・自己収縮を考慮しなければならないのは高強度コンクリートや高流動コンクリートであり、水セメント比の大きなコンクリートでは乾燥収縮に比べて自己収縮は小さいため、あまり考慮する必要はない。
> ・自己収縮はセメントの水和反応によって生じるため、凝結始発以降に生じる。

■ 温度変化による体積変化

　コンクリートは温度の変化に応じて膨張収縮する。熱膨張係数は1℃当たりの熱膨張率であり、$7 \sim 13 \times 10^{-6}$程度である。**コンクリートの熱膨張係数は鉄筋の**

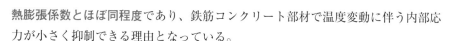

熱膨張係数とほぼ同程度であり、鉄筋コンクリート部材で温度変動に伴う内部応力が小さく抑制できる理由となっている。

　コンクリートの熱膨張係数は、水セメント比や単位水量の影響は小さく、骨材量や骨材の熱膨張係数の影響が大きい。砂岩、花崗岩等に比べ石灰岩を使用した場合は小さく、石英質では大きい。

3 ◆ 水密性

　水密性はコンクリート内部への水の浸入や透過に対する抵抗性をいい、透水性はコンクリート内部の水の移動しやすさをいう。水密性は**透水係数**で評価し、透水係数が小さいほど水密性が高いことを示す。

■ 水密性と各種要因の関係

使用材料	・AE剤などを使用してエントレインドエアを連行すると、単位水量を低減できコンクリートが密実になるため、水密性が向上する ・フライアッシュやシリカフュームなどの良質なポゾラン材料の使用は、コンクリートを緻密にして水密性を向上する
配(調)合	・水密性は水セメント比が小さいほど向上する。水密性を要するコンクリートでは、土木学会示方書55%以下、JASS5 50%以下と規定されている ・粗骨材の最大寸法が大きくなるほど水密性は低下する。骨材下面でブリーディングによる水膜や脆弱部分が大きくなるため
施工・養生	・ワーカブルなコンクリートを十分締め固めると水密性は向上する ・湿潤養生が十分なほど、材齢が進むほど水密性が向上する ・水密性を悪くする最大原因は、豆板、ひび割れなどの施工欠陥である

4 ◆ 熱的性質、耐火性

　コンクリートの熱膨張係数、比熱、熱伝導率および熱拡散係数などの熱的性質は、水セメント比や材齢などの影響が小さく、骨材の種類および単位量の影響が大きい。骨材の強度や熱膨張係数などの高温特性（耐火性）は、良好なものから、安山岩・スラグ骨材 ＞ 石灰岩 ＞ 花崗岩・砂岩、の順である。

■ 火災時のコンクリート性状

・加熱温度約600℃までは、セメントペーストは収縮し、骨材は熱膨張する。骨材と硬化したセメントペーストとの熱膨張の差による組織のゆるみ、ペースト中の化学的結合水の脱水、水酸化カルシウムなどの水和物の分解、骨材の変質などが生じ、強度、弾性係数、耐久性などが低下する。

・強度は、500℃で常温時の60%以下に低下し、加熱後30日程度空中放置すれば冷却直後の強度からさらに10%程度低下し、その後は徐々に回復する。

- 弾性係数は、温度上昇に伴う低下が強度以上に著しく、500℃では常温の値の10～20%以下となる。この値は、空中放置1か月後でもあまり変わらないが、1年後にはかなり回復する。
- 500～580℃の加熱で、コンクリート中の水酸化カルシウムなどの水和物が分解してアルカリ性が低下し、鉄筋コンクリートの耐久性が低下する。
- 火災時のコンクリート表面は受熱温度で変化し、300℃未満では、すすなどが付着しており、300～600℃ではピンク色、600～950℃では灰白色、950～1 200℃では淡黄色となり、1 200℃以上になると溶融する。
- 火災時にコンクリートの爆裂を発生することがあるが、水セメント比（水結合材比）が小さいほど、緻密なほど、含水率が高いほど、爆裂を生じやすい。

標準問題で レベルアップ!!!

(((問題1))) コンクリートの強度に関する次の一般的な記述のうち、**不適当なものはどれか。**
(1) 圧縮強度は、試験時に湿潤状態にある供試体を乾燥させると、湿潤状態の場合より大きく計測される。
(2) 曲げ強度は、試験時に供試体の表面が乾いていると、濡れている場合より大きく計測される。
(3) コンクリートと鉄筋の付着強度は、水平に配置された鉄筋に比べて鉛直に配置された鉄筋のほうが大きい。
(4) 圧縮強度に及ぼす粗骨材の最大寸法の影響は、水セメント比が小さくなるほど大きくなる。

解説 (3) と (4) は適当な記述である。残る (1) と (2) について考える。

(1) では「湿潤状態にある供試体を乾燥させると」とあり、(2) では「供試体の表面が乾いていると」とある。この表現の違いは、(1) は供試体の内部まで全体的に乾燥している状態を表現しており、(2) は内部は湿潤状態で表面だけが乾燥している状態を表現していると考えることができる。(1) では明らかに強度試験値（見掛けの強度）が大きくなるが、(2) では内部が湿潤状態であるから、**強度試験値が大きくなるほどではない。** 【解答 (2)】

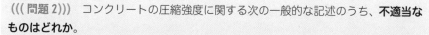

(((問題2))) コンクリートの圧縮強度に関する次の一般的な記述のうち、**不適当な
ものはどれか。**
  (1) 空気量が少ないと、高くなる。
  (2) 練混ぜ時間が長いと、高くなる。
  (3) 供試体が乾燥していると、濡れている場合より高くなる。
  (4) 円柱供試体の直径に対する高さの比が大きいと、高くなる。

解説 (2) 練混ぜ時間が短いと、セメントが均一に分散されないため圧縮強度
が小さくなる。よって、均一に分散するまでの練混ぜ時間を確保する必要がある。
  (4) 供試体の**直径に対する高さの比が小さいほど強度は高くなる。**

【解答 (4)】

(((問題3))) コンクリートの圧縮強度に関する次の一般的な記述のうち、**不適当な
ものどれか。**
  (1) 供試体のキャッピング面の凹凸の強度の試験値に及ぼす影響は、凸の場合の
     方が大きい。
  (2) 円柱供試体の直径が同じ場合、供試体の高さが低いほど、強度の試験値は大き
     くなる。
  (3) 養生温度が高いほど、初期材齢における強度は小さくなるが、長期材齢におけ
     る強度は大きくなる。
  (4) 試験時の載荷速度を速くすると、遅い場合より強度の試験値は大きくなる。

解説 (1) 供試体の加圧面が平滑でないと、実際の強度より小さな応力で破壊
する。凸と凹の場合を比較すると、凹の場合は供試体の周辺部が先に加圧面に接
することで横方向の変形が拘束されるのに対し、拘束のない凸の場合は、拘束さ
れない分だけ横方向に変形できるため、より大きな応力で破壊する。
  (3) **養生温度が高いほど、**水和反応が迅速に進んで**初期材齢の強度は大きくな
るが、長期材齢の強度は小さくなる。**

【解答 (3)】

(((問題 4)))　下図は、円柱供試体の圧縮応力と縦ひずみの計測結果である。JIS A 1149（コンクリートの静弾性係数試験方法）の規定に照らして、静弾性係数 E_c の求め方として、**正しいものはどれか。**

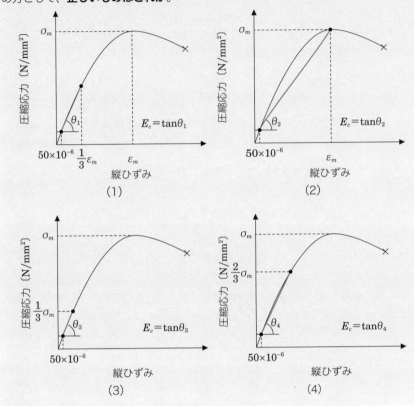

解説　鉄筋コンクリートの設計で用いられる静弾性係数は割線弾性係数であり、応力－ひずみ曲線において、**圧縮強度試験での最大荷重の 1/3 の応力の点と縦ひずみ 50×10^{-6} の点を結んだ直線の勾配**で表す。よって、（3）が正しい。

【解答（3）】

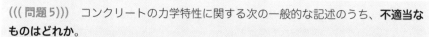

(((問題5))) コンクリートの力学特性に関する次の一般的な記述のうち、**不適当なものはどれか。**

(1) 引張強度と圧縮強度の比（引張強度／圧縮強度）は、圧縮強度が高いほど大きくなる。

(2) 長期材齢における圧縮強度の伸びは、初期の養生温度が高いほど小さくなる。

(3) 割線弾性係数は、供試体に縦振動を与えて得られる動弾性係数よりも小さい。

(4) 高強度コンクリートでは、圧縮強度に及ぼす粗骨材の影響は一般のコンクリートよりも大きい。

[解説] （1）引張強度と圧縮強度の比は 1/9 ～ 1/13 程度であり、**圧縮強度が高いほど小さくなる。**

（4）高強度コンクリートでは、セメントマトリックスの強度が粗骨材強度に近くなるため、粗骨材強度がコンクリートの圧縮強度へ及ぼす影響が大きくなる。

【解答 (1)】

(((問題6))) コンクリートの変形性状に関する次の一般的な記述のうち、**適当なものはどれか。**

(1) 圧縮試験により求められる応力－ひずみ関係は、破壊時まで直線状となる。

(2) コンクリートの動弾性係数は、静弾性係数よりも 10 ～ 40% 程度大きい。

(3) 鉄筋コンクリートの設計に用いられる弾性係数は、接線弾性係数である。

(4) コンクリートの圧縮時のポアソン比は、1/2 程度である。

[解説] （1）**コンクリートの応力－ひずみ曲線は**、載荷初期は弾性に近い性状を示すが、徐々に山形になって最大応力となり、その後山のすそ野のような形状で変形が進んで破壊する。よって、全体には山状の曲線であり、**直線状ではない。**

（3）鉄筋コンクリートの設計に用いられる弾性係数は、圧縮強度試験での最大荷重の 1/3 の応力の点と縦ひずみ 50×10^{-6} の点を結んだ直線による**割線弾性係数である。**

（4）**コンクリートの圧縮時のポアソン比は、一般に 1/5 ～1/7 程度である。**

【解答 (2)】

(((問題7))) コンクリートの乾燥収縮ひずみおよび自己収縮ひずみに関する次の一般的な記述のうち、**不適当なものはどれか。**

(1) 水セメント比が同一の場合、単位水量が多いほど、乾燥収縮ひずみは大きくなる。

(2) 単位水量が同一の場合、単位セメント量が多いほど、自己収縮ひずみは大きくなる。

(3) 壁部材の厚さが大きいほど、乾燥初期の乾燥収縮ひずみは大きくなる。

(4) コンクリートから水分が蒸発しない場合でも、セメントの水和反応によって自己収縮ひずみが生じる。

解説 (2) 自己収縮は、セメントの水和反応によって水分が消費されて、コンクリートの体積が減少し収縮する現象である。よって、セメント量が多いほど消費される水分量が多くなり、自己収縮は大きくなる。

(3) **部材の厚さが大きいと**、厚さの小さな部材に比べて単位断面積当たりの表面積が小さいため、乾燥初期の水分の蒸発量が少なく、**乾燥収縮ひずみは小さくなる。** 　　　　　　　　　　　　　　　　　　　　　　　　　　　　　　　　【解答（3）】

(((問題8))) コンクリートの乾燥収縮ひずみに関する次の一般的な記述のうち、**適当なものはどれか。**

(1) 単位水量が大きいほど、小さくなる。

(2) 周囲の相対湿度が低いほど、小さくなる。

(3) セメントペースト量が多いほど、小さくなる。

(4) 断面寸法が大きいほど、小さくなる。

解説 (1) 乾燥収縮ひずみは単位水量が大きいほど、**大きくなる。**

(2) 周囲の相対湿度が低いほど乾燥が進むため、**乾燥収縮ひずみは大きくなる。**

(3) セメントペースト量が多いということは、同一水セメント比の場合は単位セメント量と単位水量が多いということであり、同一セメント量の場合は単位水量が多いということになる。どちらも単位水量が増すため、**乾燥収縮ひずみは大きくなる。** 　　　　　　　　　　　　　　　　　　　　　　　　　　　　　　【解答（4）】

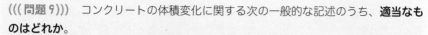

(((問題9))) コンクリートの体積変化に関する次の一般的な記述のうち、**適当なものはどれか**。

(1) 乾燥収縮ひずみは、粗骨材の岩種の影響を受けない。

(2) 熱膨張係数は、鋼材の熱膨張係数の約2倍である。

(3) 自己収縮ひずみは、水セメント比が小さいと大きくなる。

(4) クリープひずみは、載荷荷重を一定とした場合、載荷開始の材齢が若いほど小さくなる。

[解説] (1) 粗骨材の弾性係数が大きいほど、乾燥収縮ひずみが小さくなる傾向がある。骨材の弾性係数は骨材の岩種によって異なるため、コンクリートの乾燥収縮は粗骨材の**岩種の影響を受ける**といえる。

(2) 鋼材とコンクリートの熱膨張係数は**ほぼ同等である**。

(4) コンクリートの組織が疎なほどクリープひずみが大きくなる。コンクリートは材齢が若いほど強度が低く組織が疎であるため、載荷開始材齢が若いほど**クリープひずみは大きくなる**。 【解答 (3)】

(((問題10))) 温度20℃、相対湿度60％の恒温恒湿環境下でコンクリートのクリープ試験を行った場合のクリープひずみに関する次の一般的な記述のうち、**不適当なものはどれか**。

(1) 同一水セメント比でセメントペースト量が多いほど、小さくなる。

(2) 載荷開始時の材齢が若いほど、大きくなる。

(3) 載荷応力度が小さいほど、小さくなる。

(4) 部材の断面寸法が小さいほど、大きくなる。

[解説] 各種要因とクリープの関係を問う設問であり、"コンクリートの組織が疎なほどクリープひずみが大きくなる"ことが基本的な考え方である。

(1) 同一水セメント比でセメントペースト量が多いということは、単位セメント量と単位水量が多いことを意味する。単位水量が多いほど組織は疎になるため、**クリープひずみは大きくなる**。よって、設問は不適当である。

【解答 (1)】

(((問題11))) コンクリートの耐火性に関する次の一般的な記述のうち、**不適当な ものはどれか。**

(1) コンクリートの含水率が低いと、爆裂を生じにくい。

(2) 骨材に石灰質の骨材を用いると、耐火性が低下することがある。

(3) 500℃程度の高温加熱を受けると、コンクリートの圧縮強度は 50 ～ 60 ％程度まで低下する。

(4) 500℃程度の高温加熱を受けたコンクリートの弾性係数の低下率は、圧縮強度の低下率とほぼ同じである。

解説 (1) 火災時のコンクリートの爆裂はコンクリート中の水分が熱で急激に気化した圧力で生じるため、コンクリートの含水率が低いと爆裂は生じにくい。

(2) 骨材の耐火性は安山岩やスラグ骨材が優れており、これに比べて石灰石は劣り、砂岩や花崗岩はさらに劣る傾向がある。耐火性に優れる安山岩などを使用する場合に比べると、石灰岩を使用することで耐火性は低下することになる。

(4) 弾性係数は、**温度上昇に伴う低下が圧縮強度以上に著しく**、500℃程度では常温時の 10 ～ 20 ％以下となる。　　　　　　　　　　　　　【解答 (4)】

(((問題12))) コンクリートの水密性に関する次の一般的な記述のうち、**不適当な ものはどれか。**

(1) 水セメント比が大きいほど、水密性は低下する。

(2) 同じ水セメント比のコンクリートとモルタルを比べると、透水係数はモルタルの方が大きくなる。

(3) フライアッシュや高炉スラグ微粉末を適切に用いれば、透水係数を小さくできる。

(4) 材料分離やひび割れは、コンクリートの水密性を損なう要因となる。

解説 (2) モルタルは、コンクリートにおける粗骨材の材料分離である豆板やブリーディングに伴う粗骨材下面の水膜など、透水係数を大きくする要因である粗骨材がないため、**透水係数はコンクリートよりモルタルの方が小さくなる。**

【解答 (2)】

3時限目
コンクリートの劣化・耐久性

コンクリートの劣化とは、打ち込まれたコンクリートが化学的あるいは物理的な原因により性能や機能が低下する現象であり、耐久性とは劣化に対する抵抗性のことです。どのようにして劣化が発生するか（劣化のメカニズム）をしっかり理解すると、劣化の特徴や抑制策はおのずとわかります。劣化の原因となるコンクリートの使用材料、配（調）合条件、施工、環境などの要因について、劣化との関係を身につけることが大切です。

劣化・耐久性については、日本コンクリート工学会「コンクリート診断技術」や「コンクリートのひび割れ調査、補修・補強指針」に詳説されていますので参照してください。ステップアップしてコンクリート診断士をめざしてみるのもよいですね。

1章 劣化とその抑制対策

こんな問題が出題されます！

基本問題

鉄筋コンクリート構造物の耐久性に関する次の一般的な記述のうち、**適当なものはどれか。**
(1) 硫酸塩は、コンクリート中でアルミン酸カルシウム水和物を生成し、著しい膨張を引き起こす。
(2) 中性化深さは、経過年数にほぼ比例する。
(3) 耐凍害性は、同一空気量では気泡間隔係数が小さいほど向上する。
(4) アルカリシリカ反応は、雨掛かりの部分よりも、乾燥している部分の方が生じ易い。

解説 (1) 硫酸塩は、コンクリート中の**水酸化カルシウムおよびセメント中のアルミン酸三カルシウム（C_3A）**と反応して、**カルシウムサルフォアルミネート（エトリンガイト）**を生成して、膨張する。

(2) 中性化深さは、**経年年数の平方根**にほぼ比例する。

(3) 耐凍害性は、気泡間隔の目安となる気泡間隔係数が小さいほど向上する。同一空気量でも、微細な空気泡が多ければ、気泡間隔係数が小さくなる。

(4) アルカリシリカ反応は、反応性鉱物とコンクリート中の高アルカリ性の細孔溶液との反応であるため、コンクリートに水が供給され続けると生じやすくなる。よって、**雨掛かりの部分よりも、乾燥している部分の方が生じにくい。**

【解答 (3)】

重要ポイント講義

1 ◆ 各種劣化の進行過程

劣化の調査では、一般的に、劣化の進行過程を潜伏期、進展期、加速期、劣化期として評価したうえで、劣化過程に応じた対応策を検討する。

各種劣化の進行過程と劣化状況の概要

劣化過程	潜伏期	進展期	加速期	劣化期
塩害	外観の変状なし。鋼材腐食開始まで	外観上の変状なし。鋼材腐食開始から腐食ひび割れ発生まで	腐食ひび割れ進展に伴うコンクリートの部分的な剥離・剥落、錆汁発生。腐食速度の増大	コンクリートの大規模な剥離・剥落。鋼材の著しい断面減少による耐力の低下
中性化	コンクリート表面から鉄筋位置まで中性化が進行。外観の変状なし。鋼材腐食発生まで	外観上の変状なし。鋼材腐食開始から、かぶりコンクリートの腐食ひび割れに至る段階	腐食ひび割れ発生・進展から急速な腐食進行段階。剥離・剥落あり。鋼材の断面欠損軽微	腐食ひび割れとともにコンクリートの剥離・剥落、鋼材の断面欠損あり。耐力・靭性の低下
アルカリシリカ反応（ASR）	ASRは進行するが、膨張やひび割れはまだ発生せず。外観の変状なし	膨張が継続的に進行し、ひび割れ発生。アルカリシリカゲルの滲出	膨張速度が最大から収束しつつある段階。ひび割れの幅や密度の増大、鋼材腐食による錆汁あり	部材の一体性が損なわれ、段差やずれ発生。鋼材の破断などの損傷。顕著な耐力低下
化学的侵食	劣化因子の侵入があるが、外観の変状なし	コンクリートに変状が見られ、表面に荒れやひび割れ発生。変状が鋼材に達するまで	著しいコンクリートのひび割れや断面欠損、骨材の露出や剥落。鋼材の腐食が進行	コンクリートの断面欠損やひび割れの進行による鋼材の断面減少。顕著な耐力低下
凍害	軽微なひび割れや表面のみのごく軽微なスケーリング発生。外観の変状ほとんどなし	スケーリング、微細ひび割れ、ポップアウトの発生、骨材露出（深さ10mm～20mm程度まで）	スケーリング、ポップアウトの進展（深さ30mm程度まで）。鋼材腐食によるひび割れ発生	かぶりコンクリートの著しい浮きや剥落、鋼材の腐食や断面欠損。脆弱部深さ30mm以上
疲労（床版）	主に乾燥収縮により主桁直角方向に一方向ひび割れ発生	主桁方向とその直角方向に曲げひび割れが進展し、格子状のひび割れ網が形成	ひび割れの網細化が進行し、車両の通行によるひび割れの開閉とともに角落ち発生	ひび割れの貫通で床版の連続性が失われ、床版の陥没や亀甲状の剥落発生

2 ◆ 基本的な設計施工上の劣化対策

外部から劣化原因物質（外来塩化物イオン、酸素、二酸化炭素、水、酸、硫酸塩など）が侵入する劣化は、基本的な設計、施工上の対策で耐久性が向上する。

設計対策	• 構造物の供用期間（耐用年数）の間、コンクリート表面から原因物質の侵入や劣化の進行による内部鉄筋の錆発生を防止可能なかぶり(厚さ)を確保する
	• 想定する劣化原因に応じて適正な表面被覆（表面仕上げ）を施し、水分や劣化原因物質の侵入を防止する
施工対策	• 必要なワーカビリティーが得られる範囲で単位水量を小さくして、ブリーディングや乾燥収縮を抑制する
	• 水セメント比の低減、適切な混和材の使用などにより、セメントペーストの組織を緻密にし、劣化原因物質の侵入を抑制する
	• コンクリート打込み時に締固めを十分に行い、豆板、コールドジョイントなどの欠陥のない緻密なコンクリートとする
	• 温度ひび割れ、沈みひび割れ、乾燥収縮ひび割れなど、施工上の原因によるひび割れ発生を抑制する

3 ◆ 塩　害

▓ 塩害とは

　コンクリート中の鋼材の腐食が塩化物イオンの存在により促進され、コンクリートにひび割れ、剥離などを生じさせる現象である。

　コンクリートは強アルカリ性であり、鋼材はアルカリ性環境では**不動態皮膜**を形成して腐食しにくい。しかし、コンクリート中に一定量以上の塩化物イオンが存在すると（**限界塩分量 1.2 kg/m³**）、アルカリ性環境でも、塩化物イオンの影響で局部的に鋼材表面の不動態皮膜が破壊される。破壊部が陽極（アノード部）、その周囲が陰極（カソード部）となる腐食電池が生じ、鋼材に孔食が生じる。

　原因となる塩分は、セメント、混和材、骨材（海砂など）、混和剤などの**使用材料に含まれている塩分（内在塩化物イオン）**の場合と、**海水や道路の凍結防止剤などの外部から供給される塩分（外来塩化物イオン）**がコンクリート中に侵入する場合とがある。

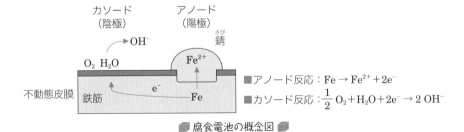

■アノード反応：$Fe \rightarrow Fe^{2+} + 2e^-$

■カソード反応：$\frac{1}{2} O_2 + H_2O + 2e^- \rightarrow 2 OH^-$

🧱 腐食電池の概念図 🧱

塩害は、以下の順番で進行する。

① コンクリート表面からの塩分が侵入、あるいは内在塩分の存在

② コンクリート中の塩化物イオン量が一定以上になり、鉄筋に局部的な不動態皮膜破壊による腐食電池が発生し、鉄筋の腐食が開始

③ 鉄筋の錆が進行し、錆の膨張圧でかぶりコンクリートにひび割れ発生

④ ひび割れの進展により水や酸素が供給されてさらに腐食が促進され、鉄筋の断面欠損や、部材耐力の低下が発生

各種要因と塩害の関係

硬化コンクリートの組織が密実なほど、塩害の進行が遅くなる。なお、塩化物イオンは鉄筋などの鋼材に錆を発生させることが問題であり、コンクリート品質そのものへの影響はほとんどない。土木学会示方書では、無筋のコンクリート構造物では、練混ぜ水として海水を使用することを認めている。

塩害の抑制方法

内在塩化物イオンによる塩害の基本的な対策として、JIS A 5308（レディーミクストコンクリート）では、**使用材料由来のコンクリート中に内在する塩化物イオン（Cl^-）量は 0.3 kg/m³ 以下とすること**が規定されている。

外来塩化物イオンによる塩害の抑制対策は、塩分がコンクリート中に浸透しにくくすることと、鉄筋の発錆抑制が有効である。

外来塩化物による塩害対策

塩化物イオンの鉄筋位置までの侵入・拡散抑制	・コンクリートの密実性の確保（水セメント比を小に、単位水量削減、ひび割れ幅の制御、かぶり（厚さ）の増厚など） ・コンクリートの表面被覆や吸水防止剤塗布などによる表面の改質
鉄筋の発錆抑制	・防食性の高い鉄筋の使用（エポキシ樹脂塗装鉄筋、亜鉛メッキ鉄筋、ステンレス鉄筋など） ・外部からの電流によって鋼材の電位を変化させて防食（電気防食） ・防せい剤の使用（亜硝酸リチウムなどの亜硝酸系薬剤をコンクリートに混入または鉄筋に塗布）

塩化物含有量の測定方法

フレッシュコンクリートの塩化物量は、液相中に含有する塩化物イオン濃度を測定し、単位水量を乗じて求める。測定は、試験紙法、イオン電極法、電極電流測定法などが、開発、実用化されているので、これらの信頼できる方法による。

硬化コンクリートの塩化物量試験としては、試料を粉末にしてから酸で溶解させて塩化物を抽出し、その溶液の塩化物イオン濃度を測定する方法がある。

4 ◆ 中性化

中性化とは

コンクリートは、セメントの水和反応生成物である水酸化カルシウム（$Ca(OH)_2$）によって強アルカリ性を示す。中性化とは、経年とともにコンクリート表面から空気中の二酸化炭素（CO_2）が侵入して、コンクリート中の水酸化カルシウム（$Ca(OH)_2$）と反応して炭酸カルシウム（$CaCO_3$）を生成し、徐々にコンクリートのアルカリ性が低下していく現象である。この反応を**炭酸化反応**ともいう。

$$Ca(OH)_2 + CO_2 \rightarrow CaCO_3 + H_2O$$

ここで重要事項として、**中性化深さは大気に接している期間の平方根に比例する**、という $\sqrt{t}$ 則と呼ばれる法則がある。

$$C = A\sqrt{t}$$

- C：中性化深さ
- A：定数
- t：材齢（年数）

各種要因と中性化の関係

使用材料	・フライアッシュセメントや高炉セメントなどの混合セメントを使用すると、ポルトランドセメント単体に比べ、セメントの水和によるアルカリ性生成物が少なく、中性化が進行しやすい
配(調)合	・水セメント比が小さいほど、コンクリートの組織が緻密になり二酸化炭素が侵入しにくくなるので、中性化速度が遅くなる
環境条件	・乾燥状態のコンクリートは湿潤状態よりも二酸化炭素が侵入しやすく中性化が進みやすい。しかし、著しく乾燥していると、炭酸化反応を生じる細孔溶液が少なくなり、中性化は遅くなる ・中性化の反応は化学反応であるため、温度が高いほど反応速度が大きくなり、中性化が早く進行する ・戸外に面した部分より室内側のほうが、人間の呼吸などにより炭酸ガス濃度が高くなるため、中性化速度は速くなる
表面仕上げ	・コンクリート表面のタイル、石張りなどの仕上げや、気密性の高い吹付仕上げは、中性化の進行を抑制できる

　中性化がコンクリート表面から内部に徐々に進行して鉄筋位置まで達すると、鉄筋を保護している不動態皮膜が部分的に失われ、そこに水と酸素が供給されると鉄筋に錆が発生しやすくなる。中性化は、コンクリートの変質そのものより、中性化によって生じる鉄筋の錆の発生が耐久性上の問題である。

中性化による劣化の抑制方法

　中性化の抑制対策は、**2 ◆** に示した基本的対策のとおり、二酸化炭素のコンク

リート内への侵入を抑制するために、**密実で欠陥のないコンクリートとすること**や、**侵入を遮断可能な表面仕上げを施すことが有効である**。また、**かぶり(厚さ)を大きくして、中性化が鉄筋位置まで進行する期間を長くすることは、鉄筋の腐食対策として有効である**。

中性化深さの測定方法

中性化深さは、pH 指示薬であるフェノールフタレインの**1%エタノール溶液**を、コンクリートのはつり面や構造物から採取したコアに噴霧して調べる。フェノールフタレインは、pH9 ～ 10 以上の**アルカリ側で赤紫色となる**ため、中性化していない部分は赤紫色に着色し、中性化部分は着色しない。コンクリート表面から着色位置までの距離を中性化深さとする。

5 ◆ アルカリシリカ反応（ASR）

アルカリシリカ反応とは

骨材中の反応性鉱物がコンクリート中の高いアルカリ性の細孔溶液中の水酸化アルカリと反応して、アルカリシリカゲルを生成、吸水膨張し、コンクリートのひび割れやポップアウトを発生させる現象である。反応性鉱物には、火山ガラス、クリストバライト、トリディマイト、オパール、微小石英などがあり、火山岩、堆積岩、変成岩等、各種岩石に含まれている可能性がある。

アルカリシリカ反応による膨張は、反応性骨材量がある一定の割合のときに最大となる。この割合を**ペシマム量**という。ペシマム量は、コンクリート中のアルカリ量、骨材の種類や粒度などによって変化する。よって、無害な骨材を混合使用しても、逆に膨張量を増す場合もあるため注意する。

アルカリシリカ反応による劣化の抑制方法

アルカリ骨材反応が生じるには、以下の**3 条件が必要であり、このうちひとつでもなくすと反応は進展しない**。

① 反応性鉱物を含む骨材がコンクリート中に存在すること

② コンクリート中にアルカリ分が一定量以上存在すること

③ 水の供給があること

アルカリシリカ反応によるひび割れの特徴や抑制対策については、3 時限目 2 章（p. 117）を確認すること。

■ アルカリシリカ反応による劣化対策

使用材料による対策	・抑制効果のある混合セメント等の使用：高炉セメント B、C 種（高炉スラグ混入率 40 ％以上）、フライアッシュセメント B、C 種（フライアッシュ混入率 15 ％以上）または混和材をポルトランドセメントに混入した結合材で抑制効果の確認されたものを使用する
	・安全と認められる骨材の使用：骨材のアルカリシリカ反応性試験の結果で無害と判定された骨材を使用する
配(調)合上の配慮	・コンクリート中のアルカリ総量の抑制：コンクリート 1 m³ 中のアルカリ総量を Na₂Oeq 換算で 3.0 kg 以下とする
	・コンクリートの密実さを増し、コンクリート中の水やアルカリイオンの移動を減少させ、反応の進行を抑制する
施工時の留意	・初期欠陥を防止する（十分な締固め、温度応力によるひび割れの防止）
設計上の配慮	・コンクリートへの水分浸入防止や内部水分放出に有効な表面仕上げを施す

※表中、下線のある項目は、JIS A 5308 附属書 B（アルカリシリカ反応抑制対策の方法）に規定されている対策である。

■ 試験方法

　骨材のアルカリ骨材反応性試験には、化学的に岩石の反応の可能性を判定する化学法と、試験試料を骨材に用いたモルタル供試体の膨張の有無を測定するモルタルバー法がある。

　化学法は、微粉砕して $300 \sim 150\,\mu m$ に調整した骨材試料 25 g に 1 mol/L の NaOH 溶液 25 mL を加え、80 ℃で 24 時間保持したときのアルカリ濃度減少量と溶解シリカ量から判定する方法である。

　モルタルバー法は、セメントの全アルカリ（Na₂Oeq）が 1.2 ％になるように水酸化ナトリウムを添加したモルタル供試体を湿気箱（40 ℃、湿度 95 ％以上）に保存し、所定の材齢でモルタルの膨張量を測定する方法である。

　化学法あるいはモルタルバー法で "無害" と判定されたら、無害な骨材と判定する。なお、化学法で "無害でない" 場合でも、モルタルバー法で "無害" であれば無害と判定する。

6 ◆ 化学的侵食

■ 化学的侵食とは

　コンクリートが外部から化学的作用を受け、セメント硬化体を構成する水和生成物が変質あるいは分解して骨材との結合能力を失っていく現象である。

> ### ■ 劣化を生じる場所の例
> ・酸、アルカリ、各種塩類を使用する化学、金属、繊維、製紙、肥料等の工場
> ・動植物油、有機酸、糖類などを使用する工場（食品工場）

- 温泉地帯や酸性河川流域、海水の作用を受ける場所
- 下水道、汚水・廃水処理施設、ゴミ焼却施設、農業・畜産用施設（有機酸）

🔖 化学的侵食のメカニズムと原因物質 🔖

侵食のメカニズム	原因物質
コンクリート中のセメント水和物と化学反応を起こし、セメント水和物を可溶性の物質に変化させてコンクリート外に溶出してエフロレッセンスを生じるとともに、コンクリートを劣化、崩壊させる	塩酸、硝酸のカルシウム塩、酢酸、乳酸、クエン酸など
コンクリート中のセメント水和物と反応して、エトリンガイトなどの膨張性の化合物を生成し、このときの膨張圧によってコンクリートを劣化、崩壊させる	硫酸、動植物油、硫酸塩など

各種要因と化学的侵食の関係

　コンクリートは無機酸によって侵食を受ける。なかでも塩酸、硝酸、硫酸の侵食作用が激しい。動物油、植物油は、化学的には大部分が脂肪酸のグリセリンエステルであり、多少の遊離酸を含んでいるため、コンクリートを侵食する。

　硫酸塩は、エトリンガイトの大きな結晶を生成して著しい体積膨張を起こし、コンクリートにひび割れや崩壊を引き起こす。原因は、土壌中の硫酸塩、硫酸塩を含む水、工場廃液や海水中の硫酸塩などの場合が多い。**下水道の構造物では、下水に含有する硫酸塩が微生物の作用で硫酸となり、コンクリートを劣化させる。**

化学的侵食の抑制策

　腐食物質がコンクリート中に侵入しにくい密実なコンクリートとなるよう、配（調）合面、施工面でも、設計の段階で十分配慮することが大切である。

🔖 化学的侵食対策のポイント

- 水和反応による水酸化カルシウムの生成量の比較的小さい高炉セメントやフライアッシュセメントなどの混合セメントを使用する。あるいは、高炉スラグ微粉末やフライアッシュをセメントの一部と置換する。
- 硫酸塩や海水などに対しては、耐硫酸塩ポルトランドセメントや安定性試験結果が良好な骨材の使用が有効である。
- 酸類に対しては、川砂・川砂利、けい石のようなけい酸質骨材が適している。酸と容易に反応する石灰石骨材や貝類を含む海砂の使用は避ける。
- ひび割れは直ちに重大な欠陥部となるため、ひび割れ対策を十分に行う。
- 強い酸と直接接触する可能性のある工場や、強い酸性の温泉地帯や河川流域では、コンクリートの耐食性を高めるだけでは不十分であり、コンクリートの表面全体を耐食性の材料で被覆することが有効である。

7 ◆ 凍 害

　コンクリート内部が湿潤状態の場合に、コンクリート中の水分が低温時に凍結して、その体積膨張による圧力でコンクリートにひび割れ、ポップアウト、スケーリングなどの劣化を起こすことをいう。

- ポップアウト：表層下の骨材粒子の膨張破壊でできた表面の円錐状の剥離
- ひび割れ　　：構造物のエッジなどに平行に、狭い間隔で生じる微細なひび割れ、部材の長手方向に平行に発生する幅広い直線状のひび割れ、ほか
- スケーリング：コンクリート表面が薄片状に剥離・剥落

◾ 各種要因と凍害の関係 ◾

使用材料	・吸水率が大きい骨材は、骨材自身が吸水、凍結して膨張し、ポップアウトなどの凍害の原因となる
配(調)合	・水セメント比が大きいと、コンクリートの水密性が劣り、外部から水が浸透しやすいため、凍害を生じやすい ・エントレインドエアは、コンクリート内部の水分の凍結に伴う圧力に対する緩和機能を持ち、耐凍害性を向上させる効果がある。硬化コンクリート内部の気泡間隔である気泡間隔係数が小さいほど耐凍害性が高い。同じ空気量なら気泡が微細であるほど気泡間隔係数が小さい ・空気量が多いほど耐凍害性は向上するが、空気量を増加させると圧縮強度が低下するので、必要な範囲で調整するとよい。JASS5の凍結融解作用を受けるコンクリートでは、空気量の目標値を、一般的な4.5％に対して＋1.0～＋1.5％としている
施工	・ひび割れ、コールドジョイント、豆板などの欠陥は、水分の浸透を容易にするので凍害に対しても不利である
環境条件	・寒冷地のなかでも、最低気温の低い地域ほど、コンクリート内部のより小さな毛細管空隙の水が凍って水圧が高くなるため、劣化の程度も著しくなる（最低気温－2℃程度では凍害は発生しにくい。－5℃を超えると著しい凍害が見られるようになる） ・日が当たらない部位より、日が当たる部位のほうが凍結融解回数が増加するので、凍害の進捗が速い ・冬期の気温の日較差が大きくかつ日射量の大きな地域は、融雪作用に加えてコンクリート内部の凍結水を融解させる作用も大きく、凍結融解回数が増加し、きわめて厳しい凍害環境である ・常に雪に覆われていたり、常にコンクリート温度が0℃以下を保持できる地域や環境では、凍害は比較的軽微である

◾ 凍害抑制方法のポイント

- 耐凍害性を有する骨材を用いる（吸水率小、安定性試験の損失量小）。
- AE剤、AE減水剤などを用いて適正量のエントレインドエアを連行し、気泡間隔係数を200 μm 程度以下とする。

- 水セメント比を小さくして密実な組織のコンクリートとする。
- 融雪水がコンクリート中にできるだけしみ込まないように、コンクリート構造物の水切り、水勾配、防水などを工夫する。

■耐凍害性の各種試験方法■

骨材の耐凍害性試験	• JIS A 1122（硫酸ナトリウムによる骨材の安定性試験方法）による • JIS A 5308 では、安定性試験による損失質量を、細骨材で 10％以下、粗骨材で 12％以下と規定している
コンクリート供試体による凍結融解試験	• JIS A 1148（コンクリートの凍結融解試験方法）による。100×100×400 mm の角柱コンクリートを供試体として、5℃⇔−18℃で凍結と融解を急速に繰り返す試験である • 凍結融解の繰返し 300 サイクルで、当初の動弾性係数に対する割合である相対動弾性係数 60％以上が耐凍害性を有する目安となる。JASS5 では、凍結融解作用を受けるコンクリートでは 85％以上としている
気泡間隔係数の測定試験	• 十分に研磨したコンクリート試料の表面を顕微鏡で観察し、画像解析などで気泡の大きさと分布を測定する

8 ◆ 疲　労

■疲労とは

材料の静的強度に比較して一般に小さいレベルの荷重を繰り返し受けることにより破壊する現象をいう。

床版の疲労では、道路橋の鉄筋コンクリート床版が輪荷重の繰返し作用によりひび割れや陥没を生じる現象が代表例である。梁部材の疲労では、鉄道橋梁などで、荷重の繰返しによって、引張鋼材に亀裂が生じて破断に至る現象もある。

■各種要因と疲労との関係

道路橋床版の疲労の主たる原因は過積載車両の走行であり、以下の要因により劣化の急激な進行と最終的な陥没に至る。

- 過積載車両の走行、薄い床版厚さ、主桁拘束の影響、少ない配力筋量
- コンクリートの品質（乾燥収縮ひび割れの発生、雨水の浸透）

■疲労による劣化の抑制方法

疲労の抑制方法としては、過積載車両の通行規制、設計方法の変更（疲労設計による安全性の検討）や、新しい工法の活用（ファイバーコンクリート、プレキャスト床版、鋼・コンクリート合成床版、PC 合成床版など）が有効である。

(((問題1)))　下図は、塩害による鉄筋コンクリート構造物の劣化の進行、およびそれに伴う構造物の性能低下の概念を模式的に表したものである。図中のA～Dに当てはまる語句の組合せとして、**適当なものはどれか。**

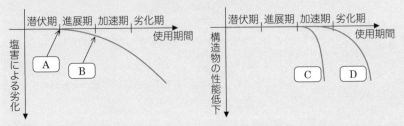

	A	B	C	D
(1)	鋼材の腐食開始	コンクリートに腐食ひび割れ発生	耐力・剛性の低下	第三者影響度・美観の低下
(2)	コンクリートに腐食ひび割れ発生	鋼材の腐食開始	第三者影響度・美観の低下	耐力・剛性の低下
(3)	鋼材の腐食開始	コンクリートに腐食ひび割れ発生	第三者影響度・美観の低下	耐力・剛性の低下
(4)	コンクリートに腐食ひび割れ発生	鋼材の腐食開始	耐力・剛性の低下	第三者影響度・美観の低下

解説　塩害の進行は、コンクリートへの外来塩分の侵入あるいは内在塩分の存在、不動態皮膜の破壊による鋼材腐食発生、錆の膨張圧によるかぶりコンクリートのひび割れ、腐食の加速に伴うかぶりコンクリートの剥落や鋼材断面積の減少による部材耐力の低下、の順である。よって、Aは「鋼材の腐食発生」、Bは「コンクリートに腐食ひび割れ発生」となる。

　次に、ひび割れの拡大や錆汁の発生などの美観性低下や剥落による第三者への影響が生じ、最終的に鋼材断面積の減少による構造耐力の低下へと進むため、Cは「第三者影響度・美観の低下」、Dは「耐力・剛性の低下」となる。

【解答 (3)】

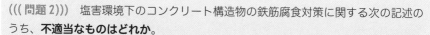

(((問題 2))) 塩害環境下のコンクリート構造物の鉄筋腐食対策に関する次の記述のうち、**不適当なものはどれか。**

(1) 高炉セメント B 種から普通ポルトランドセメントに変更した。

(2) コンクリートの水セメント比を小さくした。

(3) エポキシ樹脂塗装鉄筋を用いた。

(4) コンクリートのかぶり（厚さ）を大きくした。

解説 (1) 高炉セメントから普通ポルトランドセメントに変更することは、塩分の浸透抑制に有効なコンクリートの密実性向上には、**効果が期待できない。** また、普通ポルトランドセメントに変更することで、コンクリートのアルカリ性が強くなり、中性化の進行に伴う鉄筋腐食には有効だが、**塩害による鉄筋腐食抑制効果はない。** よって、(1) は不適当である。　　　　　　　【解答（1）】

(((問題 3))) コンクリートの中性化に関する次の一般的な記述のうち、**不適当なものはどれか。**

(1) 中性化の進行は、コンクリートが著しく乾燥している場合や濡れている場合には遅くなる。

(2) 中性化の進行は、仕上げの無い場合、屋内側の方が屋外側よりも速い。

(3) 中性化の進行は、経過年数に正比例する。

(4) 中性化の進行は、炭酸ガスの濃度が高いほど速い。

解説 (1) 中性化の進行には、乾燥状態で二酸化炭素が侵入可能であることと、コンクリート中に炭酸化反応が進むための細孔溶液が存在できる水分があることの両条件が必要である。よって、コンクリートが著しく乾燥している場合や飽水状態の場合は、中性化の進行は遅くなる。

(2) 屋内は人間の呼吸やコンロ等の火気の使用により外気に比べて二酸化炭素濃度が高くなるため、中性化が早く進行する。

(3) 中性化の進行は**経過年数の平方根に正比例する。**　　　　　【解答（3）】

3時限目

(((問題4))) 鉄筋コンクリート中の鋼材の腐食に関する次の記述のうち、**不適当なものはどれか。**

(1) 中性化によって鋼材位置のコンクリートのアルカリ性が低下すると、鋼材表面の不動態被膜が部分的に破壊され、腐食が発生しやすい状態となる。

(2) 鋼材位置のコンクリートに一定量以上の塩化物イオンが含まれると、鋼材表面の不動態被膜が部分的に破壊され、腐食が発生しやすい状態となる。

(3) 不動態被膜が部分的に破壊され、鋼材表面にアノード部（陽極）とカソード部（陰極）が形成されると、腐食電流が生じる。

(4) コンクリートが乾燥していると、腐食電流が極めて流れやすく、鋼材の腐食が進行しやすくなる。

解説 (4) コンクリートが乾燥していると、**腐食電流が流れにくく、鋼材の腐食が進行しにくい。** 【解答（4）】

(((問題5))) アルカリシリカ反応の抑制方法に関する次の記述のうち、JIS A 5308 附属書B（アルカリシリカ反応抑制対策の方法）に照らして、**誤っているものはどれか。**

(1) コンクリートの水セメント比を55%以下とする。

(2) コンクリート中のアルカリ総量を $3.0\,kg/m^3$ 以下とする。

(3) フライアッシュの分量が15%以上のフライアッシュセメントB種を使用する。

(4) アルカリシリカ反応性試験（モルタルバー法）で無害と判定された骨材を使用する。

解説 JIS A 5308 附属書B に規定されているアルカリシリカ反応の抑制方法は、コンクリート中のアルカリ総量規制、アルカリシリカ反応抑制効果のある混合セメントなどの使用、無害と判定された骨材の使用、の3項目である。よって、(2)、(3)、(4) は規定されているが、**水セメント比の制限の規定はないため、(1)が誤りである。**

ここで、水セメント比を小さくすることは、コンクリートを密実にして水分の浸入を抑制し、間接的にアルカリシリカ反応の進行を抑制する効果は期待できる。しかし、本問では、"JIS A 5308 附属書B の規定に照らして誤っているもの"が問われているため、解答は（1）と判断できる。 【解答（1）】

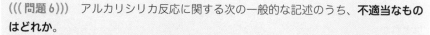

(((問題6))) アルカリシリカ反応に関する次の一般的な記述のうち、**不適当なものはどれか。**

(1) アルカリシリカ反応の抑制には、フライアッシュの分量（質量分率%）が15%以上のフライアッシュセメントの使用が有効である。

(2) アルカリシリカ反応における骨材のペシマム量は、セメント中のアルカリ量、骨材の種類や粒度によって変化する。

(3) アルカリシリカ反応による膨張は、コンクリートが湿潤状態にある場合の方が気乾状態にある場合よりも進行しやすい。

(4) アルカリシリカ反応によるひび割れは、プレストレストコンクリート桁では亀甲状に発生しやすい。

[解説] アルカリシリカ反応の抑制方法や性状に関する設問である。アルカリシリカ反応について、万遍ない知識が必要である。

(4) プレストレストコンクリートは、構造体が PC 鋼材によって拘束されるため、アルカリシリカ反応によるひび割れは、**PC 鋼材に沿った方向性のあるひび割れとなる。** 【解答（4）】

(((問題7))) 鉄筋コンクリート構造物の耐久性の向上に関する次の記述のうち、**不適当なものはどれか。**

(1) 塩化物イオンのコンクリートへの侵入を抑制するために、水セメント比を低減した。

(2) 飛沫帯においてコンクリート中の鉄筋の腐食を抑制するために、エポキシ樹脂塗装鉄筋を使用した。

(3) 中性化の進行を遅らせるために、普通ポルトランドセメントを高炉セメントB種に変更した。

(4) 二酸化炭素のコンクリートへの侵入を抑制するために、タイルを貼り付けた。

[解説] (3) 高炉セメントB種は、ポルトランドセメント単体に比べ、セメントの水和によるアルカリ性生成物が少ないため、**中性化が進行しやすい。**

(4) タイルは、表面がガラス化しており、コンクリート表面にタイルを貼り付けることは、二酸化炭素の侵入抑制に有効である。 【解答（3）】

(((問題 8))) コンクリートの耐久性に関する次の一般的な記述のうち、**適当なもの はどれか。**

  (1) アルカリシリカ反応によるコンクリートのひび割れは、湿潤状態にある場合 のほうが気乾状態にある場合よりも進行しにくい。

  (2) 中性化の進行は、コンクリートが著しく乾燥している場合や飽水状態の場合 には遅くなる。

  (3) 空気量が同一の場合、気泡間隔係数が大きいほど凍害を生じにくい。

  (4) 凍害によるコンクリートの劣化は、凍結融解の繰返しの影響は受けない。

解説 (1) アルカリシリカ反応の進行には、反応性のある骨材の存在、コンク リート中のアルカリ分、そして水の供給があることの 3 条件が必要である。よっ て、**湿潤状態である場合のほうが気乾状態にある場合より進行しやすい。**

  (3) 空気量が同一の場合、気泡が細かく**気泡間隔係数が小さいほど凍害が生じ にくくなる。**

  (4) 凍害によるコンクリートの劣化は、**凍結融解の繰返しが原因である。**

【解答 (2)】

2章 ひび割れとその抑制対策

出題傾向 近年、ひび割れ単独の出題は少ないが、劣化・耐久性の問題の選択肢での関連記述は多い。発生原因、発生時期、ひび割れ形状・特徴および抑制対策などがポイントである。発生原因では、コンクリートの沈下・ブリーディング、アルカリ骨材反応、乾燥収縮などについての出題頻度が高い。

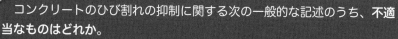

こんな問題が出題されます！

基本問題

コンクリートのひび割れの抑制に関する次の一般的な記述のうち、**不適当なもの**はどれか。

（1）沈降に伴うひび割れの抑制には、単位水量を少なくして、コンクリートを十分に締め固めることが有効である。

（2）打込み後の急速な乾燥に伴うひび割れの抑制には、膜養生を行うことが有効である。

（3）自己収縮によるひび割れの抑制には、水セメント比を小さくすることが有効である。

（4）乾燥収縮によるひび割れの抑制には、単位水量を少なくして、十分な湿潤養生を行うことが有効である。

解説 （3）自己収縮はセメント量が多いほど大きい。水セメント比を小さくするとセメント量が増加し、**自己収縮によるひび割れが生じやすい。【解答（3）】**

重要 ポイント講義

1 ◆ ひび割れ原因と特徴

　ひび割れには原因に応じた特徴がある。しかし、異なる原因でも同じ形状のひび割れが発生したり、同一原因でも異なる形状のひび割れが発生することもあり、ひび割れ形状だけでひび割れ原因を推定することは難しい場合もある。

主なひび割れ原因とひび割れ形状の特徴

ひび割れ原因		ひび割れの特徴
材料・コンクリート性状	セメントの水和熱	・打込み後数日～数週間で直線状のほぼ等間隔のひび割れ発生（マスコンクリートの温度ひび割れ）
	アルカリシリカ反応	・拘束の小さな無筋構造物では亀甲状のひび割れ ・鉄筋コンクリートでは主筋に沿ったひび割れ ・プレストレストコンクリートでは PC 鋼材に沿ったひび割れ ・ひび割れ幅が広く、アルカリシリカゲルの滲出あり
	低品質骨材	・コンクリート表面に、微細で不規則な網目状のひび割れや、骨材位置のポップアウト発生
	コンクリートの沈下・ブリーディング	・打込み後 1～数時間で、コンクリート上面の鉄筋に沿ったひび割れや、コンクリート側面のセパレータ金物周辺のひび割れ発生（沈みひび割れ）
	乾燥収縮・自己収縮	・収縮により働く引張応力の方向に直行するひび割れ ・壁面の開口隅角部角を始端とした斜め方向ひび割れ、垂れ壁・腰壁の垂直方向ひび割れ等 ・乾燥収縮ひび割れは打込み後 1～3 か月程度で発生
施工	不適切な打重ね施工	・打重ねラインに沿ったコールドジョイント
	ごく初期の急激な乾燥	・コンクリート硬化前に生じる、コンクリート表面の微細で不規則な網目状のひび割れ（プラスティック収縮ひび割れ）
	鉄筋のかぶり(厚さ)不足	・鉄筋の錆が進行し、錆の膨張圧で、鉄筋に沿ってかぶりコンクリートのひび割れや剥落が生じる
環境	環境温度・湿度変化による伸縮	・季節や昼夜の温度・湿度の変動で、構造物が伸縮して発生 ・建物では、最上階両端部ハの字形ひび割れ、最下階両端部逆ハの字形ひび割れ、および建物中央の縦方向ひび割れなど
	凍結融解の繰り返し	・部材出隅端部の縁に沿った直線状の微細なひび割れが狭い間隔で平行に発生。コンクリート表面が崩壊するスケーリングもあり ・部材の長手方向に沿った直線状のひび割れなど
	火災	・コンクリート表面の急速な乾燥と温度上昇により亀甲状の微細なひび割れが発生。ときに爆裂発生 ・柱・梁に等間隔に幅の広いひび割れが発生
	中性化・塩化物による鉄筋の錆	・鉄筋の錆に伴う膨張圧で、鉄筋に沿ってかぶりコンクリートにひび割れや剥落が発生
	酸・塩類による化学的侵食	・劣化初期はセメント硬化体膨張による表面の微細ひび割れ ・鉄筋の錆の進行により鉄筋に沿ったひび割れ発生
構造・外力	上載荷重	・梁中央部下側の垂直方向曲げひび割れ ・スラブのたわみに伴う、スラブ上面の周辺梁に沿ったひび割れおよびスラブ下面中央部の放射状のひび割れ ・梁端部下側の斜め方向せん断ひび割れ
	疲労	・道路橋の RC 床版で、大型車両の繰返し走行によって生じるひび割れ。橋軸に直交して直線状に生じた後、縦横や亀甲状になり、最終的には押抜きせん断破壊が発生
	地震	・壁、柱の斜め方向せん断ひび割れ（X 字形ひび割れ）

2 ◆ 重要なひび割れの特徴と抑制策

重要なひび割れとして、沈みひび割れ、プラスティック収縮ひび割れ、乾燥収縮ひび割れおよびアルカリシリカ反応によるひび割れを取り上げ、発生のメカニズム、特徴および抑制方法について学ぶ。

重要なひび割れには、ほかにマスコンの温度ひび割れや荷重による構造ひび割れがあるが、前者は7時限目、後者は8時限目に学習する。

■ 沈みひび割れ

ブリーディングに伴い、水がコンクリート外部に排出されると、コンクリート体積が減少してコンクリート上面の沈下が発生する。この沈下挙動がコンクリート上面近くの鉄筋やセパレータなどで拘束されると、それらに沿ってひび割れが発生する。

また、梁や壁コンクリートとスラブコンクリートを同時に打ち込んだ場合、打込み高さの差が大きく、スラブと梁や壁の上面の沈下量が異なるため、段差を生じて梁際や壁際に沿ってひび割れが発生する。

これらを沈みひび割れという。

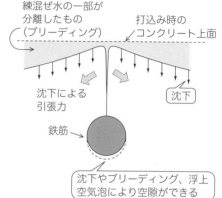

■ 沈みひび割れの概念図 ■

■ 沈みひび割れの特徴と抑制対策 ■

ひび割れの特徴	・沈みひび割れは、ブリーディングの発生量が多いほど発生しやすい。単位水量やスランプが大きい場合、締固めが不十分な場合、打込み速度が速い場合、かぶり厚さが薄い場合、1回の打込み高さ（リフト）が大きい場合など ・打上がり速度が速いと、ブリーディングが打込み層ごとにコンクリート表面まで抜ける時間がなく、打上がり後にブリーディングに伴う表面の沈降量が大きくなり、沈下ひび割れの原因となる ・下部コンクリートがまだ硬化が始まらないうちに重ね打ちすると、下部コンクリートに上部コンクリートの荷重がかかり、その圧力によりブリーディングが促進されて沈下を増加させる
抑制対策	・沈みひび割れ発生時は、まだコンクリートの柔軟性があるため、ひび割れ発生直後にひび割れ発生位置のタンピングや再仕上げで補修が可能である。この補修で、ひび割れの再発生は防止できる ・ただし、打込み直後にタンピングを実施しても、まだブリーディングが発生しておらず、沈みひび割れの抑制には役に立たない

■ プラスティック収縮ひび割れ

硬化前のコンクリート表面が強風や乾燥空気により急激に乾燥し、収縮することで発生するひび割れである。ブリーディングによりコンクリート表面に移動する水量より、空中に散逸する水量が大きいと、表面近傍にコンクリートのこわばり（乾燥による体積減少と固化）が生じてひび割れになる。

■ プラスティック収縮ひび割れの特徴と抑制対策 ■

ひび割れ の特徴	• プラスティック収縮ひび割れは、ブリーディングが少ないコンクリートほど発生しやすい。高強度コンクリートなど • ひび割れはコンクリート表面に細かな網目状に発生し、ひび割れ幅は微細でひび割れ深さは表層部分に限定される特徴がある
抑制対策	• 打込み直後に、散水や膜養生剤の散布などによりコンクリート表面からの水分の蒸発対策を施すことが効果的である

■ 乾燥収縮ひび割れ

コンクリートは、硬化後、内部の余分な水分がコンクリート表面から徐々に散逸して収縮する。収縮が拘束されなければ、単に収縮するだけで理論上ひび割れは生じないが、壁やスラブなどの薄い部材が周囲の収縮しにくい柱や梁などに拘束されると、部材内部に引張応力を生じ、ひび割れを発生する。

■ 乾燥収縮ひび割れの特徴と抑制対策 ■

ひび割れ の特徴	• ひび割れは打込み後1～3か月程度の比較的早い時期に発生する • 開口隅角部を始点とする斜め方向ひび割れが発生する • 無開口スラブ・壁では長辺方向の収縮が大きいため、スパンの長辺方向中央に短辺方向の直線状のひび割れが発生する。また4隅での拘束が大きいため、4隅に斜め方向ひび割れが発生する（次ページの図参照） • 建物の腰壁、垂れ壁、道路橋高欄などでは、縦方向ひび割れがほぼ同じ間隔で発生する
抑制対策	• 乾燥収縮は、コンクリートの単位水量、セメント、骨材などの品質の影響を受けるが、特に単位水量が増大すると大きくなる。よって、単位水量の低減は、乾燥収縮ひび割れ抑制に有効である • 単位水量を低減させるため、AE減水剤などの適切な化学混和剤の使用、細骨材率の低減など、使用材料や配(調)合を工夫するとよい • 初期の湿潤養生を十分に行うと、セメントの水和反応が進み、コンクリート組織が密となり、乾燥収縮を小さくできる • ひび割れを分散させるために単位断面積当たりの鉄筋量を増加させる、開口隅角部にひび割れ抑制用補強筋を縦、横および斜め方向に配筋する、などが有効である • ひび割れ発生位置を制御するため、ひび割れ誘発目地を設ける

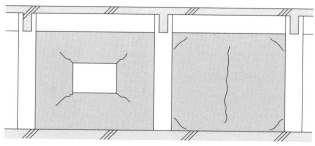

■ 壁面における乾燥収縮ひび割れの例 ■

（出典：日本コンクリート工学会「コンクリートのひび割れ調査、補修・補強指針 –2013–」p. 48（2013））

■ アルカリシリカ反応によるひび割れ

　骨材に含まれるアルカリシリカ反応性のある鉱物がコンクリート中のアルカリ分と反応して、膨張性のある反応生成物を生じ、コンクリートを膨張させることで生じる。

■ アルカリシリカ反応によるひび割れの特徴および抑制対策 ■

ひび割れの特徴	・ひび割れの形状は拘束条件により異なる ・拘束の少ない無筋コンクリート構造物では部材が膨れることにより亀甲状のひび割れとなる ・鉄筋量の多い鉄筋コンクリートやプレストレスト構造物では鉄筋や PC 鋼材によって拘束され、軸方向鉄筋や PC 鋼材に沿った方向性のあるひび割れとなる ・ひび割れから反応生成物のアルカリシリカゲルが滲出してエフロレッセンスを生じる ・コンクリート内部の反応性骨材では、破断面に反応生成物による環状の変色部が見られることがある ・ひび割れはコンクリートの膨張に伴い構造物の表面から内部へ進展し、コンクリートの強度や弾性係数が著しく低下する ・鉄筋コンクリート構造物では、内部コンクリートの膨張により鉄筋の曲げ加工部分や圧接部が破断することがある
抑制対策	・JIS A 5308 附属書 B（アルカリシリカ反応抑制対策の方法）では、以下の 3 項目を規定している 　　① コンクリート中のアルカリ総量 3.0 kg/m³ 以下 　　② 抑制効果のある混合セメントや混和材の使用 　　③ 安全と判定された骨材の使用 ・コンクリート中への水分の浸入を防止するため、防水仕上げを施すことも有効である

(((問題 1))) 　一般の鉄筋コンクリートの各種部材に発生するひび割れに関する次の記述のうち、**不適当なものはどれか。**

(1) 床スラブにおいて、コンクリート打込み後の沈下によるひび割れは、鉄筋の上部に生じやすい。

(2) 開口部を有する壁において、乾燥収縮によるひび割れは、開口部の隅角部から斜めに生じやすい。

(3) 部材によらず、鉄筋腐食によるひび割れは、鉄筋に沿って生じやすい。

(4) 両端が強く拘束されている部材において、アルカリシリカ反応によるひび割れは、亀甲状に生じやすい。

解説▶(4) プレストレストコンクリートなどの両端が強く拘束されている部材のアルカリシリカ反応によるひび割れは、**PC 鋼材や鉄筋などの拘束材に沿って生じやすい。**　　　　　　　　　　　　　　　　　　　　　　　**【解答（4）】**

(((問題 2))) 　下表は、コンクリートのひび割れの原因、発生時期、ひび割れパターン（例）の一般的な組合せを示したものである。これらのうち、**不適当なものはどれか。**

	原　因	発生時期（打込み後）	ひび割れパターン（例）
(1)	乾燥収縮	2～3か月	開口隅角部の斜めひび割れ
(2)	塩害による鉄筋腐食	数年～数十年	鉄筋に沿ったひび割れ
(3)	表面と内部の温度差から生じる内部拘束	2～3週間	部材断面を貫通するひび割れ
(4)	コンクリートの沈降	数時間	鉄筋に沿った部材上面のひび割れ

解説▶(3) 内部拘束によるマスコンクリートの温度ひび割れは、コンクリートの表面と内部の温度差で生じる内部拘束応力によって生じるひび割れであり、部材内部の温度が上昇から最高温度を示すまでの時期（打込み後数日間）に発生する。また、貫通ひび割れではなく、**表面ひび割れとなる。**

　なお、発生時期とひび割れパターンの記述は、外部拘束によるマスコンクリートの温度ひび割れの内容である。　　　　　　　　　　　　　　　　　**【解答（3）】**

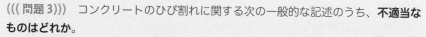

(((問題 3))) コンクリートのひび割れに関する次の一般的な記述のうち、**不適当なものはどれか。**

(1) ブリーディングに伴う沈下ひび割れの抑制には、打上がり速度を速くすることが有効である。

(2) ブリーディングに伴う沈下ひび割れの抑制には、打込み後のタンピングが有効である。

(3) 乾燥収縮によるひび割れの抑制には、初期の湿潤養生が有効である。

(4) 乾燥収縮によるひび割れの抑制には、単位水量の低減が有効である。

解説（1）**打上がり速度を速くすると、**ブリーディング水が打込み層ごとに上面に至る時間が確保されず、打上がり後のブリーディングに伴う表面の沈降量が大きくなり、**沈下ひび割れの原因となる。**　　　　　　　【解答（1）】

(((問題 4))) 開口部を有する鉄筋コンクリートの壁に発生する乾燥収縮ひび割れとして、**適当なものはどれか。**

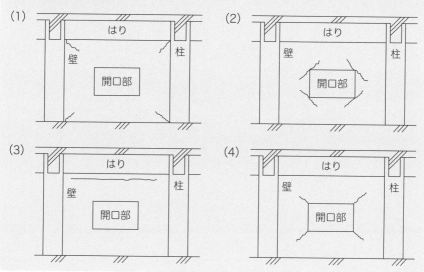

解説 柱梁に囲まれた壁面では柱梁によって壁の乾燥収縮による変形が拘束されて壁に引張応力が生じ、ひび割れがもっとも弱い位置に引張応力の方向に対して垂直の方向に生じる。壁に開口がある場合は、開口の隅角部に引張応力が集中するため、**隅角部を起点とした斜め方向ひび割れが生じる。**よって、（4）が適当である。　　　　　　　　　　　　　　　　　　　　　　　　【解答（4）】

4時限目
コンクリートの配(調)合

　4時限目は、コンクリートの配(調)合について学びます。配(調)合設計では、配(調)合条件の設定方法がまず重要であり、つぎに、配(調)合計算方法をマスターする必要があります。計算問題を敬遠する受験者もいますが、基本的には単純な比例計算ですので、トライしましょう。

　配(調)合に関しては、土木学会示方書とJASS5では、個別の規定値だけでなく基本的な考え方から用語まで異なっている箇所があります。コンクリート技士試験では両者の知識が必要な場合もあるため、必要に応じて両者を併記しました。なお、配(調)合条件とコンクリート性状の関係については、2時限目の重要ポイント講義も参考にしてください。

1章 配(調)合条件の設定

出題傾向 毎年1問の出題があり、基本的な考え方や知識を問う問題が多い。配(調)合条件の設定では、配(調)合設計の一般的な手順、配(調)合条件によるコンクリート性状の変化、配(調)合条件や使用材料品質の変化に応じた配(調)合補正方法などについて出題される。

こんな**問題**が**出題**されます！

基本問題

コンクリートの配(調)合の一般的な定め方の手順を示した下図において、空欄 (A)〜(D) に入る語句 a〜d の組合せのうち、**適当なものはどれか。**

```
              START
                │
              ┌─────┐        ┌─────────────────────────┐
              │ (A) │────────│ 構造物の種類、部材寸法、   │
              └─────┘        │ 鉄筋のあき、かぶり         │
                │            └─────────────────────────┘
    ┌──────────────────────┐ ┌─────────────────────────┐
    │ セメントの種類、スランプ(スラ│─│ 構造物の種類、環境条件、   │
    │ ンプフロー)、空気量の選定  │ │ 施工方法                │
    └──────────────────────┘ └─────────────────────────┘
                │
              ┌─────┐        ┌─────────────────────────┐
   ※         │ (B) │────────│ 設計基準強度、変動係数、気温、│
              └─────┘        │ 材齢、構造物の重要度       │
       ※       │            └─────────────────────────┘
              ┌─────┐        ┌─────────────────────────┐
              │ (C) │────────│ 配(調)合強度、耐久性、透水性 │
              └─────┘        └─────────────────────────┘
                │
    ┌──────────────────────┐ ┌─────────────────────────┐
    │ 単位水量、混和剤量の決定   │─│ スランプ(スランプフロー)、  │
    └──────────────────────┘ │ 空気量、混和剤            │
                │            └─────────────────────────┘
    ┌──────────────────────┐ ┌─────────────────────────┐
    │ 単位セメント量、混和材量の決定│─│ 単位水量、水セメント比、混和材│
    └──────────────────────┘ └─────────────────────────┘
       ※        │
              ┌─────┐        ┌─────────────────────────┐
              │ (D) │────────│ ワーカビリティー、骨材形状、 │
              └─────┘        │ 骨材粒度                │
                │            └─────────────────────────┘
    ┌──────────────────────┐ ┌──────────────┐
    │ 試し練りの配(調)合計算    │─│    内は考慮すべき│
    └──────────────────────┘ │ 事項を示す      │
                │            └──────────────┘
                ▼
```

※は条件の満足度によって異なる

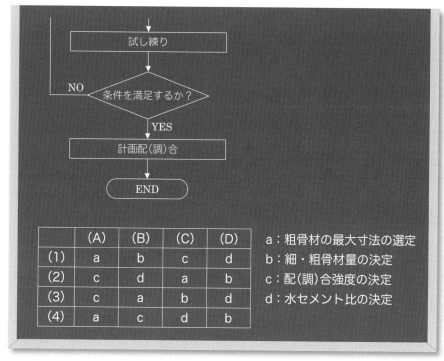

	(A)	(B)	(C)	(D)
(1)	a	b	c	d
(2)	c	d	a	b
(3)	c	a	b	d
(4)	a	c	d	b

a：粗骨材の最大寸法の選定
b：細・粗骨材量の決定
c：配(調)合強度の決定
d：水セメント比の決定

解説 配(調)合の手順は重要である。設問の解答だけでなく、考え方や流れをよく理解しておこう。正答はフロー図右のヒントを参考に判断すれば容易に得られる。

A：構造物の種類、部材寸法、鉄筋のあき、かぶりに関連する要因は、粗骨材の最大寸法である。

B：設計基準強度や品質のばらつき、平均気温、材齢、構造物の重要度に関連する要因は、配(調)合強度である。

C：配(調)合強度、耐久性および透水性に最も影響するのは水セメント比である。

D：細・粗骨材量は、ワーカビリティー、骨材形状、骨材粒度を考慮して設定する。

以上より、正解は（4）である。

【解答（4）】

1 ◆ 配(調)合設計の手順

　JASS5 と土木学会示方書とでは配(調)合設計の手順の考え方が異なっているが、基本的には、配(調)合条件を設定したうえで、配(調)合条件に沿って配(調)合計算を行い、試し練りで品質を確認する。基本問題の手順がわかりやすいので、理解しておくとよい。

2 ◆ 配(調)合条件の定め方

　ここでは、配(調)合条件の設定方法を、配(調)合の決定手順に沿ってまとめる。

粗骨材の最大寸法

　単位水量や単位セメント量を小さくして所要のスランプを確保するためには、**粗骨材の最大寸法は大きいほうがよい**。しかし、鉄筋コンクリート構造では、コンクリートの充填性を確保するため、**鉄筋間や鉄筋と型枠の間を容易に通る大きさ**とする必要がある。なお、粗骨材の最大寸法を大きくして同一スランプを維持するには、単位水量を少なくするとよい。

　JASS5 では、粗骨材の最大寸法は、**鉄筋のあきの 4/5 以下かつ最少かぶり厚さ以下**とし、部位ごとに選定する範囲を示している。

使用箇所による粗骨材の最大寸法（JASS5）

使用部位	砂利〔mm〕	砕石・高炉スラグ粗骨材〔mm〕
柱・梁・壁・スラブ	20、25	20
基礎	20、25、40	20、25、40

　土木学会示方書では、鉄筋コンクリートでは部材最小寸法の 1/5 を、無筋コンクリートでは 1/4 を超えないこととしている。また、**鉄筋の最小あきやかぶりの 3/4 を超えない**こととして、最大寸法の標準を示している。

粗骨材の最大寸法（土木学会示方書）

構造条件	粗骨材の最大寸法
最少断面寸法が 500 mm 程度以上、かつ、鋼材の最小あきおよびかぶりの 3/4＞40 mm の場合	40 mm
上記以外の一般の場合	20 mm または 25 mm

スランプ

スランプは、コンクリートを打ち込む構造物の形状、配筋条件、打込み方法などに応じて、**作業に適するワーカビリティーが得られる範囲**で、**できるだけ小さい値を設定する**ことが基本である。スランプを大きくすると分離しやすく乾燥収縮も大きくなる。一方、小さすぎると十分な充填性を得られず、豆板やコールドジョイントなどの不具合を生じる可能性がある。

スランプに関する JASS5 と土木学会示方書の規定

JASS5	・普通コンクリートのスランプは調合管理強度 33 N/mm² 未満の場合 18 cm 以下、33 N/mm² 以上の場合 21 cm 以下としている ・打込み・締固めが比較的容易な基礎などはより小さな値を推奨 ・スランプは荷卸し時を基準とするが、打込み時までのスランプ低下を考慮して、練上がりスランプを定める
土木学会示方書	・コンクリートの製造から打込みまでのスランプ低下を考慮して、打込みの最小スランプが確保できる荷卸しの目標スランプや練上がりの目標スランプを設定することとして、スラブ、柱などの部材別に配筋条件や施工条件に応じて打込みの最小スランプの目安を示している

配(調)合強度

配(調)合強度は、建築・土木とも、ばらつきを考慮し、不合格となる確率を設定のうえ、基準とする強度に対して一定の割り増しをして設定している。

① JASS5 の方法

調合強度を標準養生した供試体の材齢 m 日における圧縮強度で表し、下の（1式）と（2式）を満足するように定める。材齢 m 日は原則として 28 日とする。

（1式）は試験結果が調合管理強度を下回る確率（不良率）を 4% とした式であり、（2式）は許容される最小限値を調合管理強度の 85% とした式である。

（1式）$F \geq F_m + 1.73\sigma \ [\mathrm{N/mm^2}]$

（2式）$F \geq 0.85F_m + 3\sigma \ [\mathrm{N/mm^2}]$

ここに、F：コンクリートの調合強度 $[\mathrm{N/mm^2}]$

$\quad\quad F_m$：コンクリートの調合管理強度 $[\mathrm{N/mm^2}]$

$\quad\quad\quad \sigma$：使用するコンクリートの圧縮強度の標準偏差 $[\mathrm{N/mm^2}]$

$\quad\quad\quad$（実績のない場合は、$2.5 \ \mathrm{N/mm^2}$ または $0.1 \ F_q$ の大きいほうの値を採用）

■ 調合管理強度（F_m）

$$F_m = F_q + {}_mS_n \ (\text{N/mm}^2)$$

F_m：コンクリートの調合管理強度〔N/mm²〕

F_q：コンクリートの品質基準強度〔N/mm²〕

（品質基準強度は、設計基準強度または耐久設計基準強度のうち、大きい方の値とする）

${}_mS_n$：標準養生した供試体の材齢 m 日における圧縮強度と構造体コンクリートの材齢 n 日における圧縮強度の差による構造体強度補正値〔N/mm²〕。ただし、${}_mS_n$ は 0 以上の値とする。一般的には、${}_{28}S_{91}$ を採用している

※耐久設計基準強度

計画供用期間の級	耐久設計基準強度
短　期（おおよそ30年）	18 N/mm²
標　準（おおよそ65年）	24 N/mm²
長　期（おおよそ100年）	30 N/mm²
超長期（おおよそ200年）	36 N/mm²

② 土木学会示方書の方法

コンクリートの配合強度は、設計基準強度および現場におけるコンクリート品質のばらつきを考えて定める。

$$f'_{cr} = \alpha \times f'_{ck} \ (\text{N/mm}^2)$$

ここに、f'_{cr}：配合強度〔N/mm²〕

f'_{ck}：設計基準強度〔N/mm²〕

α：割増し係数

一般には、現場におけるコンクリートの圧縮強度の試験値が、設計基準強度 f'_{ck} を下回る確率（不良率）が 5% 以下となるように定める。この条件を標準偏差（σ）で表すと、下式となる。

$$f'_{cr} = f'_{ck} + 1.645 \times \sigma \ (\text{N/mm}^2)$$

■ 水セメント比

水セメント比は、配（調）合強度、および耐久性その他の要求性能を満足するように定める。

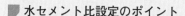

■ 水セメント比設定のポイント

- コンクリートの強度は、一定の範囲であれば水セメント比（W/C）の逆数（セメント水比（C/W））に比例する（セメント水比説）。
- セメント水比と強度の関係は、使用材料、空気量など、ほかの要因で異なる。
- 水セメント比が小さいとコンクリートの強度、耐久性、水密性が向上する。
- 水セメント比が大きいと、硬化後の組織が疎になり、耐久性に劣る。

■ 水セメント比に関する JASS5 と土木学会示方書の規定 ■

JASS5	・調合強度が得られる値とする ・水セメント比の最大値は、セメント種類と計画供用期間による（下表参照）
土木学会示方書	・コンクリートに要求される強度、耐久性、物質透過抵抗性等を考慮して、これらから定める水セメント比のうちで最小の値を選ぶ ・水セメント比は、原則として65%以下でなければならない

■ 水セメント比の最大値（JASS5）■

セメントの種類		水セメント比の最大値〔%〕	
		短期・標準・長期	超長期
ポルトランドセメント	早強ポルトランドセメント 普通ポルトランドセメント 中庸熱ポルトランドセメント	65	55
	低熱ポルトランドセメント	60	
混合セメント	高炉セメントA種 フライアッシュセメントA種 シリカセメントA種	65	―
	高炉セメントB種 フライアッシュセメントB種 シリカセメントB種	60	

■ 空気量

　空気量は、所要のワーカビリティーと耐凍害性が得られる範囲でできるだけ小さな値とし、**4.5%** を標準とする。

■ 荷卸し地点での空気量およびその許容値（JIS A 5308）■

コンクリートの種類	空気量	空気量の許容差
普通コンクリート	4.5%	±1.5%
軽量コンクリート	5.0%	
舗装コンクリート	4.5%	
高強度コンクリート	4.5%	

▮ 空気量設定のポイント

- 空気量を増すとスランプが増加するため、コンクリートのワーカビリティーは改善する。また、同一スランプを得るために単位水量を減らすことができる。
- 空気量が1%増加するとコンクリート圧縮強度は4～6%程度低下する。
- 空気量が多いほど耐凍害性は向上する。
- 空気量を過剰にすると、フレッシュコンクリート品質はそれほど改善されなくなり、逆に硬化後の圧縮強度低下、乾燥収縮率増加などを引き起こす。よって、空気量は耐凍害性が得られる範囲でなるべく小さな値とするとよい。

▮ 空気量に関する JASS5 と土木学会示方書の規定 ▮

JASS5	• 基本的には JIS A 5308 によることとし、特記のない場合は4.5%とする。各種コンクリートでは要求性能に応じて定める
土木学会示方書	• AE コンクリートの空気量は、粗骨材の最大寸法、その他に応じてコンクリート容積の4～7%を標準とする

▮ 単位水量

単位水量を大きくすると、材料分離しやすく、乾燥収縮が大きくなる傾向がある。そのため、単位水量は、所要のワーカビリティーが得られる範囲内で、できるだけ小さくすることが基本である。

▮ 単位水量に関する JASS5 と土木学会示方書の規定 ▮

JASS5	• 単位水量は185 kg/m³ 以下とし、所要のコンクリート品質が得られる範囲でできるだけ小さくする • 各種コンクリートでは、高強度コンクリート、高流動コンクリート、鋼管充填コンクリートは原則として175 kg/m³ 以下、水中コンクリートは200 kg/m³ 以下など、必要に応じて定めている
土木学会示方書	• 単位水量は、作業ができる範囲内でできるだけ小さくなるように、試験によって定める • コンクリートの単位水量は175 kg/m³ 以下を標準とし、単位水量がこの上限値を超える場合には、所要の耐久性を満足していることを確認しなければならない

▮ 単位セメント量

▮ 単位セメント量設定のポイント

- 単位セメント量は、単位水量と水セメント比の関係式から定める。
- 単位セメント量は、水和熱や乾燥収縮によるひび割れを抑制するため、所要の強度やワーカビリティーが得られる範囲でできるだけ少なくする。

- 単位セメント量は、水セメント比と単位水量で定まるため、単位水量を小さくすることが重要となる。
- 単位セメント量が過少になると、ワーカビリティーが悪くなり、豆板などの不具合の発生や耐久性の低下につながるため注意する。

単位セメント量に関する JASS5 と土木学会示方書の規定

JASS5	・一般のコンクリートでは最小値を 270 kg/m³ とし、高性能 AE 減水剤を用いる場合は 290 kg/m³ 以上とする ・軽量コンクリートや水中コンクリートでは、分離防止のため、より大きめの最小値を定めている
土木学会示方書	・単位セメント量は、粗骨材の最大寸法 20、25 mm の場合 270 kg/m³ 以上、40 mm の場合 250 kg/m³ 以上とし、300 kg/m³ 以上が推奨されている ・マスコンクリートの単位セメント量は、所要の品質を満足する範囲内でできるだけ少なくする

細・粗骨材量

　骨材量が多いと乾燥収縮が小さくなるため、所要のワーカビリティーが得られる範囲で骨材量を多くするとよい。

　細・粗骨材の容積は、1 m³ のコンクリート中、水、セメント、混和材および空気以外の容積となる。細骨材と粗骨材の割合の設定方法は、細骨材率による方法と単位粗骨材かさ容積による方法とがある。

①　細骨材率による方法

　細骨材率（s/a）は、コンクリート中の全骨材量に対する細骨材の割合を絶対容積比で表したものである。

細骨材率設定のポイント

- 細骨材率は、所要のワーカビリティーが得られる範囲内で、単位水量が最小になるよう、試験によって定める。
- 細骨材率が大きくなると、粘性に富んだ分離しにくいコンクリートになり、細骨材率が小さくなると流動性が増すが分離しやすくなる。
- 細骨材率は、砂の粗粒率、粗骨材の最大寸法、粒の形状（実積率）、水セメント比、スランプ、空気量等の影響を受ける。

　土木学会示方書には、砂（粗粒率 2.8 程度）、砕石を使用した水セメント比55％程度、スランプ約 8 cm の AE コンクリートの標準的な骨材量および品質の変動に伴う補正方法が示されている。

コンクリートの標準的な骨材量、空気量および単位水量（土木学会示方書）

粗骨材の最大寸法（mm）	単位粗骨材かさ容積（m³/m³）	AE コンクリート				
		空気量（%）	AE 剤を用いる場合		AE 減水剤を用いる場合	
			細骨材率 s/a（%）	単位水量 W（kg/m³）	細骨材率 s/a（%）	単位水量 W（kg/m³）
15	0.58	7.0	47	180	48	170
20	0.62	6.0	44	175	45	165
25	0.67	5.0	42	170	43	160
40	0.72	4.5	39	165	40	155

材料及び配（調）合の変化に対する細骨材率及び単位水量の補正の目安（土木学会示方書）

区　分	s/a の補正〔%〕	Wの補正
砂の粗粒率が0.1だけ大きい（小さい）ごとに	0.5だけ大きく（小さく）する	補正しない
スランプが1 cmだけ大きい（小さい）ごとに	補正しない	1.2%だけ大きく（小さく）する
空気量が1%だけ大きい（小さい）ごとに	0.5〜1だけ小さく（大きく）する	3%だけ小さく（大きく）する
水セメント比が0.05大きい（小さい）ごとに	1だけ大きく（小さく）する	補正しない
s/a が1%大きい（小さい）ごとに	—	1.5 kgだけ大きく（小さく）する
川砂利を用いる場合	3〜5だけ小さくする	9〜15 kgだけ小さくする

②　単位粗骨材かさ容積による方法

　単位粗骨材かさ容積とは、コンクリート1 m³をつくるときに用いる粗骨材のかさの容積のことであり、単位粗骨材量を単位容積質量で除した値である。

■ 単位粗骨材かさ容積設定のポイント

- 単位粗骨材かさ容積は主に、砂の粗粒率、粗骨材の最大寸法、スランプの影響を受ける。細骨材率に比べ影響要因が少なく、配（調）合設計が簡便である。
- 適切なワーカビリティーを維持するための調整方法の例を示す。
  - 水セメント比や空気量が変化しても、ある程度の範囲であれば単位粗骨材かさ容積は一定でよい。ただし、水セメント比が過大となりコンクリートの粘性不足の場合には、単位粗骨材かさ容積を減じる。
  - 砂の粗粒率が大きくなったら、単位粗骨材かさ容積を増す。
  - 粗骨材の最大寸法が大きくなるほど、単位粗骨材かさ容積を増す。

　1章　配（調）合条件の設定

混和材・混和剤の使用量

化学混和剤の使用量は、使用材料の品質や気温によって所要の性能を得るための使用量が多少変動するため、試し練りによって定める。その他の混和材料の使用量は、コンクリートの種類や使用目的によって異なるため、信頼できる資料によるか、試し練りを行って、所要の性能が得られるように定める。

3 ◆ 配(調)合補正方法

レディーミクストコンクリート工場では、計画調合（示方配合・標準配合）から実際に計量するための現場配(調)合（計量配合）とするために、通常、以下の補正を実施している。

① 出荷時コンクリート温度による補正（修正標準配合）

② 骨材粒度、骨材の表面水率による補正（補正配合、指示配合）

③ 練上がり容積の割増し、バッチ容積への変換による補正（計量配合）

■ 骨材表面水率による配(調)合補正方法

計画配(調)合での骨材量は、表乾状態の質量で示されている。一方、計量時の骨材は、通常、表面水のついた湿潤状態である。計画配(調)合とおりの計量をするためには、骨材の表面水量の分だけ水の計量値を少なくし、この分、骨材を多く計量しなければならない。これが表面水による補正である。

単位水量と単位細・粗骨材量の補正値は、次式によって求める。

$$W = W_0 - \left(\frac{p}{100} \cdot S_0 + \frac{q}{100} \cdot G_0\right) \ (\mathrm{kg/m^3})$$

$$S = \left(1 + \frac{p}{100}\right) \times S_0 \ (\mathrm{kg/m^3})$$

$$G = \left(1 + \frac{q}{100}\right) \times G_0 \ (\mathrm{kg/m^3})$$

ここに、W、G、S：補正後の水量、細骨材量、粗骨材量 $(\mathrm{kg/m^3})$

W_0、S_0、G_0：標準配合の単位水量、単位細骨材量、単位粗骨材量 $(\mathrm{kg/m^3})$

p、q：細骨材および粗骨材の表面水率 $(\%)$

(((問題1))) コンクリートの配(調)合に関する次の一般的な記述のうち、**不適当なものはどれか。**

(1) 単位水量は、所要のワーカビリティーが得られる範囲内で、できるだけ小さい値とする。

(2) 水セメント比は、所要の強度、耐久性、水密性などを満足するそれぞれの値のうち、最も小さい値を上回らないように定める。

(3) 空気量を大きくすれば、同一スランプを得るための単位水量を減らすことができる。

(4) 実積率の小さい粗骨材を用いれば、同一スランプを得るための単位水量を減らすことができる。

解説 (4) 実積率の小さな粗骨材は粒形がよくないため、コンクリートの流動性を低下させスランプが小さくなる。同一スランプを得るためには**単位水量を増やす必要がある。**

【解答（4）】

(((問題2))) 配(調)合がコンクリートの性質に及ぼす影響に関する次の一般的な記述のうち、**不適当なものはどれか。**

(1) 水セメント比を小さくすると、すり減りに対する抵抗性は小さくなる。

(2) 単位セメント量を大きくすると、水和熱による温度上昇が大きくなる。

(3) 粗骨材の最大寸法を大きくすると、透水係数は大きくなる。

(4) 空気量を減少させると、耐凍害性は低下する。

解説 (1) 水セメント比を小さくするとコンクリート組織が密実となり、**すり減りに対する抵抗性は大きくなる。**

(3) 粗骨材の寸法が大きくなると、骨材粒の下側にブリーディング水が溜まりやすく、硬化後の空隙が大きくなり、水密性が低下して透水係数は大きくなる。

【解答（1）】

(((問題3))) 　同一のスランプを得るためのコンクリートの配(調)合修正に関する次の一般的な記述のうち、**不適当なものはどれか。**

(1) 細骨材が微粒分の多いものに変わると、単位水量は大きくなる。
(2) 粗骨材が実積率の大きいものに変わると、単位水量は小さくなる。
(3) 粗骨材が川砂利から砕石に変わると、細骨材率は小さくなる。
(4) 粗骨材が最大寸法の大きいものに変わると、単位水量は小さくなる。

解説 (3) 粗骨材を川砂利から砕石に変えると、粒形の悪さからスランプが小さくなる。細骨材率を小さくするとスランプが大きくなるが、分離しやすく荒いスランプとなる。よって、**細骨材率を大きくして粘性を持たせたうえで単位水量を大きくする**修正を施す必要がある。　　　　　　　　　　　　　　【解答 (3)】

(((問題4))) 　同一のスランプを得るためのコンクリートの配(調)合の修正における細骨材率の補正に関する次の記述のうち、**不適当なものはどれか。**

(1) 水セメント比を小さくすることになったので、細骨材率を小さくした。
(2) 空気量を大きくすることになったので、細骨材率を小さくした。
(3) 粗粒率の小さい細骨材を使用することになったので、細骨材率を小さくした。
(4) 粗骨材を川砂利から砕石に変えることになったので、細骨材率を小さくした。

解説 細骨材率を大きくするとスランプが小さくなり、細骨材率を小さくするとスランプが大きくなる、ということが基本的な考え方である。

(1) 水セメント比を小さくするとセメント量が増えてスランプが小さくなるため、細骨材率は小さくするとよい。

(2) 空気量が大きくなるとスランプも大きくなる。同一ワーカビリティーとするためには、単位水量を少なくしたうえで、細骨材率を小さくするとよい。

(3) 細骨材の粗粒率を小さくするとスランプは小さくなるため、細骨材率は小さくするとよい。

(4) 粗骨材を川砂利から砕石に変更すると、スランプ低下とともにワーカビリティーが悪化するので、通常は、ワーカビリティーを良好にするためモルタル分を多くする。そのため、単位水量、単位セメント量を増加させたうえで、**細骨材率を大きくする**とよい。　　　　　　　　　　　　　　　　　【解答 (4)】

4時限目　コンクリートの配(調)合

(((問題5))) 水セメント比 40.0% および 50.0% のコンクリートの材齢 28 日における圧縮強度の試験結果が、それぞれ 45.0 N/mm^2 および 30.0 N/mm^2 であった。これらの試験結果から、材齢 28 日の圧縮強度が 36.0 N/mm^2 となる水セメント比として、**正しいものはどれか**。なお、強度推定式は、セメント水比説に基づくものとする。

　(1) 43.5%　　　(2) 44.0%　　　(3) 45.5%　　　(4) 46.0%

解説 セメント水比説は、「圧縮強度はセメント水比に比例する」という理論である。この理論に基づくと、強度式は式①で示される。

$$m = a + b \times C/W \quad \cdots\cdots\cdots\cdots\cdots\cdots\cdots\cdots\cdots\cdots\cdots\cdots\cdots\cdots\cdots 式①$$

　ここに、m：圧縮強度〔N/mm^2〕

　　　　C/W：セメント水比（水セメント比（W/C）の逆数）

　　　a、b：比例定数

　設問の与条件から、$W/C = 40.0\%$（$C/W = 2.5$）のとき圧縮強度 45.0 N/mm^2、$W/C = 50.0\%$（$C/W = 2.0$）のとき圧縮強度が 30.0 N/mm^2 である。これらを式①に代入して、二つの式を連立方程式として解き a、b を求める。

$$45.0 = a + b \times 2.5$$
$$30.0 = a + b \times 2.0$$

　上記 2 式より、$a = -30$、$b = 30$ となり、式①は

$$m = -30 + 30 \times C/W \quad \cdots\cdots\cdots\cdots\cdots\cdots\cdots\cdots\cdots\cdots\cdots\cdots 式②$$

となる。

　次に、式②を用いて $m = 36.0$ N/mm^2 のときのセメント水比を求めると、$C/W = 2.2$ が得られる。求める水セメント比は、セメント水比の逆数であるから、$1/2.2 = 0.455$（45.5%）となる。

　よって、正解は（3）である。　　　　　　　　　　　　　　　　【解答 （3）】

2章 配(調)合の計算方法

> **出題傾向** 毎年1問が出題されている。設問の中で与えられる配(調)合条件や配(調)合表から、各材料の質量や容積を計算する問題である。混和材の使用、骨材の表面水率の補正など、内容をプラスアルファした問題もあるが、基本的には単純な比例計算であり、ここに記した手順に沿って進めると必ず正解が得られる。

こんな問題が出題されます！

基本問題

下表のコンクリートの配(調)合に関する次の記述のうち、**不適当なもの**はどれか。ただし、セメントの密度は $3.16\,\mathrm{g/cm^3}$、細骨材の表乾密度は $2.59\,\mathrm{g/cm^3}$、粗骨材の表乾密度は $2.64\,\mathrm{g/cm^3}$ とする。

水セメント比 〔%〕	空気量 〔%〕	細骨材率 〔%〕	単位量 〔kg/m³〕			
			水	セメント	細骨材	粗骨材
50.0	4.5	45.9	174			

(1) 単位粗骨材量は、$958\,\mathrm{kg/m^3}$ である。

(2) 単位細骨材量は、$851\,\mathrm{kg/m^3}$ である。

(3) コンクリートの単位容積質量は、$2278\,\mathrm{kg/m^3}$ である。

(4) 単位セメント量は、$348\,\mathrm{kg/m^3}$ である。

解説 コンクリートの配(調)合条件から計画配(調)合を求める問題である。与条件を記入した配(調)合表あるいは配(調)合計算図（重要ポイント講義を参照）を作成し、計算結果で空欄を埋めていくとよい。

以下に標準的な計算手順を示す。

①単位水量（W）は、与条件から $W=174\,\mathrm{kg/m^3}$、$V_w=174\,\mathrm{L/m^3}$

②単位セメント量（C）は、$W/C=50.0\%$ より $C=174/0.50=348\,\mathrm{kg/m^3}$

③セメント容積（V_C）は、$V_C=C/\rho_C=348/3.16 \fallingdotseq 110\,\mathrm{L/m^3}$

④空気量容積（V_a）は、与条件空気量 4.5% から、$V_a=45\,\mathrm{L/m^3}$

⑤骨材容積（V_A）は、$V_A = 1\,000 - (V_W + V_C + V_a)$

$\qquad\qquad\qquad\qquad = 1\,000 - (174 + 110 + 45) = 671\ \mathrm{L/m^3}$

⑥細骨材容積（V_S）は、$V_S = V_A \times 細骨材率 = 671 \times 0.459 \fallingdotseq 308\ \mathrm{L/m^3}$

⑦粗骨材容積（V_G）は、$V_G = V_A - V_S = 671 - 308 = 363\ \mathrm{L/m^3}$

⑧単位細骨材量（S）は、$S = V_S \times \rho_S = 308 \times 2.59 \fallingdotseq 798\ \mathrm{kg/m^3}$

⑨単位粗骨材量（G）は、$G = V_G \times \rho_G = 363 \times 2.64 \fallingdotseq 958\ \mathrm{kg/m^3}$

⑩単位容積質量は、各材料の単位質量の和であるから、

$$W + C + S + G = 174 + 348 + 798 + 958 = 2\,278\ \mathrm{kg/m^3}$$

与条件	項目	空気	水	セメント	細骨材	粗骨材
$W/C = 50.0\%$	質量（kg/m³）	0	174	348 ②	798 ⑧	958 ⑨
$s/a = 45.9\%$	容積（L/m³）	45	174 ①	110 ③	308 ⑥	363 ⑦
	表乾密度（g/cm³）	0	1.00	3.16	2.59	2.64

以上より、（2）が不適当である。　　　　　　　　　　　　　　　　【解答　（2）】

重要 ポイント講義

ここが最重要！完全にマスターすること

1 ◆ 配(調)合計算の手順と方法

　計算にあたり 1.0 m³ を表す四角形をイメージすると理解しやすい。問題の解答時にもこの絵を書いてから考えるとよい。図中の○数字は計算の順番を示す。

　まず、水セメント比を算出し、そのあとで各構成材料の単位量を計算する。

■ コンクリートの配(調)合計算図

【容積〔L/m³〕】	【1.0 m³(1 000 L)の材料構成】	【質量〔kg/m³〕】

$V_W = W$ ： 水（V_W、W）：①W

③$V_C = C/\rho_C$ ： セメント（V_C、C、ρ_C）：②$C = W/(W/C\,〔\%〕) \times 100$

④V_a ： 空　気（V_a）：（質量なし）

⑤$V_A = 1\,000 - (V_W + V_C + V_a)$： 骨材（$V_A$）｜細骨材（$V_S$、$S$、$\rho_S$）：⑧$S = V_S \times \rho_S$

⑥$V_S = V_A \times 細骨材率$ ： 粗骨材（V_G、G、ρ_G）：⑨$G = V_G \times \rho_G$

⑦$V_G = V_A - V_S$ ：

①：単位水量（W、V_W）

　単位水量（W）、単位セメント量（C）、水セメント比（W/C）のうち、2項

目が必ず与条件となっているので、下の関係式から与条件になっていない項目を計算して求める。単位水量が与条件でない場合は以下の式による。

$$W/C = \frac{W}{C} \times 100 \ 〔\%〕 \quad \rightarrow \quad W = W/C \ 〔\%〕 \times \frac{C}{100} \ 〔\mathrm{kg/m^3}〕$$

また、水の容積（V_W）は、$V_W = W \times \rho_W$ から、単位容積密度 $\rho_W = 1.00$ を用いて計算する。

②、③：単位セメント量（C）、セメント容積（V_C）

与条件となっていない場合は、下の関係式を用いて計算する。

$$C = \frac{W}{W/C \ 〔\%〕} \times 100 \ 〔\mathrm{kg/m^3}〕、\ V_C = \frac{C}{\rho_C} \ 〔\mathrm{L/m^3}〕$$

④：空気量容積（V_a）

通常の場合、JIS の規定に沿って、普通コンクリートでは 4.5％ が選定されている。配(調)合計算では $V_a = 45 \ \mathrm{L/m^3}$ となる。

⑤：骨材容積（V_A）の計算

1 $\mathrm{m^3}$（1 000 L）から、水、セメント、空気の容積を引いて求める。

$$V_A = 1\,000 - (V_W + V_C + V_a) \ 〔\mathrm{L/m^3}〕$$

細骨材と粗骨材の容積の計算は、細骨材率による方法と単位粗骨材かさ容積による方法がある。ここでは細骨材率による方法で説明する。

⑥：細骨材容積（V_S）

$$V_S = V_A \times s/a \div 100 \ 〔\mathrm{L/m^3}〕$$

ここに、s/a：細骨材率〔％〕

$$s/a = \frac{V_S}{V_S + V_G} \times 100 = \frac{V_S}{V_A} \times 100 \ 〔\%〕$$

⑦：粗骨材容積（V_G）

$$V_G = V_A - V_S \ 〔\mathrm{L/m^3}〕$$

⑧、⑨：単位細骨材量（S）、単位粗骨材量（G）

$$S = V_S \times \rho_S \ 〔\mathrm{kg/m^3}〕、\ G = V_G \times \rho_G \ 〔\mathrm{kg/m^3}〕$$

⑩：単位容積質量

$$単位容積質量 = W + C + S + G \ 〔\mathrm{kg/m^3}〕$$

> ■ 単位粗骨材かさ容積による骨材容積の計算
>
> ⑥：粗骨材容積（V_G）
>
> $$V_G = 単位粗骨材かさ容積 \times 粗骨材の実積率〔\%〕 \times 1\,000/100 \ 〔\mathrm{L/m^3}〕$$
>
> ⑦：細骨材容積（V_S） $\quad V_S = V_A - V_G \ 〔\mathrm{L/m^3}〕$

(((問題1)))　下表に示すコンクリートの配(調)合条件が与えられているとき、次の記述のうち、**不適当なものはどれか**。ただし、セメントの密度は $3.15\,\mathrm{g/cm^3}$、細骨材の表乾密度は $2.60\,\mathrm{g/cm^3}$、粗骨材の表乾密度は $2.65\,\mathrm{g/cm^3}$、粗骨材の実積率は 58.0% とする。

水セメント比 （%）	単位水量 （kg/m³）	空気量 （%）	単位粗骨材かさ容積 （m³/m³）
50.0	170	4.5	0.60

(1) 細骨材率は、$48.0 \sim 49.0\%$ である。

(2) 単位細骨材量は、$855 \sim 856\,\mathrm{kg/m^3}$ である。

(3) 単位粗骨材量は、$922 \sim 923\,\mathrm{kg/m^3}$ である。

(4) コンクリートの単位容積質量は、$2330 \sim 2340\,\mathrm{kg/m^3}$ である。

解説　基本的な配(調)合条件から、各材料の質量を求める良問である。単位粗骨材かさ容積を用いた配(調)合計算の例として、十分理解しておくこと。ここでは設問の解答に関係する計算だけでなく、すべての配(調)合計算を示しておく。

① 単位水量（W）は、与条件から $W = 170\,\mathrm{kg/m^3}$、$V_W = 170\,\mathrm{L/m^3}$

② 単位セメント量（C）は、$W/C = 50.0\%$ より $C = 170/0.50 = 340\,\mathrm{kg/m^3}$

③ セメント容積（V_C）は、$V_C = C/\rho_C = 340/3.15 \fallingdotseq 108\,\mathrm{L/m^3}$

④ 空気量容積（V_a）は、与条件空気量 4.5% から、$V_a = 45\,\mathrm{L/m^3}$

⑤ 骨材容積（V_A）は、$V_A = 1\,000 - (V_W + V_C + V_a)$
$$= 1\,000 - (170 + 108 + 45) = 677\,\mathrm{L/m^3}$$

⑥ 粗骨材容積（V_G）は、
$$V_G = 単位粗骨材かさ容積〔m^3/m^3〕× 粗骨材の実積率〔\%〕× 1\,000/100$$
$$= 0.60 × 58.0 × 1\,000/100 = 348\,\mathrm{L/m^3}$$

⑦ 細骨材容積（V_S）は、$V_S = V_A - V_G = 677 - 348 = 329\,\mathrm{L/m^3}$

⑧ 細骨材率（s/a）は、$s/a = V_S/V_A × 100 = 329/677 × 100 \fallingdotseq 48.6\%$

⑨ 単位細骨材量（S）は、$S = V_S × \rho_S = 329 × 2.60 \fallingdotseq 855\,\mathrm{kg/m^3}$

⑩ 単位粗骨材量（G）は、$G = V_G × \rho_G = 348 × 2.65 \fallingdotseq 922\,\mathrm{kg/m^3}$

⑪ 単位容積質量は、各材料の単位質量の和であるから、
$$W + C + S + G = 170 + 340 + 855 + 922 = 2\,287\,\mathrm{kg/m^3}$$

以上より、（4）が不適当である。　　　　　　　　　　　　　　　【解答（4）】

(((問題2))) 下表のコンクリートの配(調)合に関する次の記述のうち、**適当なもの はどれか。** ただし、セメントの密度は 3.15 g/cm³、フライアッシュの密度は 2.25 g/cm³、細骨材の表乾密度は 2.61 g/cm³、粗骨材の表乾密度は 2.69 g/cm³ とし、フライアッシュは結合材とみなす。

水結合材比〔%〕	空気量〔%〕	細骨材率〔%〕	単位量〔kg/m³〕					単位容積質量〔kg/m³〕
			水	セメント	フライアッシュ	細骨材	粗骨材	
45.0	4.5	46.8	162		45			

(1) 単位セメント量は、360 kg/m³ である。

(2) 単位細骨材量は、804 kg/m³ である。

(3) 単位粗骨材量は、944 kg/m³ である。

(4) コンクリートの単位容積質量は、2307 kg/m³ である。

解説 与条件が不規則な場合の配(調)合計算の設問である。このような場合も手順に沿って計算する方法が適用できる。また、この設問では混和材（結合材）としてフライアッシュが使用されていることにも注意すること。

①単位水量（W）は、与条件から $W = 162\,\text{kg/m}^3$、$V_W = 162\,\text{L/m}^3$

②**単位セメント量（C）は、水結合材比 45.0％、単位混和材量（F）$= 45\,\text{kg/m}^3$ から、$W/(C+F) = 45.0\%$ より、$162/(C+45) = 0.45$ となり、 $C = 162/0.45 - 45 = 315\,\text{kg/m}^3$**

③セメント容積（V_C）は、$V_C = C/\rho_C = 315/3.15 = 100\,\text{L/m}^3$

③'フライアッシュ容積（V_F）は、$F = 45\,\text{kg/m}^3$ から、 $V_F = F/\rho_F = 45/2.25 = 20\,\text{L/m}^3$

④空気量容積（V_a）は、与条件空気量 4.5％ から、$V_a = 45\,\text{L/m}^3$

⑤骨材容積（V_A）は、$V_A = 1\,000 - (V_W + V_C + V_F + V_a)$ $= 1\,000 - (162 + 100 + 20 + 45) = 673\,\text{L/m}^3$

⑥細骨材容積（V_S）は、$V_S = V_A \times$ 細骨材率 $= 673 \times 46.8/100 ≒ 315\,\text{L/m}^3$

⑦粗骨材容積（V_G）は、$V_G = V_A - V_S = 673 - 315 = 358\,\text{L/m}^3$

⑧**単位細骨材量（S）は、$S = V_S \times \rho_S = 315 \times 2.61 ≒ 822\,\text{kg/m}^3$**

⑨**単位粗骨材量（G）は、$G = V_G \times \rho_G = 358 \times 2.69 ≒ 963\,\text{kg/m}^3$**

⑩単位容積質量は、各材料の単位質量の和であるから、 $$W + C + F + S + G = 162 + 315 + 45 + 822 + 963 = 2\,307\,\text{kg/m}^3$$

以上より、**(4)** が適当である。なお、選択肢（1）、（2）、（3）は、水結合材比を水セメント比と誤って計算した場合の値となっている。 **【解答 (4)】**

(((問題 3))) 下表に示す配(調)合条件のコンクリートを 1 m³ 製造する場合、水および細骨材の計量値として、**正しいものはどれか**。ただし、細骨材は表面水率 2.0% の湿潤状態、粗骨材は表乾状態で使用する。また、セメントの密度は 3.15 g/cm³、細骨材および粗骨材の表乾密度は、それぞれ 2.60 g/cm³ および 2.65 g/cm³ とする。

水セメント比〔%〕	空気量〔%〕	細骨材率〔%〕	単位セメント量〔kg/m³〕
50.0	4.5	49.0	340

(1) 水の計量値は 170 kg、細骨材の計量値は 863 kg である。
(2) 水の計量値は 153 kg、細骨材の計量値は 863 kg である。
(3) 水の計量値は 153 kg、細骨材の計量値は 880 kg である。
(4) 水の計量値は 170 kg、細骨材の計量値は 880 kg である。

解説 基本的な配(調)合条件から、骨材の表面水率の補正を実施した計量値を求める問題である。計画配(調)合を求めた後、表面水率の補正を行う。配(調)合計算に慣れてきたら設問の解答に関係する計算だけとしてもよいが、ここではすべての配(調)合計算を行う解答を示す。

1) 計画配(調)合の計算

①単位水量 (W) は、水セメント比とセメント量から求める。

$$W = C \times W/C \,〔\%〕/100 = 340 \times 50.0/100 = 170 \ \text{kg/m}^3、 V_W = 170 \ \text{L/m}^3$$

②単位セメント量 (C) は、与条件から 340 kg/m³

③セメント容積 (V_C) は、$V_C = C/\rho_C = 340/3.15 ≒ 108 \ \text{L/m}^3$

④空気量容積 (V_a) は、与条件空気量 4.5% から、$V_a = 45 \ \text{L/m}^3$

⑤骨材容積 (V_A) は、

$$V_A = 1\,000 - (V_W + V_C + V_a) = 1\,000 - (170 + 108 + 45) = 677 \ \text{L/m}^3$$

⑥細骨材容積 (V_S) は、$V_S = V_A \times$ 細骨材率 $= 677 \times 0.49 ≒ 332 \ \text{L/m}^3$

⑦粗骨材容積 (V_G) は、$V_G = V_A - V_S = 677 - 332 = 345 \ \text{L/m}^3$

⑧単位細骨材量 (S) は、$S = V_S \times \rho_S = 332 \times 2.60 ≒ 863 \ \text{kg/m}^3$

⑨単位粗骨材量 (G) は、$G = V_G \times \rho_G = 345 \times 2.65 ≒ 914 \ \text{g/m}^3$

2) 細骨材表面水の補正

・表面水量 (ΔW) は、$\Delta W = S \times$ 表面水率 $= 863 \times 0.02 ≒ 17 \ \text{kg/m}^3$

・細骨材の計量値 (S') は、$S' = S + \Delta W = 863 + 17 = 880 \ \text{kg/m}^3$

・水の計量値 (W') は、$W' = W - \Delta W = 170 - 17 = 153 \ \text{kg/m}^3$

　以上より、(3) が正しい。　　　　　　　　　　　　　　　　　　【解答 (3)】

(((問題4)))　下表に示すコンクリートの配（調）合に関する次の記述のうち、**不適当なものはどれか**。ただし、セメントの密度は 3.15 g/cm³、細骨材の表乾密度は 2.62 g/cm³、粗骨材の表乾密度は 2.66 g/cm³ とする。

材料名	セメント	水	細骨材	粗骨材
単位量〔kg/m³〕	350	175※	830	950

※　水には微量の AE 剤を含む

（1）水セメント比は、49.5 〜 50.5％の範囲にある。

（2）細骨材率は、46.5 〜 47.5％の範囲にある。

（3）空気量は、4.3 〜 4.7％の範囲にある。

（4）練上がり直後のコンクリート 4 m³ の質量は、9.20 〜 9.24 t の範囲にある。

解説　各材料の単位量から調合条件を計算する基本的な問題である。

（1）水セメント比（W/C）は、$W/C = 175/350 \times 100 = 50.0\%$

（2）細骨材率（s/a）は、s/a〔％〕$= V_S/(V_S + V_G) \times 100$ である。

　　$V_S = 830/2.62 ≒ 317 \text{ L/m}^3$、$V_G = 950/2.66 ≒ 357 \text{ L/m}^3$ より、

　　　　$s/a = 317/(317 + 357) \times 100 ≒ 47.0\%$

（3）空気量容積（V_a）は、$V_a = 1\,000 - (V_W + V_C + V_S + V_G)$ である。

　　セメント容積 $V_C = 350/3.15 ≒ 111 \text{ L/m}^3$ より、

　　　　$V_a = 1\,000 - (175 + 111 + 317 + 357) = 40 \text{ L/m}^3$

　　よって、**空気量は 4.0％となる。**

（4）単位容積質量は、各材料の単位質量の和であるから、

　　　　$W + C + S + G = 175 + 350 + 830 + 950 = 2\,305 \text{ kg/m}^3$

　　よって、$2.305 \times 4 = 9.22 \text{ t}$ となる。

以上より、（3）が不適当である。　　　　　　　　　　　　　【解答（3）】

4
時限目

5時限目
製造・品質管理と検査

　5時限目は、すべての基本となるJIS A 5308（レディーミクストコンクリート）を中心に、製造や品質管理・検査について学びます。

　JIS A 5308は、受験者がどんな業務を実施していても、必ず必要となるため、ある程度の知識はあると思います。しかし、出題はかなり細かな内容にまで及びますので、重要性を再認識し、隅々までマスターする意志を持ちましょう。

　また、統計的品質管理方法の基礎を学びます。統計解析の考え方や理論式に拒否反応を示す受験者もいるかも知れませんが、出題は基本的な事項に限られますので、敬遠せず問題を解きながら理解しましょう。

1章 レディーミクストコンクリートの基本

出題傾向 例年の出題数は平均2問である。JIS A 5308（レディーミクストコンクリート）の規定は、欄外の注記も含めて隅々まで出題される。コンクリートのすべての基本であり、全文暗記する気持ちで学習しよう。発注時の購入者指定事項、レディーミクストコンクリートの種類、使用材料・品質規定、検査、配合計画書や納品書などについての出題が多い。

こんな問題が**出題**されます！

> **基本問題**
>
> JIS A 5308（レディーミクストコンクリート）に規定されるコンクリートの種類「普通 27 15 20 H」に関する次の記述のうち、**誤っているものはどれか**。ただし、購入者からの指定はないものとする。
> (1) セメントは普通ポルトランドセメントである。
> (2) 呼び強度の強度値は 27 N/mm² である。
> (3) 荷卸し地点におけるスランプの許容範囲は 12.5 〜 17.5 cm である。
> (4) 粗骨材の最大寸法は 20 mm である。

解説 レディーミクストコンクリートの呼び方が、コンクリートの種類による記号、呼び強度、スランプまたはスランプフロー、粗骨材の最大寸法、セメントの種類、の順であることと、略号の意味を理解しているかどうかを問う基本問題である。

（1）セメントの種類は、最初の「普通」ではなく、最後の「H」であり、これは**早強ポルトランドセメントである**ことを示している。また、普通ポルトランドセメントの記号は「N」である。よって、記述は誤っている。

（2）呼び強度は2番目の数値であり、記述は正しい。

（3）スランプは3番目の「15」で、荷卸し地点で 15 cm であることを示している。スランプ 15 cm は許容差が ±2.5 cm であるため、記述は正しい。

（4）粗骨材の最大寸法は4番目の「20」であり、20 mm であることを示しており、記述は正しい。　　　　　　　　　　　　　　　　　　　【解答 (1)】

重要ポイント講義

1 ◆ レディーミクストコンクリート

　レディーミクストコンクリートは、レディーミクストコンクリート工場で材料を計量、練り混ぜて製造し、使用される作業現場まで配達されるコンクリートである。荷卸し地点に到着した時点での満足すべき品質を規定している。なお、配達後の待機、混和剤の添加、運搬（ポンプ圧送等）、打込みおよび養生における品質変化については適用範囲外であることに注意が必要である。

> ■ **JIS A 5308：2019（レディーミクストコンクリート）の全体像（目次）**
>
> ○本文
>
> 　1．適用範囲　　　　　　　　2．引用規格
>
> 　3．用語及び定義　　　　　　4．種類、区分及び製品の呼び方
>
> 　5．品　　　質　　　　　　　6．容　　　積
>
> 　7．配　　　合（4時限目に学習）　8．材　　　料（1時限目に学習）
>
> 　9．製造方法　　　　　　　　10．試験方法（2時限目に学習）
>
> 　11．検　　　査　　　　　　　12．報　　　告
>
> ○附属書A（レディーミクストコンクリート用骨材）（1時限目に学習）
>
> ○附属書B（アルカリシリカ反応抑制対策の方法）（3時限目に学習）
>
> ○附属書C（レディーミクストコンクリートの練混ぜに用いる水）
> 　　　　　　（1時限目に学習）
>
> ○附属書D（付着モルタル及びスラッジ水に用いる安定剤）
>
> ○附属書E（軽量型枠）
>
> ○附属書F（トラックアジテータのドラム内に付着したモルタルの使用方法）
> 　　　　　　（5時限目に学習）
>
> ○附属書G（安定化スラッジ水の使用方法）（1時限目に学習）

5
時限目

2 ◆ レディーミクストコンクリートの発注

▪️ レディーミクストコンクリートの呼び方

荷卸し地点での品質を定め、それに応じたレディーミクストコンクリートの種類を選定し、各種条件を含めた呼び方を用いて発注する。

レディーミクストコンクリートの呼び方は、以下による。

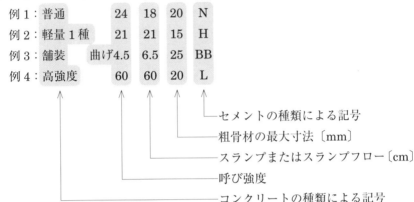

例1：普通　　　　24　18　20　N
例2：軽量1種　　 21　21　15　H
例3：舗装　　曲げ4.5　6.5　25　BB
例4：高強度　　　60　60　20　L

　　　　　　　　　　　　　　　　└─ セメントの種類による記号
　　　　　　　　　　　　　　└─── 粗骨材の最大寸法〔mm〕
　　　　　　　　　　　　└───── スランプまたはスランプフロー〔cm〕
　　　　　　　　└───────── 呼び強度
　　　　└─────────────── コンクリートの種類による記号

▪️ 購入者指定事項

以下の事項は生産者と協議し、①〜④は指定し、⑤〜⑰は必要に応じて指定することができる。ただし、①〜⑧は JIS A 5308 で規定している範囲とする。

> #### ▪️ 購入者指定事項
>
> ① セメントの種類
> ② 骨材の種類
> ③ 粗骨材の最大寸法
> ④ アルカリシリカ反応抑制対策の方法
> ⑤ 骨材のアルカリシリカ反応性による区分
> ⑥ 呼び強度が 36 を超える場合は、水の区分
> ⑦ 混和材料の種類および使用量
> ⑧ 定められている塩化物含有量の上限値と異なる場合は、その上限値
> ⑨ 呼び強度を保証する材齢
> ⑩ 定められている空気量と異なる場合は、その値
> ⑪ 軽量コンクリートの場合は、軽量コンクリートの単位容積質量

⑫ コンクリートの最高温度または最低温度

⑬ 水セメント比の目標値の上限

⑭ 単位水量の目標値の上限

⑮ 単位セメント量の目標値の下限または目標値の上限

⑯ 流動化コンクリートの場合は、流動化する前のレディーミクストコンクリートからのスランプの増大量

⑰ その他必要な事項

■ レディーミクストコンクリートの種類および区分

レディーミクストコンクリートの種類は、普通コンクリート、軽量コンクリート、舗装コンクリートおよび高強度コンクリートであり、下表の区分による。

■ レディーミクストコンクリートの種類および区分

コンクリートの種類	粗骨材の最大寸法 (mm)	スランプまたはスランプフロー (cm)（※）	呼び強度													
			18	21	24	27	30	33	36	40	42	45	50	55	60	曲げ4.5
普通コンクリート	20、25	8、10、12、15、18	○	○	○	○	○	○	○	○	○	○	—	—	—	—
		21	—	○	○	○	○	○	○	○	○	○	—	—	—	—
		45	—	—	—	○	○	○	○	○	○	○	—	—	—	—
		50	—	—	—	—	○	○	○	○	○	○	—	—	—	—
		55	—	—	—	—	—	○	○	○	○	○	—	—	—	—
		60	—	—	—	—	—	—	—	○	○	○	—	—	—	—
	40	5、8、10、12、15	○	○	○	○	○	○	○	○	—	—	—	—	—	—
軽量コンクリート	15	8、12、15、18、21	○	○	○	○	○	○	○	○	—	—	—	—	—	—
舗装コンクリート	20、25、40	2.5、6.5	—	—	—	—	—	—	—	—	—	—	—	—	—	○
高強度コンクリート	20、25	12、15、18、21	—	—	—	—	—	—	—	—	—	—	○	○	—	—
		45、50、55、60	—	—	—	—	—	—	—	—	—	—	○	○	○	—

※荷卸し地点での値であり、45 cm、50 cm、55 cm および 60 cm はスランプフローの値

3 ◆ レディーミクストコンクリートの品質、検査

レディーミクストコンクリートの品質項目は、強度、スランプまたはスランプフロー、空気量および塩化物含有量であり、荷卸し地点で規定する条件を満足する必要がある。

■ 品質検査用試料の採取

荷卸し地点で、トラックアジテータから品質検査用試料を採取する場合、採取する直前にドラムを約 30 秒間高速回転させてコンクリートを均質にした後、シュートから排出させたコンクリートの最初の 50 〜 100 L を除き、連続したコンクリート流の全横断面から採取する。

■ 強　度

ここでは、JIS A 5308 における品質基準および検査について示す。実際の施工時には、施工者は JASS5 や土木学会示方書に基づく管理が必要となるので注意する。なお、普通、軽量および高強度コンクリートは圧縮強度、舗装コンクリートは曲げ強度で品質検査を実施する。

📋 **強度の品質基準、製品検査** 📋

品質基準	・レディーミクストコンクリートの強度は、購入者の指定のない場合、材齢 28 日、購入者の指定のある場合はその材齢で供試体による強度試験を行い、下記の①および②を満足すること 　　①1回の試験結果は購入者が指定した呼び強度の強度値の 85%以上 　　②3回の試験結果の平均値は、購入者が指定した呼び強度の強度値以上 ※"呼び強度"はコンクリート強度の区分を表し、"呼び強度の強度値"はその強度の値を示す
試験頻度	・普通コンクリート、軽量コンクリートおよび舗装コンクリートは 150 m³ に 1 回、高強度コンクリートは 100 m³ に 1 回を標準とする ・1回の試験結果は、任意の 1 運搬車から採取した試料でつくった 3 個の供試体の試験値の平均値で表す ・3回の試験は、水セメント比と強度の関係が同一で、かつ同一呼び強度のものであれば、スランプまたはスランプフローが異なっても同一ロットとみなしてよい
供試体の 作製・養生	・供試体の作製から型枠の脱型までは常温環境下で行うことが望ましい ・脱型後の養生は、20±2℃の水中とする

■ スランプまたはスランプフロー、および空気量

スランプ、スランプフローおよび空気量は、重要である。フレッシュコンクリート性状だけでなく製造管理状況の目安であり、圧縮強度の目安ともなる。

なお、空気量は、購入者が指定した場合も許容差は ±1.5% とする。

📋 **スランプまたはスランプフローの品質規定** 📋

	スランプ、スランプフロー目標値	許容差
スランプ	2.5 cm	±1 cm
	5 cm および 6.5 cm	±1.5 cm
	8 cm 以上 18 cm 以下	±2.5 cm
	21 cm	±1.5 cm（※）
スランプフロー	45 cm、50 cm および 55 cm	±7.5 cm
	60 cm	±10 cm

※呼び強度 27 以上で高性能 AE 減水剤を使用する場合は ±2 cm とする。

コンクリートの種類	空気量	許容差
普通コンクリート 舗装コンクリート 高強度コンクリート	4.5%	±1.5%
軽量コンクリート	5.0%	

■ スランプまたはスランプフロー、および空気量の検査 ■

試験頻度	・JIS A 5308 では"適宜"とされており、通常は強度試験用供試体採取時に実施
合否判定と 再試験	・試験の結果、スランプまたはスランプフロー、および空気量のそれぞれが合格であれば合格とする
	・スランプまたはスランプフロー、および空気量のいずれかあるいは両方が許容値を超えた場合、同じ運搬車から新しく試料を採取して1回に限り両方の試験を実施し、スランプまたはスランプフロー、および空気量の規定にそれぞれ合格すれば合格とする

■ 塩化物含有量

　塩化物含有量とは、レディーミクストコンクリートの製造時に材料からもたらされる塩化物イオン（Cl⁻）量で、コンクリート1 m³ 当たりの量〔kg/m³〕である。

　荷卸し地点で、塩化物イオン（Cl⁻）量として **0.30 kg/m³** 以下とする。購入者の指定があった場合はその値以下とする。また、購入者の承認を受けた場合は、0.60 kg/m³ 以下とすることができる。

　塩化物含有量は、製造後の変化がない。よって、検査は、工場出荷時でも荷卸し地点での所定の条件を満足するので、工場出荷時に行ってもよい。

4 ◆ 使用材料

■ レディーミクストコンクリートにおける使用材料に関する規定

　レディーミクストコンクリートの使用材料は、以下による。

セメント	・セメントは、所定の規格を満足する、ポルトランドセメント、高炉セメント、シリカセメント、フライアッシュセメントおよび普通エコセメントとする ・普通エコセメントは、高強度コンクリートには適用しない（p.17 参照）
骨材	・骨材の種類は、所定の規格を満足する、砕石および砕砂、スラグ骨材、人工軽量骨材、再生骨材H並びに砂利および砂とする ・再生骨材Hは、普通コンクリートおよび舗装コンクリートに適用する ・各種スラグ骨材は、高強度コンクリートには適用しない（p.28 参照） ・回収骨材は、普通コンクリート、高強度コンクリートおよび舗装コンクリートから回収したものとし、軽量コンクリートおよび高強度コンクリートには使用しない（p.29 参照）

混和材料	・混和材料は、所定の規格を満足する、フライアッシュ、膨張材、化学混和剤、防せい剤、高炉スラグ微粉末、シリカフュームおよび砕石粉とする
	・砕石粉を使用するコンクリートは、砕石粉の原石および骨材にアルカリシリカ反応性による区分 A（無害）のものを使用する（p.42 参照）
水	・水は、上水道水、上水道水以外の水および回収水とする
	・回収水のうち、スラッジ水は高強度コンクリートには適用しない（p.53 参照）

■ レディーミクストコンクリートの種類による使用骨材

　レディーミクストコンクリートの種類により使用骨材の種類が定められている。普通コンクリートおよび舗装コンクリートは、広い範囲の骨材を使用できるようにしている。軽量コンクリートは、粗骨材に人工軽量骨材を使用することとし、細骨材の種類に応じて軽量 1 種と軽量 2 種に区分される。

 コンクリートの種類による記号および使用骨材

コンクリートの種類	記号	粗骨材	細骨材
普通コンクリート	普通	砕石、各種スラグ粗骨材、再生粗骨材 H、砂利	砕砂、各種スラグ細骨材、再生細骨材 H、砂
軽量コンクリート	軽量 1 種	人工軽量粗骨材	砕砂、高炉スラグ細骨材、砂
	軽量 2 種		人工軽量細骨材、人工軽量細骨材に一部砕砂、高炉スラグ細骨材、砂を混入したもの
舗装コンクリート	舗装	砕石、各種スラグ粗骨材、再生粗骨材 H、砂利	砕砂、各種スラグ細骨材、再生細骨材 H、砂
高強度コンクリート	高強度	砕石、砂利	砕砂、各種スラグ細骨材、砂

5 ◆ 報　告

■ 配合計画書および基礎資料

　生産者はレディーミクストコンクリートの配達に先立って、レディーミクストコンクリート配合計画書を購入者に提出しなければならない。また、購入者の要求があれば、配合設計などの基礎となる資料を提出しなければならない。

■ 配合計画書の注意点

・適用期間欄は、適用期間のほか標準配合または修正標準配合の別を記入する。
・セメントの全アルカリ量（Na_2O_{eq}）は、ポルトランドセメントおよび普通エコセメントを使用した場合に記入する。記入は、直近 6 か月間の試験成績書に示されている、全アルカリ量の最大値の最も大きい値とする。なお、混和材と混和剤の全アルカリ量は、最新版の試験成績書の値を記入する。

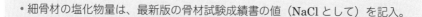

・細骨材の塩化物量は、最新版の骨材試験成績書の値（NaCl として）を記入。

(1) **標準配合**：レディーミクストコンクリート工場で社内標準の基本にしている配合で、標準状態の運搬時間（通常は 30 分程度を想定）における標準期の配合（通常期、中間期、春秋期などとも呼称）として標準化されている配合。一般に、コンクリートの温度が 20℃前後のもので、夏期および冬期におけるコンクリート温度に基づく修正、運搬時間による修正、および骨材の品質の大幅な変動による修正が行われていない配合。

(2) **修正標準配合**：(1)の配合に対して、出荷時のコンクリート温度に対応しての修正、運搬時間が 30 分を大幅に超えることに対応しての修正、骨材の品質が所定の範囲を大幅に超えることに対応しての修正をそれぞれ行った配合。よって、標準期において、運搬時間や骨材の品質が標準状態と大幅に変動がない場合には、標準配合のままとなる。

納入書

生産者は、運搬の都度、1 運搬車ごとに、レディーミクストコンクリート納入書を購入者に提出しなければならない。

納入書の記入項目は、日付、購入者名、製造会社名・工場名のほか、納入場所、運搬車番号、納入時刻（発・着）、納入容量、呼び方、配合表などである。

配合表は、①標準配合、②修正標準配合、③計量読取記録から算出した単位量、④計量印字記録から算出した単位量、⑤計量印字記録から自動算出した単位量のいずれかを記載し、種別を納入書の該当箇所にチェックマークを付す。

なお、購入者から要求があれば、コンクリート納入後に、バッチごとの計量記録、およびこれから算出した単位量を提出しなければならない。

(((問題1))) JIS A 5308（レディーミクストコンクリート）の規定に照らして、**誤っているものはどれか。**

(1) 購入者は、必要に応じて生産者と協議のうえ、寒中施工時のコンクリートの最低温度を指定することができる。

(2) 生産者は、購入者の承認を受けた場合には、塩化物含有量の上限を 0.75 kg/m³ とすることができる。

(3) 生産者は、普通コンクリートの製造において、置換率 20 % を上限として回収骨材を使用することができる。

(4) 生産者は、購入者との協議により、運搬時間の限度を 2.0 時間とすることができる。

解説 (2) 塩化物含有量は塩化物イオン（Cl⁻）量として 0.30 kg/m^3 以下とする。ただし、購入者の承認を受けた場合は **0.60 kg/m^3 以下とすることができる。**

(3) 回収骨材を専用の設備で貯蔵、運搬、計量して用いる場合は、目標回収骨材置換率の上限を 20 % とすることができる。

(4) 運搬時間は、1.5 時間以内とする。ただし購入者と協議のうえ、運搬時間の限度を変更することができる。 【解答 (2)】

(((問題2))) JIS A 5308（レディーミクストコンクリート）に関する次の記述のうち、**正しいものはどれか。**

(1) 呼び強度を保証する材齢は、購入者から指定があれば、材齢 56 日とすることができる。

(2) 配合計画書に記入するポルトランドセメントの全アルカリの値は、直近 6 か月間における試験成績書の値にばらつきが少なければ、全アルカリの最大値の平均値としてもよい。

(3) 荷卸し地点での空気量の許容差は、購入者の承認が得られれば、任意の範囲とすることができる。

(4) 標準配合または修正標準配合の別は、納入書に記載すれば、配合計画書には記載しなくてもよい。

解説 (2) 全アルカリの値としては、直近 6 か月間の試験成績書に示されている、**全アルカリの最大値の最も大きい値とする。**

(3) 荷卸し地点での空気量の許容差は、空気量を別途指定された場合も含め、

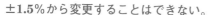

±1.5% から変更することはできない。

（4）標準配合、修正標準配合の別は、**配合計画書に記入しなければならない。**

【解答（1）】

(((問題3)))　JIS A 5308（レディーミクストコンクリート）に規定されている普通コンクリートの製造において、使用できないものは、**以下のうちどれか。**

（1）JIS A 5011-3（コンクリート用スラグ骨材―第3部：銅スラグ骨材）に適合した銅スラグ細骨材

（2）JIS A 5021（コンクリート用再生骨材H）に適合した再生骨材H

（3）高強度コンクリートの荷卸しを完了したトラックアジテータのドラム内に付着したモルタル

（4）スラッジ固形分率が3％を超えないように調整したスラッジ水

解説　（3）ドラム内に付着したモルタルの再利用は、源となるコンクリートと再利用するコンクリートが、普通コンクリートとこれを流動化したコンクリートに限定されている。**高強度コンクリートを源にした付着モルタルは使用できない。**

【解答（3）】

(((問題4)))　JIS A 5308（レディーミクストコンクリート）の規定に照らして、**不適当なものはどれか。**

（1）呼び強度33の普通コンクリートからスランプフロー50 cmのものを選定した。

（2）購入者の承認を受けたので、荷卸し地点における塩化物含有量の上限値を0.50 kg/m³ とした。

（3）トラックアジテータのドラム内に付着したモルタルを高強度コンクリートと混合して再利用した。

（4）高強度コンクリートから回収した回収骨材を舗装コンクリートに使用した。

解説　（1）呼び強度33の普通コンクリートはスランプフロー45 cm あるいは50 cm を選定できる。

（2）塩化物含有量は塩化物イオン（Cl⁻）量として0.30 kg/m³ 以下とする。ただし、購入者の承認を受けた場合は0.60 kg/m³ 以下とすることができる。

（3）トラックアジテータのドラム内に付着したモルタルは、軽量コンクリート、舗装コンクリートおよび**高強度コンクリートに使用できない。**

（4）回収骨材は、普通、舗装および高強度コンクリートから回収した骨材を用い、普通および舗装コンクリートに使用できる。

【解答（3）】

(((問題 5)))　下表は、呼び強度 24 のレディーミクストコンクリートに対する圧縮強度の試験結果である。JIS A 5308（レディーミクストコンクリート）の規定に照らして、A、B 各ロットの合否判定を示した次の組合せのうち、**正しいものはどれか。**

ロット	圧縮強度〔N/mm²〕		
	1 回目	2 回目	3 回目
A	29.1	22.5	21.6
B	30.0	20.2	26.9

	A	B
(1)	合　格	合　格
(2)	合　格	不合格
(3)	不合格	合　格
(4)	不合格	不合格

解説　圧縮強度試験結果の合否判定の問題は、ほぼ毎年出題されるのでしっかりと理解しておくこと。ロット A、B の判定結果を下表にまとめた。表より、正しい組み合わせは（**2**）となる。

ロット	1 回の試験結果〔N/mm²〕			3 回の試験結果〔N/mm²〕			判定
	最低値	判定値：呼び強度の強度値×0.85	判定	平均値	判定値：呼び強度の強度値	判定	
A	21.6	20.4 以上	合格	24.4	24.0 以上	合格	合格
B	20.2		不合格	25.7		合格	不合格

【解答（2）】

(((問題 6)))　JIS A 5308（レディーミクストコンクリート）に規定されるコンクリートの検査に関する次の記述のうち、**正しいものはどれか。**
　(1) 圧縮強度の試験頻度は、コンクリートの種類にかかわらず 150 m³ につき 1 回を標準とする。
　(2) 1 回の圧縮強度試験に用いる 3 個の供試体は、異なる運搬車から 1 個ずつ採取する。
　(3) 荷卸し地点での空気量の許容差は、指定された空気量によって異なる。
　(4) 荷卸し地点でのスランプの許容差は、指定されたスランプによって異なる。

解説　(1) 圧縮強度の試験頻度は、**普通、軽量および舗装コンクリート**は **150 m³** に **1 回、高強度コンクリートは 100 m³** に **1 回**を標準とする。

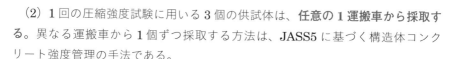

（2）1回の圧縮強度試験に用いる3個の供試体は、**任意の1運搬車から採取す**る。異なる運搬車から1個ずつ採取する方法は、JASS5に基づく構造体コンクリート強度管理の手法である。

（3）空気量の許容差は、**指定された空気量にかかわらず±1.5%である**。

【解答（4）】

(((問題7)))　呼び方が「高強度 60 50 20 L」であるレディーミクストコンクリートの試験結果の判定に関する次の記述のうち、JIS A 5308（レディーミクストコンクリート）の規定に照らして、**正しいものはどれか**。

ただし、配合上の指定事項はないものとする。

（1）スランプフローの試験値が 58.0 cm であったので、合格と判定した。

（2）空気量の試験値が 6.5%であったので、合格と判定した。

（3）塩化物含有量の試験値が 0.33 kg/m³ であったので、合格と判定した。

（4）3回の圧縮強度の試験値が 65.0 N/mm²、51.5 N/mm² および 66.5 N/mm² であったので、合格と判定した。

解説　呼び方「高強度 60 50 20 L」は、呼び強度の強度値 60 N/mm²、スランプフロー 50 cm、粗骨材の最大寸法 20 mm、低熱ポルトランドセメント使用の高強度コンクリートであることを示している。

（1）スランプフロー 50 cm の場合、試験の許容差は ±7.5 cm である。**設問は、58 cm（+8 cm）であり不合格である。**

（2）JIS A 5308 では、購入者が指定しない限り、高強度コンクリートの空気量は 4.5%、許容差 ±1.5%である。設問は **6.5%（+2%）のため不合格である。**

（3）JIS A 5308 の規定によると、コンクリートの塩化物含有量は、荷卸し地点で塩化物イオン（Cl⁻）量として **0.3 kg/m³ 以下**でなければならない。

（4）圧縮強度試験結果は次の条件を満足しなければならない。

　　①1回の試験結果は、購入者が指定した呼び強度の強度値の 85%以上。

　　②3回の試験結果の平均値は、購入者が指定した呼び強度の強度値以上。

設問によると、

　　①の条件：呼び強度の強度値 60 N/mm² の 85%は 51.0 N/mm² であり、各試験結果とも規定を満足している。

　　②の条件：3回の試験結果の平均値は、61.0 N/mm² であり、呼び強度の強度値以上であることから、規定を満足している。　【解答（4）】

出題傾向 製造は平均1～2問の出題がある。JIS A 5308や関連JISの製造に関する出題が多い。コンクリート製造や、練混ぜ時のコンクリート性状について出題されている。製造設備には、材料貯蔵設備、材料計量設備、練混ぜ設備、運搬設備がある。それぞれの要求事項も身につけよう。

こんな問題が出題されます！

基本問題

レディーミクストコンクリートの計量および練混ぜに関する次の記述のうち、JIS A 5308（レディーミクストコンクリート）の規定に照らして、**正しいものはどれか。**

(1) 高炉スラグ微粉末をセメントと同じ計量器で、累加して計量した。

(2) 細骨材を粗骨材と同じ計量器で、累加して計量した。

(3) 工場を代表する配合のコンクリートを用いて、ミキサの要求性能を確認した。

(4) スランプおよび圧縮強度の偏差率にもとづいて、練混ぜ時間を決定した。

[解説] (1) 混和材とセメントは別々の計量器で計量する必要がある。

(2) 細骨材と粗骨材を累加して計量することは認められている。ただし、"最初の材料の計量値"と"次に累加した材料との合計値"のそれぞれについて、合否判定することとされている。

(3) ミキサの要求性能の確認試験に用いるコンクリートは、**粗骨材の最大寸法20 mmまたは25 mm、スランプ8±3 cm、空気量4.5±1.5%、呼び強度24に相当するもの**と規定されている。

(4) コンクリートの練混ぜ量および練混ぜ時間は、練混ぜ直後にミキサから排出されるコンクリート流の始めと終わりの部分から採取したコンクリート中の、**モルタルの単位容積質量の差が0.8%以下、単位粗骨材量の差5%以下**となることを確認して決定する。 【解答 (2)】

重要 ポイント講義

1 ◆ 材料の貯蔵・管理

■ セメント

　バラセメントの貯蔵は、セメントの生産者別および種類別に区分され、セメントの風化を防止できるセメントサイロに貯蔵する。また、袋詰めセメントを倉庫等で貯蔵する場合、地面から30 cm以上上げた床上に置き、積重ね13袋以下とする。

　長期間倉庫に貯蔵した袋詰めセメントまたは湿気を受けた疑いのあるセメントは、用いる前に試験を行い、品質を確認する必要がある。

■ 骨　材

> **■ 骨材貯蔵設備のポイント**
> ・種類別および区分別に仕切りを持ち、大小粒が分離しにくいものであること。
> ・床はコンクリートなどとし、排水の処置を講じ、異物が混入しないこと。
> ・高強度コンクリートの製造に用いる骨材の貯蔵設備には、必ず上屋を設ける。
> ・人工軽量骨材を用いる場合は、貯蔵中の含水の低下を防止するため、散水する設備を備えておく必要がある。
> ・骨材の貯蔵設備容量は、コンクリートの最大出荷量の1日分以上に相当する骨材を貯蔵できるものとする。

2 ◆ 材料の計量

■ 計量設備

　計量器は、JIS A 5308の許容差内で各材料を計ることのできる精度のものとし、計量した値を上記の精度で指示できる指示計を備えている必要がある。

　計量器は、異なった配合のコンクリートに用いる各材料を連続して計量できるものでなければならない。また、計量器には、骨材の表面水率による計量値の補正が容易にできる装置を備えていなければならない。

■ 計量方法

▶ 材料の計量方法

- セメント、骨材、水および混和材料は、それぞれ別々の計量器で計量する。
- 水は、あらかじめ計量してある混和剤と一緒に累加して計量してもよい。
- 水および混和剤の計量は、質量または容積による。ただし、混和剤は、溶液として計量する。
- セメント、骨材および混和材の計量は質量による。
- 混和材は、購入者の承認があれば、袋の数で量ってもよい。しかし、1袋未満のものを量る場合には、必ず質量で計量しなければならない。
- 細骨材と粗骨材、または粒度の異なる骨材を使用する場合には、それぞれが所定の精度で量り取れる場合に限り累加計量してもよい。

■ 計量値の許容差

　計量値の誤差には、計量器自体による**静荷重誤差**と、材料の投入方法によって起こる**動荷重誤差**がある。計量値の誤差とは両者を合わせた誤差をいう。

　大きな秤量のはかりで少量計量すると誤差が大きくなり、計量器の最大秤量の3/4前後で使用するのが最も精度がよい。また、累加計量は誤差が大きくなりがちである。

＜計量値の差の計算式＞

$$m_0 = \frac{m_2 - m_1}{m_1} \times 100$$

m_0：計量値の差〔％〕

m_1：目標とする1回計量分量

m_2：量り取られた計量値

■ 計量値の許容差 ■

材　料	1回計量分の計量値の許容差
セメント	±1%
骨材	±3%
水	±1%
混和剤（溶液）	±3%
高炉スラグ微粉末	±1%
高炉スラグ微粉末以外の混和材	±2%

3 ◆ 練混ぜ

■ ミキサの種類と特徴

　コンクリート用ミキサには、バッチミキサと連続式ミキサ（連続練りミキサ）がある。レディーミクストコンクリートの練混ぜは固定ミキサを用い、1練り分ずつのコンクリート材料を練り混ぜるバッチミキサによることとされている。

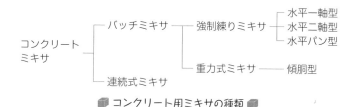

コンクリート用ミキサの種類

ミキサの種類と特徴

強制練りミキサ	・羽を動力で回転させ、材料を強制的に練り混ぜるミキサ ・重力式ミキサに比べ練混ぜ性能が高く、練混ぜ時間が短いため、時間当たりの製造能力を高くできる ・粘性の高い高強度コンクリートや硬練りコンクリートに適する
重力式ミキサ	・内側に練混ぜ用羽根のついた混合胴の回転によってコンクリートをすくい上げ、自重で落下させて練り混ぜるミキサ
連続式ミキサ	・特殊な土木工事等で使用されているが、レディーミクストコンクリートでは使用が認められていない ・最初に排出されるコンクリートを使用してはならない

■ ミキサの性能

ミキサの性能は、練混ぜ性能、再起動性能および排出性能が定められている。

■ ミキサの要求性能

項　目			コンクリートの練混ぜ量	
			定格容量（公称容量）の場合	定格容量（公称容量）の1/2の場合
要求される 均一性 （練混ぜ性能）	コンクリート中のモルタルの偏差率 （モルタルの単位容積質量差）		0.8%以下	0.8%以下
	コンクリート中の粗骨材量の偏差率 （単位粗骨材量の差）		5%以下	5%以下
	偏差率 （平均値からの差）	圧縮強度	7.5%以下	―
		空気量	10%以下	―
		スランプ	15%以下	―
再起動性能		試験用コンクリートの練混ぜ完了後にミキサを停止させた場合、停止後5分後に容易に再起動できること		
排出性能		傾胴型ミキサおよびパン型ミキサでは25秒以内に、水平一軸型ミキサおよび水平二軸型ミキサでは15秒以内に、分離を起こすことなく全部混合槽から排出できること		

※練混ぜ性能試験のコンクリート：粗骨材最大寸法20 mmまたは25 mm、スランプ8±3 cm、空気量4.5±1.5%、呼び強度24の普通コンクリート

■ 練混ぜ時製造管理

材料の投入は、ミキサ型式、骨材種類、配（調）合などで順序が異なる。一般には、モルタルを先練りしてから粗骨材を投入することが多い。

分割混練あるいはダブルミキシング（デュアルミキシング）と称して、練混ぜ水を分割してミキサに投入する方法もある。この場合、単位水量やブリーディングの減少が可能であり、硬化コンクリートを密実にする効果が期待できる。

　スランプの小さいコンクリート、膨張材等の混和材を用いたコンクリートおよび人工軽量骨材を用いたコンクリートでは、練混ぜ時間を長くするのがよい。

　練混ぜ時間が長くなるとコンクリートの均等性がよくなり、圧縮強度は増加する傾向がある。しかし、あまり長く練り混ぜすぎると、骨材がすり減って粒度の変化や微粉末の増加が生じ、AE コンクリートの場合には、空気量が減り、ワーカビリティーが著しく変化することがある。土木学会示方書では、練混ぜはあらかじめ定めた時間の 3 倍以上行ってはならない、としている。

　練混ぜ量および練混ぜ時間は、所定量を練り混ぜた後、ミキサから排出されるコンクリート流の始めおよび終わりの部分から採取したコンクリート試料が、モルタルの単位容積質量の差 0.8%以下、かつ単位粗骨材量の差 5%以下を満足できるように定める必要がある。

4 ◆ 運　搬

　運搬は、レディーミクストコンクリート工場から工事現場までの運搬、および工事現場内でのポンプ圧送やバケットによる打込み位置までの移動（場内運搬）のことをいう。JIS A 5308 では、工場から荷卸し地点までの運搬が適用範囲であり、荷卸し地点への到着時の品質を確保するために規定されている。

■ 運搬車

　運搬車には、トラックアジテータ（いわゆる生コン車）とダンプトラックがある。トラックアジテータの性能は、コンクリート排出の約 1/4 と 3/4 のときに、それぞれ試料を採取してスランプ試験を行い、両者のスランプの差が 3 cm 以内である必要がある。この場合、スランプは 8 〜 18 cm のものとする。

トラックアジテータ	・練り混ぜたコンクリートの均一性を保持し、材料分離を生じることなく容易に排出できる構造を有していること
ダンプトラック	・スランプ 2.5 cm の舗装コンクリートの運搬にのみ使用可 ・荷卸し地点到着までの運搬時間は 1 時間以内と規定あり

■ 運搬時間の限度

　コンクリートは練混ぜ後の時間経過とともにスランプや空気量が減少し、コンクリート温度が上昇する傾向がある。運搬時間が長く、温度が高いほど、この傾向が強くなる。その結果として凝結時間が早くなり、ブリーディングが減少し、

コールドジョイントが生じやすくなる。そのため、JIS A 5308、JASS5、土木学会示方書では、それぞれ練混ぜからの運搬時間の限度を設けている。

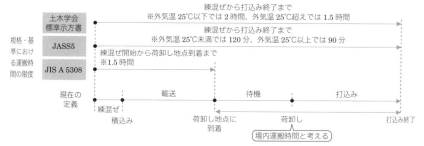

レディーミクストコンクリートの運搬時間の考え方

トラックアジテータによる運搬時間の限度

JIS A 5308	JASS5[2]		土木学会示方書[3]	
練混ぜ開始から荷卸し地点到着まで	練混ぜから打込み終了まで		練混ぜから打込み終了まで	
1.5 時間以内[1]	外気温が25℃以上	90分	外気温が25℃を超えるとき	1.5 時間
	外気温が25℃未満	120分	外気温が25℃以下のとき	2 時間

※1：購入者と協議のうえ、運搬時間を変更することができる
※2：高流動コンクリート、高強度コンクリートの場合は120分以内とする
※3：規定の時間を超えて打ち込む場合には、あらかじめコンクリートが所要の品質を確保できることを確認したうえで、施工計画に時間の限度を設定する

トラックアジテータのドラム内付着モルタルの再利用

普通コンクリートおよびこれを流動化したコンクリートの場合、コンクリートをトラックアジテータから全量排出した後のドラム内に付着したモルタルは、安定剤を使用して再利用できる。再利用の方法は以下による。

- 安定剤は水で所定の濃度に希釈した希釈溶液とし、**練混ぜから3時間以内に希釈溶液でドラム内を洗浄して、付着モルタルをスラリー化する。**
- スラリー状モルタルはドラム内あるいは専用の容器に保存する。
- **再使用はスラリー化から24時間以内とし、**スラリー状モルタルの希釈溶液分を練混ぜ水の一部として、練混ぜ水の計量はその分を差し引く。
- **軽量コンクリート、舗装コンクリートおよび高強度コンクリートは、これらのドラム内付着モルタルを再利用せず、また、再利用のためのモルタルを使用してはならない。**

(((問題 1))) コンクリート用材料の貯蔵および計量に関する次の記述のうち、JIS A 5308（レディーミクストコンクリート）の規定に照らして、**正しいものはどれか。**

(1) 上屋を設けない設備で貯蔵された骨材を高強度コンクリートの製造に用いてはならない。

(2) 骨材の貯蔵設備は、レディーミクストコンクリートの平均出荷量の 1 日分以上に相当する骨材を貯蔵できるものでなければならない。

(3) 購入者の承認があれば、混和材を袋の数で量り、1 袋未満の端数は袋単位で切り上げてよい。

(4) 材料の計量値の差は、量り取られた計量値と目標とする 1 回計量分量の差を、目標とする 1 回計量分量で除して得られる値を百分率で表し、四捨五入によって小数点 1 位に丸めたものとする。

解説 (2) 骨材の貯蔵設備は、レディーミクストコンクリートの**最大出荷量の 1 日分以上**に相当する骨材を貯蔵できるものでなければならない。

(3) 混和材を袋の数で量る場合でも、**1 袋未満の端数を用いる場合には必ず質量で計量しなければならない。**

(4) 材料の計量値の差を百分率で表す場合、計算結果を四捨五入によって**整数に丸める**こととしている。 【解答 (1)】

(((問題 2))) 下表は、レディーミクストコンクリート製造時の目標とする 1 回計量分量と量り取られた計量値である。次の記述のうち、JIS A 5308（レディーミクストコンクリート）に規定される計量値の許容差に照らして、**適当なものはどれか。**

材料の種類	水	セメント	混和材 （フライアッシュ）	細骨材	粗骨材	混和剤
目標とする 計量分量〔kg〕	382	698	113	1685	2194	6.98
量り取られた 計量値〔kg〕	385	686	116	1701	2129	7.24

(1) セメントの計量値は合格である。

(2) 混和材（フライアッシュ）の計量値は合格である。

(3) 粗骨材の計量値は合格である。

(4) 混和剤の計量値は合格である。

解説 製造時の材料計量値の許容差に関する設問は頻出しており、確実な知識

を身につけておく必要がある。設問に基づき計量値の許容差を計算した結果を示す。

材料の種類	水	セメント	混和材	細骨材	粗骨材	混和剤
a) 目標とする計量分量〔kg〕	382	698	113	1 685	2 194	6.98
b) 量り取られた計量値〔kg〕	385	686	116	1 701	2 129	7.24
c) 計量値の差（$b-a$）	3	−12	3	16	−65	0.26
d) 計量値の誤差（c/a）〔%〕	1	−2	3	1	−3	4
e) 計量値の許容差〔%〕	±1	±1	±2	±3	±3	±3
合否	合格	不合格	不合格	合格	合格	不合格

表より、**(3)** が正答となる。 　　　　　　　　　　　　　　　【解答（3）】

(((問題3)))　コンクリートの練混ぜ時間を決定するために、JIS A 1119（ミキサで練り混ぜたコンクリート中のモルタルの差及び粗骨材量の差の試験方法）によって試験を行ったところ、図Aおよび図Bの結果が得られた。両図の縦軸が示す試験項目と決定した練混ぜ時間の組合せとして、**適当なものはどれか。**

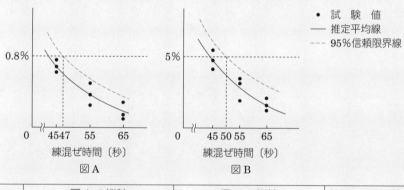

	図Aの縦軸	図Bの縦軸	練混ぜ時間〔秒〕
(1)	モルタルの単位容積質量の差	単位粗骨材量の差	47
(2)	モルタルの単位容積質量の差	単位粗骨材量の差	50
(3)	単位粗骨材量の差	モルタルの単位容積質量の差	47
(4)	単位粗骨材量の差	モルタルの単位容積質量の差	50

解説　JIS A 5308（レディーミクストコンクリート）では、JIS A 1119によって試験を実施し、コンクリート中のモルタルの単位容積質量の差が0.8％以下、かつ、単位粗骨材量の差が5％以下の場合を、コンクリートの均一な練混ぜと判断している。

　設問では、図Aの縦軸は0.8％に点線があり、図Bの縦軸は5％に点線がある

ため、図 A の縦軸はモルタルの単位容積質量の差であり、図 B の縦軸は単位粗骨材量の差であると判断できる。次に、練混ぜ時間は、2 項目の両者を満足する必要があるため、50 秒以上とする必要のあることがわかる。よって、**適当な組み合わせは (2) となる。** 【解答 (2)】

(((問題 4)))　コンクリートの練混ぜに関する次の一般的な記述のうち、**不適当なものはどれか。**

(1) 練混ぜ時間が短すぎると、十分に混合されないため、圧縮強度は小さい値を示す。

(2) バッチ式ミキサでは、最初のバッチの練混ぜに先だって適当量のモルタルを練り混ぜて排出する。

(3) 強制練りミキサは、混合胴の回転によって材料をすくいあげ、自重で落下させて練り混ぜる方式のミキサである。

(4) 連続式ミキサでは、原則として、最初に排出されるコンクリートを用いない。

解説 (2) バッチ式ミキサでは、最初のバッチはミキサの内側などにモルタル分が付着し、排出したコンクリートは計画配(調)合に比べモルタル分が少なくなり、所定の容積も確保できない。よって、最初にミキサ内部にモルタル分を付着させるために、適当量のモルタルやコンクリートを捨てバッチとして練り混ぜる。

(3) 強制練りミキサは、**羽を動力で回転させ、コンクリート材料を強制的に練り混ぜるミキサである。** 設問は重力式ミキサの説明である。

(4) 強制練りミキサ同様、練混ぜの最初に排出されるコンクリートは、所定の品質を満足していない可能性があり使用しない。 【解答 (3)】

(((問題 5)))　コンクリートの運搬、荷卸しに関する次の記述のうち、JIS A 5308 (レディーミクストコンクリート) の規定に照らして、**誤っているものはどれか。**

(1) 生産者は、トラックアジテータの性能試験として、積荷のおよそ 1/4 および 3/4 のところからそれぞれ個々に試料を採取してスランプ試験を行い、両者のスランプの差が 3 cm 以内であることを確認した。

(2) 生産者は、購入者との協議によらず、ダンプトラックによる運搬時間の限度を 1.0 時間とした。

(3) 購入者は、納入書に記載される納入時刻の発着の差により、運搬時間を管理した。

(4) 購入者は、ポンプ圧送による空気量の変化を見込んで、空気量の許容差を 0～ +2.0 ％と指定した。

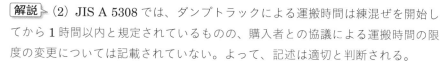

解説 （2）JIS A 5308 では、ダンプトラックによる運搬時間は練混ぜを開始してから **1 時間以内**と規定されているものの、購入者との協議による運搬時間の限度の変更については記載されていない。よって、記述は適切と判断される。

　（3）一般に納入書の発時刻は材料の計量開始と同時に印字されるため、着時刻との差によって、安全側に運搬時間の確認ができる。

　（4）購入者は荷卸し地点での空気量を指定することができるが、その**許容差は ±1.5% から変更することができない**。　　　　　　　　　　【解答（4）】

(((問題 6)))　レディーミクストコンクリートの運搬および運搬車に関する次の記述のうち、JIS A 5308（レディーミクストコンクリート）の規定に照らして、**正しいものはどれか**。
　（1）運搬時間とは、練り混ぜられたコンクリートの運搬車への積込みが完了した時点から、運搬車が荷卸し地点に到着するまでの時間のことをいう。
　（2）運搬時間の限度は 1.5 時間であるが、購入者と協議のうえ運搬時間の限度を変更することができる。
　（3）ダンプトラックを運搬車として用いることができるのは、スランプ 2.5 cm およびスランプ 6.5 cm の舗装コンクリートに限定される。
　（4）トラックアジテータは、その荷の排出時に、コンクリート流の約 1/4 と 3/4 のとき、それぞれの断面から試料を採取して圧縮強度試験を行い、両者の圧縮強度の差が 3 N/mm² 以下になるものでなければならない。

解説　JIS A 5308 のコンクリート運搬に関する規定について、比較的細かな点の理解度を問うている設問である。JIS A 5308 は、コンクリートの根本原則であり、「注）」書きを含めて全文を暗記するつもりで学習する必要がある。

　（1）JIS A 5308 における運搬時間は、**練混ぜ開始から運搬車が荷卸し地点に到着するまでの時間**と規定されている。

　（3）JIS A 5308 では、ダンプトラックは、**スランプ 2.5 cm の舗装コンクリートを運搬する場合に限り使用することができる**、としている。

　（4）JIS A 5308 では、トラックアジテータは、その荷の排出時に、コンクリート流の約 1/4 と 3/4 のとき、それぞれの断面から試料を採取して**スランプ試験**を行い、両者の**スランプの差が 3 cm 以内**になるものでなければならない、としている。
　　　　　　　　　　　　　　　　　　　　　　　　　　　　　　【解答（2）】

3章　統計的品質管理の基礎知識

出題
傾向

統計的な品質管理手法は、コンクリート製造の日常業務に使用されている。出題は減少ぎみだが重要な基礎知識である。正規分布の不良率の考え方に基づく品質管理や、各種管理図の特徴および管理図による品質管理についての出題がある。製造以外の業務の受験者にとって苦手な分野かもしれないが、習得すべき知識は多くはないので、理解しておくこと。

こんな問題が出題されます！

基本問題

レディーミクストコンクリートを製造しているA～E工場について、同じ呼び強度のコンクリートの圧縮強度の試験結果のヒストグラムを作成した。A工場のヒストグラムと、B～E工場のヒストグラムを比較した次の記述のうち、**誤っているものはどれか**。なお、各図に示す破線は、A工場において得られた圧縮強度の試験結果の平均値である。

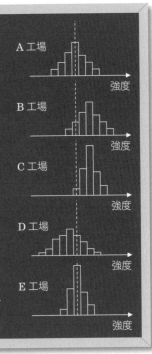

(1) B工場は、平均値が大きく、変動係数が同程度か小さい。

(2) C工場は、平均値が大きく、変動係数が大きい。

(3) D工場は、平均値が小さく、変動係数が大きい。

(4) E工場は、平均値が同程度で、変動係数が小さい。

解説　正規分布を示すヒストグラムでは、分布の形状が試験結果のばらつきの程度を、ピークの位置が中央値（＝平均値）を示す。分布の形状は、データの範囲が狭く、山が高いほど、ばらつきが小さい状態である。なお、変動係数は、標準偏差をデータの平均値で割った値で、データのばらつき程度を相対的に評価で

きる。これらによりそれぞれの工場の試験結果を評価すればよい。

（1）B工場のヒストグラムをA工場と比較すると、平均値は大きいが、山の形が同じであり、ばらつき（変動係数）は同程度であることがわかる。

（2）C工場は、平均値が大きく、データの範囲がせまく山が高いので**変動係数は小さい**。

（3）D工場は、平均値が小さく、データ範囲が広く山が低いので変動係数が大きい。

（4）E工場は、平均値が同程度であり、データ範囲が狭く山が高いので変動係数が小さい。

【解答（2）】

1 ◆ 基礎事項・用語

▒ 品質管理と検査

品質管理は、使用目的に合致したコンクリート構造物を経済的に造るために、工事のあらゆる段階で行う、効果的で組織的な技術活動である。一方、検査は、品質が判定基準に適合しているか否かを判定する行為である。

▒ 統計上の用語

ある測定値についてN個のデータがあるとし、その個々の値をx_i（$i=1$、2、3…N）とすれば、

○平均値（m）：測定値を全部加えてその個数で割ったもの

$$m = \frac{1}{N}\sum_{i=1}^{N} x_i = \frac{x_1 + x_2 + \cdots + x_N}{N}$$

○標準偏差（σ）：測定値のばらつきの程度を表す量（σ^2：不偏分散）

$$\sigma = \sqrt{\frac{1}{N-1}\sum_{i=1}^{N}(m-x_i)^2} = \sqrt{\frac{(m-x_1)^2 + (m-x_2)^2 + \cdots + (m-x_N)^2}{N-1}}$$

○変動係数（V）：標準偏差を平均値で除した値。測定値のばらつきを相対的に表したもの。

$$V = \frac{\sigma}{m} \times 100〔\%〕$$

○範囲（標本範囲）（R）：1組のデータ中の最大値と最小値との差

$$R = 最大値 - 最小値$$

正規分布における不良率の考え方

　正規分布とは、ある母集団のデータの値の度数が、平均値が中央値となり、これを中心にして左右対称の釣鐘形に分布していることを表している。圧縮強度、スランプ、空気量、材料試験結果など、コンクリートに関する品質データは正規分布しているとみなして、品質管理がされている。

　データが正規分布している場合、標準偏差の係数 k の値によって不良率が定まる。圧縮強度では、$(m-k\sigma)$ より小さい範囲が不良（不合格）となる。

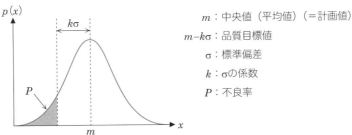

m：中央値（平均値）（＝計画値）
$m-k\sigma$：品質目標値
σ：標準偏差
k：σの係数
P：不良率

（レディーミクストコンクリートの配(調)合設計では、m：配(調)合強度、$m-k\sigma$：呼び強度の強度値となる）

正規分布の考え方

$k\sigma$と品質管理の考え方（圧縮強度の場合）

k	P（不良率）	品質管理の考え方
0.0	0.500（50%）	呼び強度の強度値（品質目標値）と試験結果の平均値が同じということであり、不良率50%となる
1.0	約0.16（約16%）	平均値から1σ以上外れる確率は約16%である
1.645	0.0500（5%）	不良率を5%とするには呼び強度の強度値（品質目標値）＋1.645σを配(調)合強度（計画値）にすればよい
1.73	0.0400（4%）	不良率を4%とするには呼び強度の強度値（品質目標値）＋1.73σを配(調)合強度（計画値）にすればよい
3.0	0.0013（0.13%）	中央値（平均値）から3σ以上外れる確率は0.13%で、コンクリートの品質管理では不良率0%とみなす

JIS A 5308 の圧縮強度の合否判定基準

　JIS A 5308 の圧縮強度の合否判定基準は正規分布の考え方で定めている。

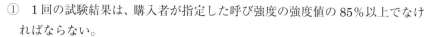

① 1回の試験結果は、購入者が指定した呼び強度の強度値の85%以上でなければならない。

$$m_1 \geqq 0.85\,SL + 3\sigma$$

（m_1：1回の試験結果、SL：呼び強度の強度値、σ：標準偏差）

② 3回の試験結果の平均値は、購入者が指定した呼び強度の強度値以上でなければならない。

$$m_3 \geqq SL + \frac{3\sigma}{\sqrt{3}} = SL + 1.73\sigma$$

（m_3：3回の試験結果の平均値、SL：呼び強度の強度値、σ：標準偏差）

3 ◆ 管理図

管理図は、品質管理を行うとき、品質の変動状況を迅速にかつ正確に判断できる。管理図には、$\overline{X}$–R 管理図と X–R 管理図とがある。

■ 管理図の種類と特徴 ■

種　類	内　容
$\overline{X}$–R 管理図	測定値を群に分け、群ごとの平均値（$\overline{X}$）と群の範囲（R）とを求め、$\overline{X}$ 管理図、R 管理図にしたもので、$\overline{X}$ 管理図は群の平均値の変化を、R 管理図は群内のばらつきの変化を管理するのに用いる。通常両者を1組として利用する
X–R 管理図	得られた測定値をそのまま打点して X 管理図とし、また、移動範囲を求めて R 管理図としたもの

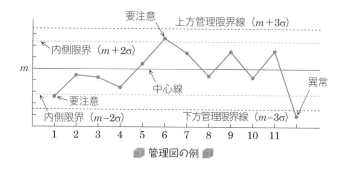

■ 管理図の例 ■

> ■ 管理図の特徴と品質管理方法
> ・品質の中心を示す中心線と、許容されるばらつきを示す管理限界線で表す。

- 管理限界は通常 3σ 限界が用いられ、「中央値（平均値・目標値）$+3\sigma$」を上方管理限界線、「中央値（平均値・目標値）-3σ」を下方管理限界線とする。3σ 限界の外の値は、異常を示した値と判断する。
- また、内側限界（2σ 限界）線を記入して、2σ 限界線を出た値は要注意として原因を調べる。
- 特性値が中心線を中心にして、2σ 限界線の内側にランダムに打点されれば、良好な管理状態にあると判断できる。
- 2σ 以内でもランダムに分布せず、中心線の同じ側に点が連続して現れたり、点が上または下に移動していくような一定の傾向を示す場合は要注意である。
- 工程が安定した状態にあっても、今後の工程の安定を保証するものではないため、品質管理を省略すべきではない。

標準問題でレベルアップ!!!

(((問題1)))　ある工場が 1 か月間に出荷した呼び強度 24 のコンクリートの圧縮強度の試験結果を集計したところ、その平均値は 30.0 N/mm² であり、標準偏差は 2.4 N/mm² であった。コンクリートの圧縮強度が呼び強度の強度値を下回る確率として、**正しいものはどれか。** ただし、コンクリートの圧縮強度は正規分布するとし、正規偏差の定数 k および下側不良の確率 P は下表による。

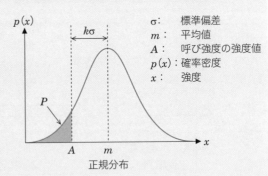

正規偏差の 定数 k	下側不良の 確率 P
1.73	0.0400
2.00	0.0228
2.50	0.0062
3.00	0.0013

σ :	標準偏差
m :	平均値
A :	呼び強度の強度値
$p(x)$:	確率密度
x :	強度

正規分布

(1) 4.00%　　　(2) 2.28%　　　(3) 0.62%　　　(4) 0.13%

解説 図より、$m = A + k\sigma$ と表される。圧縮強度の平均値 30.0 N/mm²、呼び強度の強度値 24 N/mm²、標準偏差 2.4 N/mm² から、次式が成り立つ。

$$30.0 = 24.0 + k \times 2.4$$

よって、$k = (30.0 - 24.0)/2.4 = 2.5$ となり、設問の表から、コンクリートの圧縮強度が呼び強度の強度値を下回る確率は、**0.0062→0.62%**となる。よって、**(3)**が正しい。 【解答 (3)】

(((問題 2))) 圧縮強度の試験結果が正規分布を示し、圧縮強度の平均値が 36.0 N/mm²、標準偏差が 3.0 N/mm² であるコンクリートに関する次の記述のうち、**不適当なものはどれか。**

 (1) 3 回の試験結果の平均値が 36.0 N/mm² を下回る確率は、ほぼ 50% である。

 (2) 1 回の試験結果が 31.1 N/mm² を下回る確率は、ほぼ 5% である。

 (3) 3 回の試験結果の平均値が 30.0 N/mm² を下回る確率は、ほぼ 2% である。

 (4) 1 回の試験結果が 27.0 N/mm² を下回る確率は、ほぼ 0% である。

解説 (1) n 回の試験の平均値における標準偏差（σ_n）は、1 回ごとの試験結果の標準偏差を σ とすると $\sigma_n = \sigma/\sqrt{n}$ であり、3 回の試験結果の平均の場合、標準偏差は $\sigma/\sqrt{3}$ となる。ここで、平均値を m、品質目標値を SL とすると、$m = SL + k \times \sigma/\sqrt{3}$ という関係式が成り立つ。設問では $m = SL = 36.0$ N/mm² であるため、$k = 0$ となる。不良となる範囲は（中央値 $- k\sigma$）より小さい範囲であり、設問では中央値より小さい範囲となるため、**50%** が不良率となる。

 (2) 1 回の試験結果の場合、$m = SL + k\sigma$ の関係式が成り立つ。設問では、$36.0 = 31.1 + k \times 3.0$ で、k は約 1.63 である。この場合、不良率は約 5% となる。

 (3) (1) の関係式から、$36.0 = 30.0 + k \times 3.0/\sqrt{3}$ となり、k は約 3.46 である。$k = 3$ の場合、不良率は 0.13% となり非常に小さい。設問の k 値はこの値より大きいため、**不良率はほぼ 0%** といえる。

 (4) (2) の関係式から、$36.0 = 27.0 + k \times 3.0$ となり、$k = 3.0$ である。よって、不良率はほぼ 0% と判断できる。 【解答 (3)】

(((問題3))) 下図に示すような JIS Z 9021：1998（シューハート管理図）及び JIS Z 9020-2：2016（管理図一第 2 部：シューハート管理図）に基づくコンクリートの圧縮強度の管理図に関する次の一般的な記述のうち、**適当なものはどれか**。なお、$\overline{X}$ は平均値を、σ は標準偏差を示す。

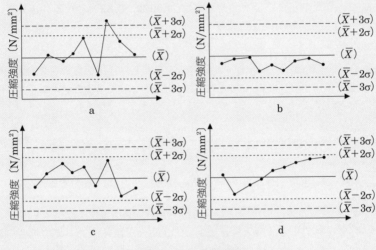

$(\overline{X}+3\sigma)$：上方管理限界
$(\overline{X}+2\sigma)$：内側限界
$(\overline{X})$　　：中心線
$(\overline{X}-2\sigma)$：内側限界
$(\overline{X}-3\sigma)$：下方管理限界

(1) a 図では、強度が $(\overline{X}+3\sigma)$ の外側に 1 点打点されていたが、その他は $(\overline{X}\pm2\sigma)$ の内側に打点されていたので、良好な管理状態にあると判断した。

(2) b 図では、強度が中心線に対して同じ側に連続して打点されていたが、$(\overline{X}-2\sigma)$ の内側に打点されていたので、良好な管理状態にあると判断した。

(3) c 図では、強度が中心線を中心に不規則に打点されていたが、$(\overline{X}\pm2\sigma)$ の内側に打点されていたので、良好な管理状態にあると判断した。

(4) d 図では、強度が連続して上昇していたが、$(\overline{X}\pm2\sigma)$ の内側に打点されていたので、良好な管理状態にあると判断した。

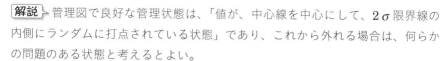

解説 管理図で良好な管理状態は、「値が、中心線を中心にして、2σ 限界線の内側にランダムに打点されている状態」であり、これから外れる場合は、何らかの問題のある状態と考えるとよい。

（1）3σ の外の値は異常な値であり、**良好な管理状態にあるとは判断できない**。

（2）強度が 2σ の内側に打点されているものの、中心線の片側に偏って 9 点分布していることは、**注意を要する管理状態**と判断すべきである。

（3）強度が 2σ の内側に打点されており、中心線の両側にランダムに分布しているため、良好な管理状態にあると判断できる。

（4）強度が 2σ の内側に打点されているものの、連続して 1 方向に 6 点以上が増加傾向を示しており、**注意すべき管理状態であると**判断できる。

【解答 （3）】

6時限目
コンクリートの施工

　6時限目は、運搬から打込み、養生までのコンクリートの施工管理や型枠、鉄筋の施工についてです。施工に携わっていない受験者にとっては苦手な分野かもしれませんが、出題傾向はほぼ一定ですので、繰返し学習で必要な知識が身につきます。施工に携わっている受験者は、場合によって、現場では当たり前だと思い込んでいることが実は正解ではないこともありえます。原則どおりの知識を改めて確認し、基本に則った解答を心掛けましょう。

　また、建築工事と土木工事では扱うコンクリートや構造物が異なるため、施工に関する規定の内容や文章に微妙な差異がありますので、必要に応じて、重要ポイント講義では土木学会示方書とJASS5について併記しました。

1章 運　搬

出題傾向 ▶
運搬は例年 1 ～ 2 問の出題があり、各種運搬機器の特徴や使用上の注意点、ポンプ圧送によるコンクリート性状の変化などの出題が多い。
なお、運搬には、レディーミクストコンクリート工場から工事現場までの運搬と、工事現場内の運搬がある。工事現場までの運搬については、5 時限目に触れたので、ここでは工事現場内の運搬について学ぶ。

こんな問題が出題されます！

基本問題

コンクリートの場内運搬に関する次の記述のうち、**不適当なものはどれか。**
(1) コンクリートバケットを、硬練りコンクリートの運搬に用いた。
(2) ベルトコンベアを、軟練りコンクリートの運搬に用いた。
(3) ダンプトラックを、硬練りコンクリートの運搬に用いた。
(4) コンクリートポンプを、軟練りコンクリートの運搬に用いた。

解説 ▶ 各種場内運搬機器の適用に関する基本的な設問である。

(1) コンクリートバケットは、材料の分離や品質の変化のもっとも少ない運搬方法であり、硬練りコンクリートの運搬に用いることにも適している。

(2) **ベルトコンベアでの運搬は**、コンクリートの分離やモルタル分のベルトへの付着が生じやすいため、**軟練りコンクリートには適さない。**

(3) ダンプトラックによる運搬は、スランプ 2.5 cm の硬練りコンクリートに限定して認められている。

(4) 軟練りコンクリートのコンクリートポンプによる運搬は、管内圧力損失が小さくなり、適している。　　　　　　　　　　　　　　　　【解答（2）】

1 ◆ コンクリートポンプによる運搬

▥ 種類と特徴

コンクリートポンプには、ピストン式とスクイズ式がある。

ピストン式	スクイズ式に比べ吐出圧力が高く、高所圧送や長距離圧送に適し、幅広いコンクリート配(調)合に使用できる
スクイズ式	構造が簡単で取り扱いやすく、吐出量の調整が容易で、軟練りコンクリートの小規模な打込みに適している

▥ 圧送能力とポンプの選定

ポンプ圧送は、一般的な大型機種で、水平で 600 〜 700 m、垂直で 90 〜 120 m 程度まで可能である。ポンプ圧送では、輸送管内をコンクリートが移動する際に摩擦などにより圧力が損失する**管内圧力損失**が生じる。

コンクリートポンプは、管内圧力損失の合計である**圧送負荷の 1.25 倍以上**の圧送能力を有する機種を選定する。

▥ 圧送負荷算定方法 ▥

JASS5	圧送距離、圧送高さ、直管、ベント管、テーパ管、フレキシブルホースなどによる管内圧力損失を計算で求めて合計する
土木学会示方書	上向き垂直管、テーパ管、ベント管、フレキシブルホースなどの管内圧力損失を水平配管の長さに換算した水平換算距離と水平管長さを加え、水平管 1 m 当たりの管内圧力損失を乗じて求める

▥ 管内圧力損失の性状

- 水平管 1 m 当たりの管内圧力損失は、コンクリートの種類および品質、吐出量、輸送管の径によって定まる。
- 管内圧力損失は、圧送距離に比例して大きくなる。
- 高強度コンクリートや高流動コンクリートは、セメントなどの粉体量が多く粘性が高いため、管内圧力損失が大きくなる。
- スランプが小さいほど、管内圧力損失が大きくなる。
- 時間当たりの吐出量が多くなるほど、管内圧力損失が大きくなる。
- 輸送管の径が太くなるほど管内圧力損失が小さくなる。
- ベント管（曲がり管）やテーパ管は直管に比べて管内圧力損失が大きい。

■ ポンプ圧送の注意点

ポンプ圧送時の注意点としては、配管内で閉塞を起こさないようにすることが重要である。一般的な配(調)合のコンクリートでは、加圧ブリーディング試験により圧送性を評価できる。

材料・配(調)合	・セメント量が少ないと材料分離を起こし配管内閉塞を生じやすい ・スランプが小さくなると、管内圧力損失の増加とポンプの吸込み性能の低下により、圧送性が低下する ・細・粗骨材の粒度分布が悪い場合、細骨材の微粒分が不足している場合、細骨材率が低すぎる場合などでは、流動性が低下して配管内の閉塞を起こすことがある
施工	・コンクリート圧送前に輸送管の内側を潤すため富調合モルタル（先送りモルタル）を圧送する。先送りモルタルは型枠内には打ち込まず、廃棄する ・下り配管の圧送は、配管内でコンクリートが自然落下し、分離して閉塞しやすいため、配管先端にベント管や水平管を設けるとよい ・人工軽量骨材は圧送時に圧力吸水が生じて閉塞しやすいので、貯蔵時に骨材の十分な吸水（プレウェッティング）を実施する

2 ◆ その他の場内運搬機器と特徴

ポンプ以外の場内運搬機器には、コンクリートバケット、シュート、ベルトコンベアなどがある。それぞれの特徴を把握したうえで、適切に使用することが大切である。

コンクリートバケット	・各種運搬手段のうちで、材料の分離や品質の変化を少なくするうえで最も適した運搬方法である ・クレーンなどでコンクリートバケットを移動する方法は、コンクリートへの振動が少なく、移動（水平、鉛直）も容易である
シュート	・縦シュートと斜めシュートがある ・縦シュートは、高い所からの打込みでバケットが使用できない時に用い、長さ 60 cm 程度の短いロート管を継ぎ合わせる ・シュート先端のコンクリート自由落下距離は 1.5 m 以下とする ・斜めシュートは材料の分離が起きやすいので、なるべく使用しない ・材料分離が認められる場合には、一度容器に受取り、練り直してから用いるとよい ・斜めシュートの傾きは、JASS5 では 30 度以上、土木学会示方書では水平 2 に対して鉛直 1 程度を標準としている
ベルトコンベア	・硬練りコンクリートを水平方向に運搬するのに便利である ・軟練りコンクリートは振動で分離しやすいので、建築工事ではほとんど使用されない ・コンクリートの分離を防止するため、ベルトコンベアの終端にバッフルプレート（阻板）や漏斗管を設けることがある ・日光の直射や風雨などの影響を防止するため、ベルトコンベアに覆いを設けるとよい

(((問題1))) 現場内におけるコンクリートの運搬に関する次の一般的な記述のうち、**不適当なもの**はどれか。

(1) コンクリートバケットをクレーンで運搬する方法は、材料分離を生じにくい。

(2) スクイズ式のコンクリートポンプは、ピストン式のコンクリートポンプと比べて長距離の圧送に適している。

(3) ベルトコンベアによる運搬は、スランプの大きなコンクリートには適さない。

(4) 斜めシュートは、縦シュートよりも材料分離を生じやすい。

解説 各種場内運搬機器の特徴やコンクリート性状へ与える影響についての基本的な設問である。

(2) スクイズ式のコンクリートポンプは、ピストン式に比べ吐出圧力が小さく、**長距離の圧送には適さない**。

(3) ベルトコンベアは硬練りコンクリートを水平方向に運搬するのに用いられており、スランプの大きなコンクリートをベルトコンベアで運搬すると材料分離を生じやすいため採用すべきではない。　　　　　　　　　　　**【解答 (2)】**

(((問題2))) コンクリートの運搬に関する次の一般的な記述のうち、**不適当なもの**はどれか。

(1) トラックアジテータからコンクリートを荷卸しする場合、高速撹拌して、コンクリートを均質にしてから排出するのがよい。

(2) コンクリートポンプによる圧送を行う場合、単位セメント量が少なくなると輸送管内の閉塞が生じやすい。

(3) コンクリートバケットでの運搬は、コンクリートに与える振動が少なく、材料分離を生じにくい。

(4) 斜めシュートを用いる場合、傾斜角度にかかわらず、材料分離を少なく運搬できる。

解説 (1) レディーミクストコンクリート工場から荷卸し位置までの運搬中、トラックアジテータは低速回転することでコンクリートの分離を抑制しているが、道路事情や運搬距離が長い場合などでは積載しているコンクリートが不均一な状態になる可能性がある。そのため、荷卸し時に高速撹拌してコンクリートを均一にすることは品質管理上有効である。

（2）ポンプ圧送では、圧送管の内側表面にセメントペーストが付着し、コンクリートがその内側を滑ることで閉塞を防止できる。単位セメント量が少なくなるとセメントペースト分が少なくなり、配管内側に付着するセメントペースト分が失われることで、粗骨材同士が噛み合って輸送管内で栓のようになり、閉塞を生じやすくなる。

（4）斜めシュートは傾斜角度にかかわらず**材料分離を生じやすく**、できるだけ使用しない方がよい。やむを得ず使用する場合は、傾斜角度を 30 度以上とし、運搬距離をできるだけ短くしたうえで、シュートの吐出口にバッフルプレート（当て板）と漏斗管を設けるとよい。　　　　　　　　　　　　　　**【解答（4）】**

(((問題 3))) コンクリートの圧送に関する次の一般的な記述のうち、**適当なものはどれか。**
 (1) ベント管の数を多くすると、圧送負荷が小さくなる。
 (2) 圧送距離を長くすると、圧送負荷が小さくなる。
 (3) 時間当たりの吐出量を多くすると、圧送負荷が大きくなる。
 (4) 輸送管の径を大きくすると、圧送負荷が大きくなる。

解説 圧送条件と圧送負荷の関係に関する基本的な設問である。

（1）ベント管の単位長さ当たりの圧力損失は、土木学会示方書では水平直管に比べて 5 倍、JASS5 では 3 倍**大きくなる**ことを想定して計画している。

（2）圧送負荷は圧送距離に比例するため、圧送距離を長くすると**圧送負荷は大きくなる**。

（4）輸送管の径を大きくすると、コンクリートが通りやすくなるため、**圧送負荷が小さくなる**。　　　　　　　　　　　　　　　　　**【解答（3）】**

(((問題 4))) コンクリートポンプによる圧送に関する次の一般的な記述のうち、**不適当なものはどれか。**
 (1) コンクリートの単位セメント量が少ない方が、圧送性が低下する。
 (2) コンクリートの細骨材率が高い方が、圧送性が低下する。
 (3) コンクリートのスランプが小さい方が、圧送性が低下する。
 (4) 事前吸水（プレウェッティング）を行っていない軽量骨材を用いたコンクリートは、閉塞が生じやすい。

解説 コンクリートの圧送性と各種要因の関係は、毎年出題されている。材料品質、配(調)合条件などとの関係は、十分理解しておく必要がある。

(2) **細骨材率を高くすると**、閉塞の原因となる粗骨材の量が減少して、**圧送性は向上する。** 【解答 (2)】

(((問題5))) コンクリートの圧送に関する次の一般的な記述のうち、**適当なものはどれか。**

(1) 軽量骨材コンクリートを圧送するには、高性能 AE 減水剤を用いてスランプを大きく設定するのが望ましい。

(2) 高強度コンクリートを長距離圧送するには、ピストン式よりスクイズ式のコンクリートポンプが適している。

(3) 高流動コンクリートを圧送するには、流動性が高いので最大吐出圧力の小さいコンクリートポンプが適している。

(4) 圧送するコンクリートと水セメント比が同一の先送りモルタルであれば、そのまま構造体に打ち込むことができる。

解説 (1) 軽量(骨材)コンクリートの圧送では、圧力吸水を抑制するためにも圧力負荷を小さくする必要がある。圧力負荷を小さくするにはスランプを大きくするとよいが、単位水量を多くして流動性を高めると分離しやすくなり、閉塞のおそれが大きくなる。高性能 AE 減水剤を用いると単位水量を増加させることなくスランプを大きくすることができ、閉塞の抑制に有効である。

(2) 高強度コンクリートを長距離圧送するには、**スクイズ式より吐出圧力の高いピストン式のコンクリートポンプが適している。**

(3) 高流動コンクリートは、流動性は高いが、粉体量が多く粘性も大きい。よって、一般的には圧送負荷が大きくなるので、**最大吐出圧力の大きいコンクリートポンプが適している。**

(4) 先送りモルタルが圧送するコンクリートと水セメント比が同一であっても、先行する水と混合して品質が低下していることと、コンクリートと静弾性係数や乾燥収縮率が異なるため、**そのまま構造体に打ち込んではならない。**

【解答 (1)】

2章 打込み、締固め、打継ぎ

出題傾向 打込み・締固めは例年1〜2問の出題がある。打重ね時間間隔の限度、棒形振動機の適切な使い方や効果などに関する出題が多い。打継ぎでは、打継ぎ位置の計画や施工上の注意点を確認しておこう。

こんな問題が出題されます！

基本問題

コンクリートの打込みおよび締固めに関する次の記述のうち、**適当なもの**はどれか。

(1) 均一で密実なコンクリートにするため、同一箇所で振動機を用いて出来るだけ長時間締め固めるのがよい。

(2) 型枠に作用する側圧を小さくするため、打込み速度はできるだけ速くするのがよい。

(3) 柱と梁にコンクリートを打ち込む場合、沈下ひび割れを防ぐため、連続して一度に打ち込むのがよい。

(4) 壁にコンクリートを打ち込む場合、材料分離を防ぐため、振動機によるコンクリートの横移動を避けるのがよい。

解説 (1) 同一箇所で長時間振動機を用いると、コンクリートの分離が生じやすい。振動時間は、コンクリート表面の沈下が認められず、表面にセメントペーストが浮き上がり始める程度までとするとよい。

(2) 型枠に作用する側圧は、**打込み速度（打ち上がり速度）が速いほど大きく**なるため、側圧を小さくするためには**打込み速度を遅くする**とよい。

(3) 柱と梁の境界の沈下ひび割れを防止するためには、柱コンクリートを梁下端まで**打ち込んだ後、ある程度の沈降時間を確保してから**、柱コンクリートが固まり始める前のタイミングで梁コンクリートを打ち込むのがよい。

(4) 記述のとおり。 【解答 (4)】

1 ◆ 打込み

　打込みは、事前準備の後、打込み速度や打込み高さを考慮しながら適切な方法による。また、打重ねではコールドジョイントの防止が重要である。

🧱 打込み施工の重要事項 🧱

事前準備	・型枠内の異物除去とともに、吸水のおそれのある型枠面や既存コンクリート面は、水が溜まらない程度に水湿ししておく
打込み速度	・ポンプの圧送能力ではなく、十分な締固め作業が可能な範囲とし、20 ～ 30 m³/h を目安にする
打込み方法	・ポンプ筒先からの自由落下高さが大きいと材料分離を生じやすいため、自由落下高さは 1.5 m 程度以下とし、垂直に落とす ・梁と柱・壁、梁とスラブの境で沈みひび割れが生じやすい。梁下端でいったん打ち止め、沈降が収まった後に梁・スラブのコンクリートを打ち込む ・振動機を用いて型枠内のコンクリートを横方向に移動させるとコンクリートが分離するので、横流しをしてはいけない ・片押しで打込みを進めると、型枠支保工のバランスが崩れて変形や崩壊の危険がある。打込み区画全体でできるだけ水平に打ち上がるように回し打ちする
打込み高さ	・1 回の打込み高さは、30 ～ 60 cm（土木学会示方書では 40 ～ 50 cm、JASS5 では 60 ～ 80 cm 以下）を標準とし、棒形振動機の締固め能力の範囲内とする
打重ね	・下層のコンクリートが固まり始める前に上層のコンクリートを打ち込み、コールドジョイントができないようにする ・打重ね時間の限度は、先に打ち込まれたコンクリートの再振動可能時間以内とする。コンクリートの凝結始発時間より早いタイミングである（下表参照） ・打重ね時間間隔の限度は、気温が高いほど短くする

🧱 打重ね時間の限度 🧱

JASS5	外気温が 25℃未満の場合 150 分、25℃以上の場合 120 分を目安
土木学会示方書	外気温が 25℃以下の場合 150 分、25℃を超える場合 120 分を目安

2 ◆ 締固め

　締固めは、コンクリート棒形振動機、型枠振動機、突き棒などを用いて行う。
使用機器は、構造体条件、コンクリート性状、施工条件等に応じて選択する。

締固め方法と特徴

棒形振動機	・締固め能力が高く、一般的に使用されている
型枠振動機	・高い壁、柱などの垂直な部材で使用する ・バタ(端太)角や丸パイプに治具で取り付け、せき板に直接振動を与える ・型枠は堅固にしておき、加振によるフォームタイのゆるみやせき板の変形が生じないようにする ・振動の効果はコンクリート表面近傍に限られるが、コンクリート表面の豆板や気泡の減少に効果が期待できる
その他	・突き棒や木づちによる叩きは、軟練りコンクリートで棒形振動機の使用できない箇所での補助的な締固めに用いる

棒形振動機使用上の注意点

締固め性能	・締固め性能は振動機の振動数が大きいほど大きい ・時間当たりの締固め量は、棒形振動機 1 台について $10 \sim 15 \ \mathrm{m^3/h}$ 程度が適切である
締固め有効範囲	・振動機の振動棒の直径の $10 \sim 15$ 倍程度である ・棒形振動機の挿入間隔は以下が推奨されている 　・JASS5：普通コンクリート 60 cm 以下（振動棒呼び径 45 mm） 　・土木学会示方書：50 cm 以下
締固め方法	・振動機の挿入は垂直とし、振動機の先端は、鉄骨、鉄筋、埋込み配管、金物、型枠などになるべく接触させない ・打重ね時の振動締固めは、振動機を下層コンクリート中に 10 cm 程度挿入して行う ・振動を 1 か所に長くかけすぎるとコンクリートが分離するため、コンクリート表面にセメントペーストが薄く浮き上がるまでとし、一般に 5 ～ 15 秒の範囲とする ・締固め終了後、棒形振動機はゆっくり引抜き、後に穴が残らないようにする

3 ◆ 打継ぎの施工計画と施工

　打継目は、構造物の弱点となるので、できるだけ少ないほうがよいが、施工上やむを得ず設ける場合は次の点に注意する。

▧ 打継目の位置

　打継目はできるだけせん断力の小さい位置に設け、打継ぎ面を部材の圧縮力の作用する方向に対して垂直にするのを原則とする。

打継ぎ部位	打継ぎ位置
梁、床スラブおよび屋根スラブの鉛直打継ぎ部	スパンの中央あるいは端から 1/4 付近
柱および壁の水平打継ぎ部	床スラブ・梁の下端、または床スラブ・梁・基礎梁の上端
片持ち床スラブなどの跳ね出し部	跳ね出し部を支持する構造体部分と一緒に打ち込み、打継ぎは設けない

▧ 打継ぎ面の処理

　既存コンクリートの打継ぎ面は、レイタンスや脆弱なコンクリートを除去し、新たに打ち込むコンクリートとの一体性を確保する。

　なお、地下の外周壁など、水密性が必要な場合は、打継ぎ面に止水板を設置する方法も有効である。

🏳 打継ぎ面の処理方法 🏳

水平打継ぎ面	・打継ぎ面のレイタンス、品質の悪いコンクリート、ゆるんだ骨材粒などを除去し、十分に吸水させてから、新しいコンクリートを打ち込む ・コンクリート打込み後、凝結が始まる前に打継ぎ面に凝結遅延剤を散布し、翌日に高圧水で打継ぎ面のレイタンスや脆弱部を除去する方法もある ・ダムコンクリートなどでは、コンクリートと同程度の配(調)合のモルタルを先に流してから、直ちに新しいコンクリートを打込む方法も取られることがある
垂直打継目	・ワイヤーブラシやチッピングにより旧コンクリート面を粗にして十分吸水させてからコンクリートを打ち継ぐ ・打継ぎ面にセメントペースト、モルタルあるいは湿潤用エポキシ樹脂などを塗ることも有効である ・新しいコンクリートを打ち込んだ後、硬化開始前の適当な時期に打継ぎ部分に再振動を与えて旧コンクリートとの一体化を図る

(((問題 1))) コンクリートの打込みに関する次の記述のうち、**不適当なものはどれか。**

(1) 充填状況を確認するため、透明型枠を用いた。

(2) 型枠の変形を防ぐため、片押しにより打上がり速度を大きくした。

(3) コールドジョイントの発生を防ぐため、外気温20℃で120分以内を目安として打ち重ねた。

(4) 振動機で十分に締め固めるため、1層の打込み高さを50cmとした。

解説 (2) 片押しで打上がり速度を大きくすると、コンクリートの分離が生じやすくなるほか、打込み区画の**型枠支保工に働く力のバランスが崩れて、変形や崩壊が起こる危険性がある。**打込み区画内全体でできるだけ水平に打ち上がるようにする。

(3) コールドジョイントは、回し打ちで下層のコンクリートが固まり始めてから打ち重ねた場合や、上層のコンクリート打込み時に下層まで振動機を挿入させて一体化しなかった場合に生じやすい。20℃程度では、120分以内の打重ねを目安にすることは適切である。 【解答（2）】

(((問題 2))) コンクリートの打込みおよび締固めに関する次の一般的な記述のうち、**適当なものはどれか。**

(1) 打込み時の材料分離を抑制するには、自由落下高さを小さくするのがよい。

(2) 壁にコンクリートを打ち込む場合、横に流しながら打ち込むのがよい。

(3) 棒形振動機の挿入間隔は2m程度とするのがよい。

(4) 振動締固めは一箇所でできるだけ長く行うのがよい。

解説 (2) 壁部材のコンクリート打込み時に横流しを行うと、鉄筋に粗骨材の動きが邪魔されて分離しやすい。**できるだけ横流ししないで打ち込む**ことが材料分離の抑制に有効である。

(3) 棒形振動機による振動締固めの有効範囲は、加振部分の直径のおおむね10〜15倍程度までとされている。振動機の直径は一般的には40〜50mm程度であるため、**50〜60cm間隔以下**を目安に挿入するのがよい。

(4) 振動締固めを一箇所で長時間行うとコンクリートが分離しやすくなる。コンクリート表面にセメントペーストが浮き上がり始める程度までの時間として、**5〜15秒**を目安にすることが適切である。 【解答（1）】

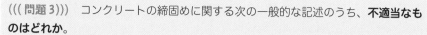

(((問題3))) コンクリートの締固めに関する次の一般的な記述のうち、**不適当なものはどれか。**

(1) 棒形振動機による締固めは、その振動数が大きいほど効果的である。

(2) 棒形振動機による締固めは、各層ごとに行い、振動機を下層のコンクリート中に10 cm程度挿入する。

(3) 型枠振動機による締固めは、部材の表面近傍に効果が限られる。

(4) 型枠振動機による締固めは、壁や柱のフォームタイや端太（ばた）に対して行うのが効果的である。

解説 (3) 型枠振動機は型枠を振動してその影響をコンクリートに及ぼすものであり、締固め効果は型枠表面近傍の範囲に限定される。

(4) 型枠振動機の振動をフォームタイや端太に対して働かせると、型枠に直接働かせるのに比べエネルギーロスとなり効果が小さくなる。また、フォームタイ周りに脆弱な部分ができて欠陥となりコンクリートの密実性に影響を及ぼすほか、支保工の緩みの原因になる。 **【解答 (4)】**

(((問題4))) コンクリートの打継ぎに関する次の記述のうち、**適当なものはどれか。**

(1) 梁の鉛直打継目の位置を、せん断力が大きい位置に設けた。

(2) 水平打継ぎ面の処理として、コンクリートの凝結が始まる前に遅延剤を散布し、翌日にレイタンスや脆弱部を除去した。

(3) 鉛直打継目の施工に際して、打継ぎ面を乾燥させてからコンクリートを打ち込んだ。

(4) 打継ぎ面を部材の圧縮力を受ける方向と平行にした。

解説 (1) 梁の鉛直打継目は、**せん断力が小さい位置に設ける**ことが原則である。

(3) 打継ぎ面は、チッピングなどでレイタンスを取り除き粗面にしたうえで、**十分吸水させてから打ち継ぐ**のがよい。乾燥状態で打ち継ぐと、打継ぎ面付近の後から打ち込むコンクリートの水分が吸い取られてドライアウトを生じ、打継ぎ面での新旧コンクリートの一体性を確保できなくなる。

(4) 打継ぎ面は、部材の**圧縮力を受ける方向と垂直に**するのが原則である。

【解答 (2)】

3章 仕上げ、養生

出題傾向 仕上げ・養生は例年1～2問の出題がある。表面仕上げは基本的な施工上の注意点、養生は初期養生方法と効果および湿潤養生期間の出題が多い。表面仕上げでは仕上げのタイミングと施工方法、養生は目的に応じた養生方法や養生期間に注目しよう。

こんな問題が出題されます！

基本問題

コンクリートの表面仕上げおよび養生に関する次の記述のうち、**適当なものはどれか**。

(1) コンクリート構造物の耐久性を高めるために、ブリーディング水を処理する前に表面仕上げを行った。

(2) コンクリート表面の収縮ひび割れを発生させないために、金ごて仕上げを幾度も繰返し行った。

(3) 鉄筋位置の沈下ひび割れを取り除くために、コンクリートの凝結の終結を待ってタンピングを行った。

(4) コンクリート上面からの水分蒸発を防ぐために、膜養生剤を表面仕上げの終了直後に散布した。

解説 ほぼ隔年で繰り返し出題されている基本問題である。

（1）ブリーディング水を処理する前に表面仕上げを実施すると、ブリーディング水を巻き込んで表面の脆弱化や細かなひび割れ発生の可能性がある。また、仕上げ施工後に、ブリーディングに伴う沈みひび割れが発生する可能性もある。よって、**ブリーディング終了後に表面仕上げを行う**ことが適切である。

（2）金ごて仕上げは、ある程度セメントペーストを集めて表面に密実な層をつくる。金ごて仕上げを幾度も繰り返し実施すると、**セメントペーストを必要以上に集める**ことになり、**ひび割れの原因**になる。

（3）鉄筋位置の沈下ひび割れをタンピングで取り除くのは、コンクリートの沈下が落ち着く**ブリーディング終了後**とする。凝結終了後では遅すぎる。

【解答（4）】

重要ポイント講義

1 ◆ 打上がり表面仕上げ

コンクリートの打上がり表面仕上げは、外観の美観性のほか、コンクリート表面を密実にして耐久性や水密性を向上させるために実施する。

打上がり表面仕上げのポイント

- 表面仕上げは、ブリーディング水があるときに実施すると、レイタンスができたり、細いひび割れや硬化不良を起こしやすい。
- ブリーディング水がなくなるか、上面の水を処理した後に仕上げを実施する。
- 過度の金ごて仕上げは、表面にセメントペーストが集まりすぎ、収縮ひび割れの原因となる。
- ブリーディングに伴いコンクリート表面に沈みひび割れが生じた場合は、直ちにタンピングによりひび割れを解消して再度仕上げを行う。
- 高強度コンクリートや高流動コンクリートは、ブリーディングが少なく粘性が高いため、こてや定規にセメントペーストが付着して均し作業がしにくい。打込み・締固めと同時に平坦に均し、直ちに水噴霧や膜養生剤散布でプラスティック収縮ひび割れを防止し、硬化状況を見て仕上げ作業を実施するとよい。

コンクリート打上がり表面仕上げの一般的な手順

① 仕上げ高さを確認しながらコンクリート打込み・締固めを行った後、おおよそ所定のレベルになるようコンクリート量を調整して、荒均ししておく。

② コンクリートの締まり具合を確認しながら、仕上げ高さレベルで定規ずりして平坦さを確保する。

③ 踏み板等を使用しながら、木ごてずりを行う。

④ コンクリートの締まり具合をみて、金ごてで強く押さえて仕上げ施工を行う。

2 ◆ 養 生

▓ 養生の目的

　養生の目的は、コンクリートの強度、耐久性、水密性などの所要の性能を発揮させるため、打込み直後の一定期間、適切な温度と湿度を保つと同時に、振動、荷重、衝撃、低温等の有害な作用から保護することである。

　具体的な養生としては、以下がある。

① 硬化初期の期間中に十分な水分を与えること（湿潤養生）

② 適当な温度に保つこと（温度制御養生、保温養生）

③ 直射日光や風などの気象作用からコンクリートの露出面を保護すること

④ 振動および外力から保護すること

▓ 湿潤養生

　セメントの水和反応を十分に進ませて、コンクリート組織を密実にするには、一定の湿潤養生期間が必要である。必要な湿潤養生期間は使用セメントによって異なり、強度発現の速いセメントでは短くてもよいが、強度発現が長期にわたるセメントでは長く必要である。また、初期材齢での乾燥は、ひび割れや強度低下の原因となるため、湿潤養生は重要である。

　なお、湿潤養生の代替として、コンクリート表面に膜養生剤による不透水性の膜を形成する方法がある。膜養生剤は、散布量・方法、散布時期、効果、仕上げ材との相性などが種類によって異なるため、使用にあたっては注意を要する。

> ### ▶ 湿潤養生のポイント
> - 普通ポルトランドセメントに比べ、中庸熱や低熱ポルトランドセメント、混合セメントなどは長い養生期間が必要である。
> - 必要な湿潤養生期間は、温度が高いほど強度発現が早くなり短期間にできる。
> - 湿潤養生を中断して大気中に放置すれば強度増進が急激に減少するが、再び湿潤状態に戻せば強度は再び増加する。
> - 膨張材を使用する場合、膨張材の反応が十分進行して所定の膨張効果を得るために、長めの湿潤養生期間を確保する必要がある。
> - 化学的侵食環境では養生期間を延長しコンクリートの密実性を向上させる。

■ 湿潤養生の期間（JASS5）■

セメントの種類	計画供用期間の級 短期および 標準	長期および 超長期
早強ポルトランドセメント	3日以上	5日以上
普通ポルトランドセメント	5日以上	7日以上
中庸熱および低熱ポルトランドセメント、高炉セメントB種、 フライアッシュセメントB種	7日以上	10日以上

早強、普通および中庸熱ポルトランドセメントを用いた厚さ18 cm以上の部材では、圧縮強度が下記の値を満足することを確認すれば、湿潤養生を打ち切ることができる。
短期および標準　**10 N/mm²**以上、長期および超長期　**15 N/mm²**以上

■ 湿潤養生期間の標準（土木学会示方書）■

日平均気温	早強ポルトランド セメント	普通ポルトランド セメント	混合セメントB種
15℃以上	3日	5日	7日
10℃以上	4日	7日	9日
5℃以上	5日	9日	12日

■ 養生温度とコンクリート品質の関係

　セメントの水和反応は、養生温度が高いほど速く、低いほど遅い。初期強度発現は養生温度が高いほど大きいが、長期強度の増進は小さい。長期強度は養生温度を低く保持すれば増進が大きく、高くすると増進が少ない。

　また、コンクリートは−2℃前後で凍結する。そのため、寒冷期には凍害防止のため、一定期間低温から保護する必要がある。

■ 振動・衝撃などからの保護

　JASS5では、コンクリート打込み後、少なくとも1日間はその上で作業をしてはならないとし、土木学会示方書では、養生期間中に予想される振動、衝撃、荷重等の有害な作用からこれを保護しなければならない、また、材齢5日になるまで海水に洗われないように保護しなければならない、としている。

標準問題 で レベルアップ!!!

(((問題 1))) コンクリートの養生に関する次の一般的な記述のうち、**不適当なもの
はどれか。**

(1) 養生温度が高いと、初期の強度の発現は早いが、長期強度の伸びが小さくなる。

(2) 低熱ポルトランドセメントを用いたコンクリートは、普通ポルトランドセメントを用いたコンクリートよりも、湿潤養生期間を短くできる。

(3) JASS5 によれば、コンクリートの圧縮強度が所定の値に達すれば、規定の湿潤養生日数にかかわらず、湿潤養生を打ち切ることができる。

(4) 土木学会示方書によれば、セメント種類のほかに日平均気温によって湿潤養生期間の標準値が異なる。

解説 (2) 低熱ポルトランドセメントは、普通ポルトランドセメントに比べて
初期の強度発現が遅いため、**湿潤養生期間は長く必要になる。**

(3) JASS5 において、コンクリートの圧縮強度が所定の値に達すれば、規定の
湿潤養生日数にかかわらず湿潤養生を打ち切ることができるのは、早強、普通お
よび中庸熱ポルトランドセメントの場合だけである。微妙な表現の選択肢だが、
この設問では、(2) が明らかに不適当であるため、(2) を解答とするのが適切で
ある。

(4) 土木学会示方書に示されている湿潤養生期間の標準では、セメント種類の
ほか、日平均気温 15℃以上、10℃以上、5℃以上の 3 段階で日数の標準が異なっ
ている。　　　　　　　　　　　　　　　　　　　　　　　　　　　　　【解答 (2)】

(((問題 2))) コンクリートの養生に関する次の記述のうち、**不適当なものはどれか。**

(1) JASS5 によれば、計画供用期間の級が標準の場合、普通ポルトランドセメントを用いたコンクリートの湿潤養生の期間は 5 日以上である。

(2) JASS5 によれば、コンクリートの圧縮強度が所定の値に達すれば、セメントの種類によらず、既定の湿潤養生日数にかかわらず、湿潤養生を打ち切ることができる。

(3) 土木学会示方書によれば、日平均気温が 5℃以上 10℃未満の場合、普通ポルトランドセメントを用いたコンクリートの湿潤養生期間は 9 日を標準としている。

(4) 土木学会示方書によれば、混合セメント B 種を用いた場合の湿潤養生期間は、セメントに混合する混合材の種類によらず、同じとしている。

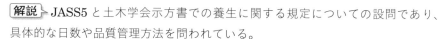

解説 JASS5 と土木学会示方書での養生に関する規定についての設問であり、具体的な日数や品質管理方法を問われている。

（2）JASS5 によると、早強、普通および中庸熱ポルトランドセメントを用いた厚さ **18 cm 以上の部材**では、コンクリートの圧縮強度が所定の値に達すれば、湿潤養生を打ち切ることができる。 【解答（2）】

(((問題3)))　各種コンクリートの養生に関する次の記述のうち、**適当なものはどれか**。

（1）寒中コンクリートにおいて、保温のための型枠には熱伝導率の大きな材料を用いるのが良い。

（2）暑中コンクリートにおいて、打込み上面からの水分の急激な蒸発を防ぐために、散水養生を行うのが良い。

（3）マスコンクリートにおいて、内部拘束による温度ひび割れを抑制する場合は、打込み翌日から表面に冷水を散布するのが良い。

（4）プレキャストコンクリートにおいて、早期強度を確保するための常圧蒸気養生は、コンクリート打込み後直ちに行うのが良い。

解説 （1）型枠の保温性を確保するためには、熱が伝わりにくい熱伝導率の小さな材料を用いる必要がある。

（3）マスコンクリートの内部拘束によるひび割れを抑制するためには、コンクリート内部と表面との温度差を小さくする必要がある。よって、まだ温度が上昇中の打込み翌日に**表面に冷水を散布**することは、温度差を大きくするため、実施すべきではない。

（4）常圧蒸気養生は、**打込み後数時間の常温での前養生**の後に実施する。

【解答（2）】

4章 型枠、支保工

出題傾向 型枠・支保工は毎年1〜2問出題されている。型枠・支保工の構成材の材質・種類や特徴、設計上の留意点、側圧の分布や経時変化、側圧への各種要因の影響、型枠支保工の存置期間などの出題が多い。

こんな問題が出題されます！

基本問題

型枠および支保工の計画に関する次の記述のうち、**不適当なものはどれか**。

(1) 打込み温度、打込み速度が同じ条件において、型枠に作用する側圧は壁に比べて柱の方を小さくした。

(2) 梁における型枠の取外しは、底面よりも側面を先に行うものとした。

(3) 支保工に作用する水平方向荷重を、鉛直方向荷重の5%とした。

(4) 支保工に作用する鉛直方向荷重として、打込み時の衝撃荷重を考慮した。

解説 (1) せき板とコンクリートの摩擦や粗骨材のアーチ効果などの有無により、柱型枠に作用する側圧は、壁型枠に作用する側圧に比べて大きい。

(2) コンクリートに直接接する型枠（せき板）の取外しは、初期凍害を受けることなく、容易に傷のつかない最低限度の強度を確保できた時点以降とする。しかし、一般的に梁下面のせき板は荷重を支える支保工と一体であるため、支保工の取外しが可能となるコンクリート強度が確保されるまで取外しできない。よって、実際の施工では側面の型枠取外しを先に、底面の取外しを後に行うことになる。

(3) 一般的なパイプサポートなどの支保工の場合、支保工に作用する水平方向荷重として、鉛直方向荷重の5%を考慮することが推奨されている。

(4) 支保工に作用する鉛直方向荷重として、固定荷重、積載荷重および衝撃荷重を考慮する必要がある。　　　　　　　　　　　　　　　　　　【解答（1）】

重要ポイント講義

1 ◆ 型枠・支保工の材料と工法

■ せき板の種類と特徴

　型枠は、打ち込まれたコンクリートを所定の形状および寸法に保ち、コンクリートが適切な強度に達するまで支持する仮設物であり、せき板は、コンクリートに直接接する板材やパネルのことである。

　せき板に用いる材料は、合板と鋼製の2種類が一般的であり、その他の型枠としては、木板、プラスチックパネル、透水型枠、打込み型枠、床型枠用デッキプレート、プレキャストコンクリートなどがある。

　透水型枠は、せき板に吸水布を貼ったり、穴を設けることで、打込み直後からコンクリート内の余剰水を排出できるようにしたものである。コンクリート表層部の緻密化や表面気泡の抑制に効果がある。

　アクリル製やポリカーボネート製の透明型枠は、コンクリートの充填状況を直接目視で確認することができる。

◼ 合板型枠と鋼製型枠の特徴 ◼

	転用回数	特　徴
合板型枠	4～8回	・コンクリート表面の美観性に優れる ・加工性がよく、経済的である ・表面を合成樹脂で処理加工した合板は、コンクリート表面への悪影響の低減、転用回数の増加の点で優れ、コンクリート打放し仕上げの場合などで使用されている ・日射などによる劣化や使用樹種により、コンクリート表面の変色やコンクリートの硬化不良を生じることがある
鋼製型枠 （メタルフォーム）	30回程度	・組立て解体が容易である ・転用回数が多く確保できる ・強度は大きいが、加工性はない、保温性が悪い、錆が出やすいなどの欠点がある

■ 支保工の構成

　支保工は、せき板を所定の位置に固定するための仮設構造物である。

　壁や柱などの鉛直型枠の場合、せき板を所定の間隔に保つセパレータや、型枠の外側に鋼管、軽量形鋼、桟木、端太角などを組み合わせて使用して、コンクリート側圧などによるせき板の変形やコンクリートの漏れ出しを防止する。梁やスラブなどの水平型枠では、せき板の直下にせき板の変形防止用の根太と大引を配置

し、その下部にパイプサポートなどの支持材や支持材の変形や移動を防止するための補強材を配置する。

2 ◆ 型枠の設計

　型枠の設計では、打込み時の振動・衝撃を考慮したコンクリート施工時の鉛直方向荷重や水平方向荷重およびコンクリートの側圧について検討し、十分な精度と安全性を確保することが目的となる。

鉛直方向荷重の検討

　型枠に作用する鉛直方向荷重として、以下の3種類を考慮する。

① 固定荷重：鉄筋を含んだコンクリートおよび型枠重量による荷重
② 積載荷重：打込み時の打込み機具、足場、作業員などの重量による荷重、および打込み後の資材の積上げや次工程に伴う施工荷重
③ 衝撃荷重：コンクリートの打込みに伴う衝撃荷重

　また、支保工の設置にあたり、支保工の予想される沈下量や、支保工撤去後のコンクリート自重による構造物のたわみなどを考慮して、支保工に適宜上げ越し（むくり）を付けておくとよい。

水平方向荷重の検討

　型枠設計における水平方向荷重は、作業時の振動、衝撃、コンクリート打込み時の偏荷重など、型枠に水平方向の外力として加わるものを対象とする。支保工の倒壊事故は、水平荷重に起因することが多いので、十分注意する。厚生労働省産業安全研究所では、水平荷重として下記を考慮することを推奨している。

	水平荷重	例
型枠がほぼ水平で現場合わせで支保工を組み立てる場合	鉛直方向荷重の5%	パイプサポート、単管支柱、組立鋼柱、支保はり
型枠がほぼ水平で工場製作精度で支保工を組み立てる場合	鉛直方向荷重の2.5%	鋼管枠組み支柱、組立支柱

側圧の検討

　型枠の変形やコンクリートの漏出を防止するため、側圧の検討は重要である。

> #### 型枠に作用する側圧のポイント
> ・側圧は、コンクリートの単位容積質量が大きいほど、打込み速度が速く打込み高さが高いほど、大きくなる。
> ・側圧は、気温が低いほど、コンクリートの凝結時間が遅いほど、スランプが大

きいほど、大きくなる。

- 打込み当初の側圧はほぼ液圧であるが、時間とともに凝結が進んで固まってくると徐々に小さくなる。
- 側圧は、打込み高さが高くなるにつれて大きくなるが、ある一定の高さで最大値を示す。それ以降、上方にさらにコンクリートが打ち込まれても、最大値を超えることなく、かえって徐々に小さくなる傾向を示す。
- 高流動コンクリートは、多量の高性能 AE 減水剤を添加することにより凝結が遅れる傾向があり、側圧を液圧として計算する必要がある。
- 壁の側圧は、せき板とコンクリートの摩擦や粗骨材のアーチ効果により、柱の側圧に比べて小さい。

3 ◆ 型枠・支保工の取外し

　せき板は、コンクリート形状を決定するだけでなく、若材齢のコンクリートを寒気や外力から保護する役割がある。よって、せき板の取外しは、初期凍害を受けることなく、容易に傷つけられることのない最低限度の強度を確保してから実施する必要がある。また、支保工は、取り外しても構造体の健全性が維持できるコンクリート強度が確保されてから取り外す必要がある。

　JASS5 と土木学会示方書で考え方が多少異なるため、以下に併記する。

■ JASS5 の規定

① せき板の存置期間

　基礎・梁側・柱および壁のせき板の存置期間は、計画供用期間の級が短期および標準の場合はコンクリートの圧縮強度が 5 N/mm² 以上、長期および超長期の場合は 10 N/mm² 以上に達したことが確認されるまでとする。ただし、必要な湿潤養生期間中は、せき板の取外し後も湿潤状態を維持するための養生を実施するか、湿潤養生打切りに必要な圧縮強度が確保されるまでせき板を存置する必要がある。

■ せき板の存置期間（存置日数で管理する場合）（JASS5）■

	早強ポルトランドセメント	普通ポルトランドセメント 各種混合セメント A 種	各種混合セメント B 種
20℃以上	2 日	4 日	5 日
20℃未満 10℃以上	3 日	6 日	8 日

② 支保工の存置期間

　スラブ下および梁下の支保工の存置期間は、コンクリートの圧縮強度がその部材の設計基準強度に達したことが確認されるまでとする。また、スラブ下および梁下のせき板は、原則として支保工を取り外した後に取り外す。

　より早く支保工を取り外す場合は、その部材が荷重を安全に支持できる強度を適切な計算方法から求め、その圧縮強度を実際のコンクリートの圧縮強度が上回ることを確認しなければならない。ただし、取外し可能な圧縮強度は、計算結果にかかわらず $12\,N/mm^2$ 以上とする。

③ 圧縮強度による存置期間の管理方法

　せき板および支保工の存置期間を圧縮強度によって管理する場合、せき板は下記の 1) あるいは 2)、支保工は 1) による。

1) 構造体のコンクリートの温度にできるだけ近い温度の水中養生（現場水中養生）あるいは封かん養生（現場封かん養生）で試験直前まで養生した供試体の圧縮強度試験結果

2) 構造体コンクリートの履歴温度の測定に基づく方法で推定した値

■土木学会示方書の規定

　型枠および支保工は、コンクリートがその自重および施工期間中に加わる荷重を受けるのに必要な強度に達するまで取り外してはならない。

　型枠および支保工の取外しの時期および順序は、コンクリートの強度、構造物の種類とその重要度、部材の種類および大きさ、部材の受ける荷重、気温、天候、風通し等を考慮して、適切に定めなければならない。

　型枠の取外しは、壁、柱等の鉛直部材の型枠は、スラブ、梁等の水平部材の型枠よりも早く取り外すことを原則とする。

■ 型枠・支保工の取外しに必要なコンクリート圧縮強度（土木学会示方書）■

部材の例	コンクリート圧縮強度
フーチングの側面	$3.5\,N/mm^2$
柱、壁、梁の側面	$5.0\,N/mm^2$
スラブ、梁の底面、アーチの内側	$14.0\,N/mm^2$

(((問題1))) 型枠に作用するコンクリートの側圧に関する次の一般的な記述のうち、**適当なものはどれか。**

(1) 1回の打込み高さが高いほど、側圧は小さくなる。

(2) コンクリートの単位容積質量が大きいほど、側圧は小さくなる。

(3) コンクリートのスランプが大きいほど、側圧は小さくなる。

(4) コンクリートの凝結が早いほど、側圧は小さくなる。

解説 (1) 1回の打込み高さが高いほど、側圧は大きくなる。

(2) コンクリートの単位容積質量が大きいほど、側圧は大きくなる。

(3) コンクリートのスランプが大きいほど、側圧は大きくなる。

【解答（4）】

(((問題2))) 型枠に作用する側圧に関する次の一般的な記述のうち、**不適当なものはどれか。**

(1) 側圧は、打込みの初期では、液圧として作用するものと見なして設計する。

(2) 側圧は、ある打込み高さで最大となり、それ以上コンクリートの高さが増加しても最大値は変わらないものと見なして設計する。

(3) 側圧の最大値は、打上がり速度が小さいほど大きくなる。

(4) 側圧の最大値は、コンクリート温度が高いほど小さくなる。

解説 (3) 型枠に作用する側圧の最大値は、打上がり速度が大きいほど大きくなる。

【解答（3）】

(((問題3))) 支保工に関する次の記述のうち、**不適当なものはどれか。**

(1) 支保工の設計に用いる鉛直方向荷重のひとつとして、コンクリートの打込み時の衝撃荷重を考慮した。

(2) 支保工に作用する水平方向荷重を、鉛直方向荷重の1%として計画した。

(3) 水平部材を支える支柱の位置を、建物の各階の上下で揃えるように計画した。

(4) 支保工の取外し時期を、現場養生を行ったコンクリート供試体の圧縮強度から判定した。

解説 支保工の計画や品質管理に関する設問である。

(2) 支保工の計画時に考慮すべき水平方向荷重は、組立て支柱の場合には鉛直方向荷重の **2.5%**、一般的なパイプサポート等による場合には鉛直方向荷重の

5%とすることが推奨されている。

（3）中間層のスラブにできるだけ支保工による応力を負担させないよう、各階の上下で支柱位置を揃えるとよい。

（4）支保工の取外しの判定は、打ち込まれた躯体コンクリートの実際の強度に近い、現場養生した供試体による圧縮強度試験結果によることが推奨される。

【解答（2）】

(((問題 4)))　夏季に高さ 6 m の柱にスランプ 12 cm のコンクリートを 2 m/h の速度で連続的に打ち込んだとき、型枠の最下部における側圧の経時変化を概念的に示した曲線として、A ～ D のうち、**適当なものはどれか。**

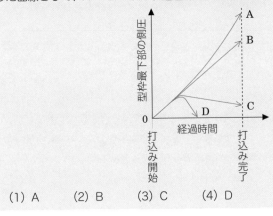

（1）A　　　（2）B　　　（3）C　　　（4）D

解説　A ～ D のうち、B は最後まで直線状に増加していることから、側圧が液圧に近い状態のまま打ち上がったことを示している。この線を基準に考えると、液圧以上の側圧は考えにくいため A は除外される。

次に、打上がり速度が 2 m/h であるので、柱上端までの打上がりに要する時間は 3 時間であることがわかる。また、スランプ 12 cm のコンクリートが、高さ 6 m の柱で 3 時間の打込み中、液圧を維持していることも考えにくいため B も除外される。さらに、打込み完了までの 3 時間の間に凝結が進行して側圧が 0 になることも考えにくい。

以上より、**打込み開始後一定時間液圧を維持した後、徐々に側圧が減少する C** が実際の側圧に近いものであり、（3）が正答と推定できる。　　　【解答（3）】

(((問題 5))) 高さ 3.0 m、幅 0.8 m 角の柱に高流動コンクリートを打上がり速度（打込み速さ）2 m/h で打ち込む施工計画において、型枠の設計に用いるコンクリートの側圧の分布形状を示した下図（1）〜（4）のうち、**適当なものはどれか**。なお、コンクリートの流動性は 2 時間変化しないものとする。

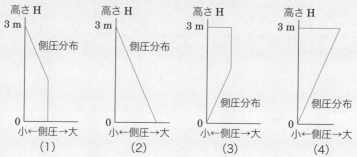

高さ H	高さ H	高さ H	高さ H
3 m	3 m	3 m	3 m
側圧分布	側圧分布	側圧分布	側圧分布
0	0	0	0
小←側圧→大	小←側圧→大	小←側圧→大	小←側圧→大
（1）	（2）	（3）	（4）

解説 設問によると、高さ 3.0 m の柱部材を高流動コンクリートで 1.5 時間かけて打ち上げている。高流動コンクリートは、流動性が高いこと、高性能 AE 減水剤を用いるため凝結が遅くなること、などから、型枠に作用する側圧は液圧に近い分布となる。よって、**側圧分布は、打上がり頂部を 0 として、頂部からの距離（高さ）に比例して増加し、最下部が最も大きい形状となる**。（3）、（4）は論外であり、（1）は途中から側圧が一定となっており、一般のスランプ管理するコンクリートの場合と推定できる。よって、選択肢の中では、（2）が適当である。

【解答（2）】

5章 鉄筋の加工、組立て

出題傾向 ▷ 鉄筋の加工・組立は、毎年平均1問出題されている。加工・組立て施工時の注意事項、鉄筋継手の種類と施工、鉄筋のあきやかぶり（厚さ）の出題が多い。JASS5と土木学会示方書で規定の数値は異なるが、具体的な数値ではなく、基本的な考え方や考慮すべき要因についての設問が多い。

■ こんな問題が出題されます！

基本問題

鉄筋の組立てに関する次の一般的な記述のうち、**不適当なもの**はどれか。

(1) 鉄筋のかぶり（厚さ）の最小値は、基礎のフーチングより地上のスラブのほうが小さい。

(2) 鉄筋のあきの最小値は、粗骨材の最大寸法と定められている。

(3) 鉄筋のガス圧接継手の個所は、鉄筋の直線部とし、曲げ加工部およびその近傍は避ける。

(4) 鉄筋の機械式継手は、D51のような太径鉄筋の継手に用いることができる。

解説 (1) 直接土に接する部位の鉄筋のかぶり（厚さ）は、土に接しない部位に比べて大きくする必要がある。

(2) 鉄筋のあき寸法の最小値の規定は、土木学会示方書とJASS5で数値が異なっているが、いずれも**粗骨材最大寸法より大きな値**を最小値としている。

(3)、(4) 記述のとおり。 　　　　　　　　　　　　　　　　　【解答 (2)】

1 ◆ 鉄筋の加工

　鉄筋の加工は、鉄筋品質に影響を与えないことが基本である。鉄筋の溶接は溶接部の性能低下の可能性があり、定められた方法以外で溶接してはならない。

🔲 **鉄筋加工のポイント** 🔲

切　断	・切断はシアカッターなどの機械切断とする。ガス圧接や特殊な継手工法では、切断面の平滑さ、直角度が必要となる
曲げ加工	・曲げなどの加工は、常温で行うことが原則である ・折り曲げ加工の内法直径（曲げ内半径）は、鉄筋径、鉄筋種類、使用個所に応じた値以上とし、鉄筋径が大きいほど大きくする ・一度曲げ加工した鉄筋を曲げ戻すと、鉄筋の材質に影響するおそれがあるため、原則として曲げ戻しはしない
末端部加工	・JASS5では、下記の鉄筋末端部はフックを付けることとしている 　・丸鋼の場合　　　　　　　・あばら筋および帯筋 　・柱や梁の出隅部分の鉄筋　・煙突の鉄筋

2 ◆ 鉄筋の定着

　定着は、コンクリート部材内に鉄筋を所定の長さだけ延長して埋め込み、埋め込み部分の付着力によって応力を伝達させるためのものである。定着長さは、鉄筋種類や径、コンクリートの設計基準強度、定着の場所に応じて定められ、コンクリートの設計基準強度が大きいほど短く、**鉄筋強度が大きいほど長い**。

3 ◆ 鉄筋継手

　鉄筋継手は、原則として、**応力が小さく常時コンクリートに圧縮応力が生じている部分に設ける**。また、**継手位置は1か所に集中することなく相互にずらす**。鉄筋の継手には、重ね継手、ガス圧接継手およびその他の特殊継手がある。

　継手部の検査には、超音波探傷試験などの非破壊検査や、継手施工個所の抜き取り試験体やモデル試験体による破壊検査（引張、曲げ）がある。

重ね継手	・重ね継手は、鉄筋を平行に重ね合わせる工法である
	・鉄筋径が大きいほど、引張強さが大きいほど、継手長を長くする必要がある
	・継手長さは、コンクリート強度が高いほど短くできる
	・フック付き重ね継手の長さは、直線重ね継手に比べて短くできる
	・重ね継手はコンクリートの充填を阻害するため、D32 程度までの細径鉄筋に使用される
ガス圧接継手	・ガス圧接継手は、鉄筋を突き合わせて、その接合面を酸素とアセチレンガス炎で加熱しながら加圧して接合する
	・D19 ～ D51 の鉄筋に使用され、鉄筋の重ねや接合金物がなく、密な配筋の場所でもコンクリートの打込みが容易になる

■ ガス圧接施工のポイント

・圧接する鉄筋は、同一種類とし、強度が同一か 1 段階異なる鉄筋までとする。

　　例 1：SD345 ⇔ SD295、SD345、SD390

　　例 2：SD390 ⇔ SD345、SD390、SD490

・鉄筋径の異なる鉄筋間の圧接は、鉄筋径または呼び名の差が 7 mm 以下まで。ただし、D41 と D51 の圧接は認められている。

・鉄筋の圧接面は、軸線に直角な平滑面とし、鉄筋端面を突き合わせて隙間が生じないこと、塗料・油・水などの付着物や錆がない清浄な状態であること。

・圧接位置は、鉄筋の直線部とし、曲げ加工部やその近くは避ける。

・圧接部のふくらみは直径が鉄筋径の 1.4 倍以上、長さが鉄筋径の 1.2 倍以上。

機械式継手	・鉄筋を直接接合せず、特殊な鋼管（スリーブまたはカプラー）と異形鉄筋の節の噛み合いを利用して接合する工法であり、太径鉄筋にも適用できる
	・ねじ節鉄筋継手、モルタル充填継手、端部ねじ加工継手、鋼管圧着継手、くさび圧入継手などがある
	・ねじ節鉄筋継手は、表面の節をねじ状に成形したねじ節鉄筋を、内面をねじ加工したカプラーで接合する。隙間にグラウト注入するグラウト工法と、ロックナットを締め付けるトルク方式あり。カプラーへの挿入長さ管理が重要である
	・鋼管圧着継手は、通常の異形鉄筋の継手部分に鋼管スリーブを被せ、油圧ジャッキでスリーブを潰して鉄筋に圧着する工法である
溶接継手	・突合せアーク溶接継手（エンクローズ溶接継手）、重ねアーク溶接継手（フレア溶接継手）、突合せ抵抗溶接継手（フラッシュ溶接ほか）などがある
	・突合せアーク溶接は、接合する鉄筋の端面を所定の間隔に空け、裏当て材設置のうえ、隙間を溶接金属で充填して接合する工法であり、太径鉄筋に適する
	・重ねアーク溶接は、JASS5 では D16 以下の細径鉄筋に限定している
	・検査は、原則として外観検査と超音波探傷検査による

4 ◆ 鉄筋の組立て

　鉄筋は正しい位置に配置し、コンクリートを打ち込む時に動かないよう堅固に組み立てる。なお、鉄筋は組立てる前に清掃して、浮き錆、油類、ごみ、その他コンクリートの付着力を減らすおそれのあるものは除去しておく。

　組立てにあたり、柱や梁の主筋とせん断補強筋など、鉄筋の交点の要所は、直径 **0.8 mm** 以上のなまし鉄線や固定用クリップなどで緊結する。

　鉄筋のあきは、部材の種類・寸法、粗骨材の最大寸法、鉄筋径、コンクリートの施工性等を考慮し、コンクリートが鉄筋の周囲に行き渡り、鉄筋が十分な付着を発揮できる寸法とする。

鉄筋のあきに関する JASS5 と土木学会示方書の規定

JASS5	・粗骨材の最大寸法の 1.25 倍以上、かつ 25 mm 以上 ・丸鋼では径の、異形鉄筋では呼び名に用いた数値の 1.5 倍以上
土木学会示方書	・梁（柱）における軸方向鉄筋の水平のあきは、20（柱は 40）mm 以上、粗骨材の最大寸法の 4/3 倍以上、鉄筋直径（柱は直径の 1.5 倍）以上 ・内部振動機を差し込むためのあきを確保できること

5 ◆ かぶり（厚さ）

　かぶり（厚さ）は、鉄筋表面と鉄筋を覆うコンクリート表面までの最短距離である。

> ### ▊ かぶり（厚さ）およびスペーサのポイント
>
> ・鉄筋コンクリート構造物のかぶり（厚さ）は、所要の構造耐力（主に付着強度）、耐火性および耐久性を確保するため、定められた値以上とする必要がある。
> ・柱・梁のかぶり（厚さ）はスラブより大きい。耐久性上有効な表面仕上げがない場合は、屋内側に比べて、屋外や直接土に接する部位では大きくする。
> ・かぶり（厚さ）を確保するため、せき板と鉄筋の間にスペーサを配置する。
> ・スペーサは、コンクリート製、モルタル製、あるいはプラスチック製とする。
> ・土木学会示方書では、スペーサ数は、梁、床等で 1 m² 当たり 4 個以上、柱、壁等で 1 m² 当たり 2 〜 4 個程度を標準としている。
> ・JASS5 では、スペーサやバーサポートは、梁で 1.5 m 間隔以下、スラブで 1.3 個/m² 以上としている。

(((問題 1))) 鉄筋の加工および組立てに関する次の記述のうち、**不適当なものはどれか。**

(1) 鉄筋の交点の要所は、直径 0.8 mm 以上の焼きなまし鉄線またはクリップで緊結する。

(2) 鉄筋の曲げ加工は、常温で行うのが原則である。

(3) 鉄筋のあきの最小寸法は、粗骨材の最大寸法および鉄筋径によって異なる。

(4) かぶり(厚さ)は、鉄筋芯からコンクリート表面までの距離である。

解説 鉄筋の加工・組立てに関する基本事項についての設問である。

(3) 鉄筋のあきの最小寸法は、部材の種類、粗骨材の最大寸法、鉄筋径、コンクリートの施工性などを考慮し、コンクリートが鉄筋の周囲に行き渡り、鉄筋が十分な付着を確保できる寸法とすることが原則である。

(4) かぶり(厚さ)は、**鉄筋表面とそれを覆うコンクリートの外側表面までの最短距離**である。　　　　　　　　　　　　　　　　　　　　　　　　　【解答 (4)】

(((問題 2))) 鉄筋の重ね継手に関する次の一般的な記述のうち、**不適当なものはどれか。**

(1) D32 を超える太径の鉄筋は、重ね継手には適していない。

(2) 継手の長さは、コンクリート強度が高いほど長くする。

(3) 継手の長さは、鉄筋の強度が高いほど長くする。

(4) フック付き重ね継手の長さは、直線重ね継手の長さより短くできる。

解説 鉄筋の重ね継手に関する基本事項の理解を問う設問である。

(1) 鉄筋の径が大きくなると、重ね継手の長さが長くなり、コンクリート打込みの施工性が悪くなるほか、不経済である。JASS5 では、D35 以上の異形鉄筋では原則として重ね継手を用いないこととしている。よって、記述は適当である。

(2) 継手の長さは、**コンクリートの強度が高いほど短くできる。**

　　　　　　　　　　　　　　　　　　　　　　　　　　　　　　【解答 (2)】

(((問題 3))) 現場における鉄筋の加工・組立ておよび継手に関する次の記述のうち、**不適当なものはどれか。**

(1) 帯(鉄)筋やあばら筋(スターラップ)を加工する場合に、その末端部に 135°フックを設けた。

(2) 疲労を受ける部位の主(鉄)筋と帯(鉄)筋を組み立てる場合に、疲労強度を確保するため、鉄筋の交点の要所を溶接して組み立てた。

(3) 鉄筋をガス圧接により接合する場合に、曲げ加工部の近傍を避けて行った。

(4) ガス圧接を行った場合に、超音波探傷によりガス圧接部の検査を行った。

解説 (1) JASS5 では、あばら筋および帯筋の末端部には必ずフックを付けることとしているが、**90°**フックが地震時に外れる事例が多発したことから、135°フックとするか、溶接閉鎖型とすることが一般的である。

(2) 鉄筋の**交点を溶接**することは、溶接部分が熱の影響で変質して弱点となるため、**認められていない。**   【解答 (2)】

(((問題 4))) 鉄筋の継手に関する次の記述のうち、**不適当なものはどれか。**

(1) 鉄筋の種類が SD345 で呼び名が D16 の鉄筋の継手を、重ね継手とした。

(2) 重ね継手の長さを、鉄筋の種類、直径、フックの有無およびコンクリートの設計基準強度を考慮して定めた。

(3) ガス圧接継手の非破壊検査として、超音波探傷検査を実施した。

(4) 鉄筋の種類が同じで呼び名が D22 と D32 の鉄筋の継手を、ガス圧接継手とした。

解説 (4) 種類が同じで径の異なる鉄筋の圧接は、鉄筋径または呼び名の差が 7 mm 以下までとされている。設問では呼び名の差が 10 であり、**圧接による継手は認められない。**   【解答 (4)】

7時限目
各種コンクリート

　コンクリートは、打設時期（冬期、夏期）に十分な配慮が必要であるとともに、部材の大きさ、使用する環境条件や求められる機能、施工性を向上させるために行う措置（施工方法）などで、名称がそれぞれ異なります。比較的なじみのあるコンクリートもあれば、かなり特殊なものもあります。7時限目では、このような各種コンクリートについて学びます。

　各種コンクリートは範囲が広く、日常の業務では経験の無いものもあるかもしれませんが、必要となる知識に漏れのないようにしっかりと学習することが重要です。

出題傾向 ▷ 寒中コンクリートに関する出題は、平均1問程度。寒中コンクリートの適用期間、材料、配(調)合、打込み・初期養生、品質管理および積算温度による品質管理などが出題されている。JASS5と土木学会示方書で、定義や用語が異なることを理解しよう。

こんな問題が出題されます！

基本問題

寒中コンクリートに関する次の記述のうち、**不適当なものはどれか。**
(1) 緻密な組織のコンクリートとし、凍結融解抵抗性を確保するために、空気量を3%と指定した。
(2) 初期凍害防止のために、単位水量をできるだけ少なくした。
(3) 配管したスチームにより、貯蔵中の粗骨材を50℃に加熱した。
(4) 打込み時のコンクリート温度が、15℃となるように計画した。

解説 ▷ 寒中コンクリートの配(調)合条件や製造に関する基本的な設問である。

(1) 緻密な組織となるよう単位水量を減少させるとともに、凍結融解抵抗性を確保するためには、AE剤等により**空気量を4.5〜5.5%程度とする**とよい。

(2) 単位水量を少なくすると初期凍害の原因となるコンクリート中の水分が減少するため、初期凍害防止に有効である。

(3) 配管したスチームにより貯蔵中の粗骨材を加熱する方法は適切である。骨材を65℃以上に加熱すると、セメントを急結させる恐れがあるほか、取り扱いが難しくなるが、50℃を目標にすることは容認できる。

(4) JASS5での荷卸し時におけるコンクリート温度は10〜20℃、土木学会示方書では打込み時に5〜20℃が目安とされており、記述は適当。**【解答 (1)】**

1 ◆ 寒中コンクリートの基本ポイント

　寒中コンクリートのポイントは、気温やコンクリート養生温度と期間、使用材料と配(調)合等である。なお、土木学会示方書と JASS5 の相違点に注意する。

- 日平均気温が 4℃ 以下になることが予想されるとき（土木学会示方書）。
- 打込み日を含む旬の日平均気温が 4℃ 以下の期間（JASS5）。
- コンクリート打込み後 91 日までの積算温度 M_{91} が 840 ℃・D を下回る期間（JASS5）。

積算温度　　$M_n = \sum_{Z=1}^{N} (\theta_z + 10)$

　ここに、M_n：材齢 n 日までの積算温度〔℃・D〕
　　　　　　　（日平均気温〔℃〕に 10℃ を加算した温度（単位：℃）を
　　　　　　　1 日相当とし、想定した期間分を総和したもの）
　　　　z：材齢〔日〕
　　　　θ_z：材齢 z 日における日平均気温〔℃〕
原理・前提条件：積算温度が同一ならば、養生温度、材齢が異なっても強度
　　　　　　　はほぼ同等となる。
例：以下の 3 例は、積算温度が同一のため、強度はほぼ同等である。
　　- 養生温度 20℃ で 28 日間の場合：$M_{28} = (20 + 10) \times 28 = 840$ ℃・D
　　- 養生温度 10℃ で 42 日間の場合：$M_{42} = (10 + 10) \times 42 = 840$ ℃・D
　　- 養生温度 20℃ で 14 日間の後、平均気温 0℃ で材齢 56 日の場合
　　　　　：$M_{56} = (20 + 10) \times 14 + (0 + 10) \times 42 = 840$ ℃・D

　施工では、コンクリートが凍結しないようにし、寒冷下でも所要の品質が得られるよう、材料、配合、練混ぜ、運搬、打込み、養生、型枠および支保工などに適切な処置をとる。特に重要なことは、凝結硬化の初期に凍結させないこと、養生終了後寒冷期中に受ける凍結融解作用に対し十分な抵抗性をもたせること、工事中の各段階で予想される荷重に対して十分な強度を持たせること、である。

2 ◆ 寒中コンクリートの使用材料と配(調)合

普通ポルトランドセメント、早強ポルトランドセメントを使用することを標準とする。凝結・硬化促進の点では、早強ポルトランドセメントが有効である。

また、単位水量の減少効果と空気連行による凍害防止効果が得られることから、AE コンクリートを用いる。

配(調)合の面では、初期凍害防止のため単位水量は極力少なくし、水セメント比をできるだけ小さくする。

> ■【参考】JASS5 ではさらに詳しい留意点がある
>
> ・調合強度は、調合管理強度による方法、または積算温度による方法による。調合管理強度は、品質基準強度にコンクリートの打込みから材齢 28 日までの予想平均温度に応じた構造体強度補正値 $_{28}S_{91}$ を加える。構造体強度補正値を求める場合、予想平均気温のかわりに、あらかじめ計画した養生方法で想定した養生温度を用いることができる。ただし、打込みから材齢 91 日までの積算温度が 840 ℃・D 以上でなければならない。
>
> ・使用するコンクリートは、AE コンクリートとする。調合上の目標空気量は、4.5 ～ 5.5% を標準とする。
>
> ・単位水量は施工が可能な範囲でできるだけ小さくする（発生するブリーディング水の凍結による初期凍害抑制のため、および凝結を早める効果も期待）。
>
> ・混和剤として AE 剤、AE 減水剤または高性能 AE 減水剤を使用する。
>
> ・調合管理強度は 24 N/mm² 以上とする。

3 ◆ 寒中コンクリートの製造

■ コンクリートの練上がり温度

荷卸し時に所定のコンクリート温度が得られるよう、気象条件および輸送の条件を考慮して定める（JASS5）。

気象条件、運搬時間等を考慮して、打込み時に所要のコンクリート温度が得られるようにしなければならない（土木学会示方書）。

■ 材料の加熱

水の加熱を標準とし、セメントはいかなる方法によっても加熱してはならない。また、骨材は直接火で加熱してはならない（JASS5）。

水または骨材を加熱することとし、セメントはどんな場合でも直接熱してはならない（土木学会示方書）。

セメントの加熱はNG！ 水は加熱OK。骨材は加熱はよいが、火での直接の加熱はNG。

その他の留意点

加熱した材料を用いる場合、セメントが急結を起こさないように材料の投入順序を定め、セメントを投入する直前のミキサ内の骨材および水の温度が40℃以下となるようにする。

また、氷雪の混入した骨材、凍結状態の骨材は、そのまま練混ぜに用いてはならない。

混和剤は、低温で使用した場合にも安定した品質のコンクリートが得られるものを選定するとともに、凍結しないように貯蔵する。

4 ◆ 寒中コンクリートの施工

レディーミクストコンクリートの受入れ、およびコンクリートの運搬・打込みに際しては、コンクリートが所定の温度を保たれるようにする。

コンクリート温度

荷卸し時のコンクリート温度は、原則として10〜20℃とする。ただし、日平均気温が0℃を上回る期間の工事や、マスコンクリートおよび高強度コンクリートなどで打込み後に水和発熱による十分な温度上昇が見込まれる場合には、工事監理者の承認を得て、荷卸し時のコンクリート温度の下限を5℃とすることができる（JASS5）。

打込み時のコンクリート温度は、構造物の断面寸法、気象条件等を考慮して、5〜20℃の範囲に保たなければならない。練混ぜから打込みまでの間の1時間当たりの温度低下を、コンクリート温度と気温の差の15％程度と見込んで計画するとよい（土木学会示方書）。

その他の留意点

打込みに先立ち、コンクリートの打継ぎ面、型枠内部および鉄筋の表面に付着している氷雪または霜は完全に取り除き、再凍結させないようにする。

凍結した地盤上に、コンクリートを打ち込んだり、型枠の支柱を立ててはならない。

打ち込まれたコンクリートの露出面が外気に長時間さらされることのないようにしなければならない。

型枠の取外しは、コンクリートの温度を急激に低下させないように行わなければならない。

5 ◆ 寒中コンクリートの養生

寒中コンクリートの養生においては、JASS5 と土木学会示方書とで、それぞれ特有の用語、方法があることに注意する。寒中コンクリートの養生の要点は、初期凍害の防止と初期養生終了後の強度発現である。特に、**1 回でも初期凍害を受けたコンクリートは、その後適切な養生を実施しても、所定の強度や耐久性を得られなくなることに注意する。**

JASS5 による養生

JASS5 による養生には、初期養生と保温養生がある。

① 初期養生

- 打込み直後のコンクリートは初期凍害を受けないよう、初期養生を行う。
- 初期養生の期間は、打ち込まれたコンクリートで圧縮強度 **5.0 N/mm²** が得られるまでとし、この間はコンクリートを凍結させてはならない。

② 保温養生

加熱養生	養生上屋を設けて内部空間を加熱するなどして、コンクリートを養生する方法
断熱養生	断熱型枠、断熱シート、マットなど断熱性のある材料でコンクリートを隙間なく覆い、コンクリートの水和発熱を利用して養生する方法
被覆養生	シートなどでコンクリートの露出面、型枠面を覆い、打ち込まれたコンクリートからの水分の蒸発と風の影響を防ぐ、簡単な養生方法。外気温−2℃程度以上の時期の保温養生方法として有効

- 加熱養生を行う場合、加熱設備の数および配置はあらかじめ試験加熱を行って定める。
- 加熱養生中は、コンクリートが計画した養生温度に保たれ、全体ができるだけ均等に加熱されるようにし、局所的に異常に高い温度とならないようにする。一般的には養生温度5℃を目標にする。また、コンクリートが乾燥しないように散水などによって保湿に努める。
- 断熱養生を行う場合、コンクリートが計画した養生温度に保たれるよう、また局部的に冷却されることのないようにする。
- 加熱および断熱養生の終了後は、コンクリートが急激に乾燥したり、冷却しないようにする。

③ 温度管理

- 養生期間中は、コンクリート温度、保温された空間の温度および気温を記録

し、必要以上の加熱の制御や養生打切りの管理に用いる。

- 初期養生打切りのための温度管理は、打ち込まれたコンクリートで最も温度の低くなる部材を対象にする。
- 構造体コンクリート強度管理のための温度管理は、構造部材について、その温度が代表的となる位置とし、鉄筋のかぶり位置を標準とする。

■ 土木学会示方書による養生

① コンクリートは、打込み後の初期に凍結しないように十分に保護し、特に風を防がなければならない。また、コンクリート温度および雰囲気温度を測定し、コンクリートの品質に悪影響を及ぼす可能性がある場合には、施工計画を変更し、適切な対策を講じることとする。

② 養生温度は、下表に示す初期凍害を防止できる圧縮強度が得られるまでの期間（温度制御養生期間）、5℃以上を保つことを標準とする。しばしば凍結融解を受ける場合は、その後2日間は0℃以上に保つ。

■ 養生温度を5℃以上に保つのを終了するときに必要な圧縮強度の標準 ■

5℃以上の温度制御養生を行った後の次の春までに想定される凍結融解の頻度	断面の大きさ		
	薄い場合	普通の場合	厚い場合
(1) しばしば凍結融解を受ける場合	15 N/mm²	12 N/mm²	10 N/mm²
(2) まれに凍結融解を受ける場合	5 N/mm²	5 N/mm²	5 N/mm²

③ 養生方法は、保温養生と給熱養生とする。

保温養生	・断熱性の高い材料でコンクリートの周囲を覆い、セメントの水和熱を利用して所定の強度が得られるまで保温するもの
給熱養生	・気温が低い場合あるいは断面が薄い場合に、保温のみで凍結温度以上の適温に保つことが困難なとき、外部から熱を供給するもの ・供給した熱が放散しないようシート等による保温養生を組み合わせる ・給熱によるコンクリートの急激な乾燥や局部的な加熱を防止しなければならない

④ コンクリートは、施工中の予想される荷重に対して十分な強度が得られるまで養生しなければならない。

⑤ 保温養生または給熱養生を終了した後は、コンクリートの温度を急激に低下させてはならない。

> コンクリートの温度は5℃以上。
> 初期に凍結しないように！
> 養生期間は圧縮強度で5 N/mm²が得られるまで！

(((問題1))) 寒中コンクリートの製造で、加熱した材料を用いる場合の次の記述のうち、**不適当なもの**はどれか。

(1) 骨材と水の混合物の温度を50℃とした後、セメントを投入して練り混ぜた。

(2) 骨材は、スチーム配管を用いて50℃まで加熱して用いた。

(3) 荷卸し時のコンクリート温度は、15℃を目標とした。

(4) 打込みまでの1時間当たりの温度低下を、コンクリートの練上がり温度と気温の差の15%として、コンクリートの練上がり温度を管理した。

解説 寒中コンクリートの製造で、加熱した材料を用いる場合についての設問である。

(1) 加熱した材料を用いる場合、セメントが急結を起こさないように材料の投入順序を定め、**セメントを投入する直前のミキサ内の骨材および水の温度は40℃以下**となるようにする。 【解答 (1)】

(((問題2))) 寒中コンクリートに関する次の記述のうち、**適当なもの**はどれか。

(1) 5℃で28日間養生した場合と、20℃で7日間養生した場合のコンクリートの積算温度は同じである。

(2) コンクリートの練上がり温度を高くするには、セメントを加熱することが効果的である。

(3) JASS5では、荷卸し時のコンクリート温度は10℃から20℃が原則である。

(4) 初期凍害を受けても、その後適切な温度で養生を行えば、当初設定した強度が確保される。

解説 (1) 積算温度〔℃·D〕は、コンクリートの養生温度に10℃加算した温度を1日相当とし、想定期間分を総和したもの、である。よって、5℃で28日間は $(5+10)×28=420$ ℃·D、20℃で7日間は $(20+10)×7=210$ ℃·D となるため、**両者の積算温度は異なる。**

(2) **セメントはどんな場合でも加熱することは認められていない。**

(4) 一旦初期凍害を受けると、コンクリートに微細なひび割れが発生するため、その後適切な養生を行っても、**所要の品質が得られない。** 【解答 (3)】

(((問題3)))　寒中コンクリートに関する次の記述のうち、**適当なものはどれか。**

(1) 密実なコンクリートとするために、空気量をできるだけ少なくした。

(2) 打込み時のコンクリート温度を 10 ～ 20℃とするため、セメントおよび水を40℃まで加熱した。

(3) 凝結が遅いため、打込み後 1 日経過してから給熱（加熱）養生を開始した。

(4) 初期養生期間中は、コンクリートの温度が 5℃以上となるように管理した。

解説　(1) 密実なコンクリートにすることも寒中コンクリートの凍害防止に有効であるが、空気量を少なくすると、気泡間隔係数が大きくなりコンクリートの凍結融解抵抗性が小さくなるため、**空気量を 4.5 ～ 5.5 %程度確保する**とよい。

(2) 水の加熱は推奨されているが、**セメントの加熱は禁止**されている。

(3) 凝結が遅い場合、セメントの水和に伴う熱の発生も遅くかつ小さくなる。この場合、コンクリートは初期凍害を起こしやすいので、**打込み直後から給熱（加熱）養生を実施**すべきである。

(4) 初期養生期間中はコンクリートのどの部分も、凍結させることのないよう、5℃以上を確保できるよう管理する必要がある。　　　　　　　**【解答（4）】**

2章

暑中コンクリート

出題傾向 暑中コンクリートに関する出題は、毎年平均1問程度である。適用期間、材料、配(調)合、打込み・初期養生および品質管理について出題されている。

こんな問題が出題されます！

基本問題

暑中でコンクリート建物を施工する場合に関する次の記述のうち、**誤っているもの**はどれか。

(1) コールドジョイントの発生を抑制するため、AE減水剤を標準形から遅延形に変更した。

(2) スランプの低下が予想されたため、現場において遅延形の流動化剤を使用する計画とした。

(3) 練上がり時のコンクリート温度を2℃下げるため、練混ぜ水の温度を4℃下げる計画とした。

(4) プラスティック収縮ひび割れを抑制するため、仮設上屋を設けて直射日光を防ぐとともに、打込み後に膜養生剤を用いる計画とした。

解説 (1) 暑中コンクリートでは凝結の進行が早いため、適切な上層の打重ねまでの時間を守れず、コールドジョイント発生の原因となることがある。AE減水剤を遅延形に変更することは、凝結を遅延する効果により、打重ね時間管理を容易にしてコールドジョイントの発生の抑制に有効である。

(3) コンクリート温度を**1℃下げるには水の温度を4℃下げる**必要がある。

(4) プラスティック収縮ひび割れは、コンクリート打込み後の急激な水分の蒸発によりコンクリート表層部分で水分が失われることで収縮して発生する。仮設上屋の設置と膜養生剤の施工は、水分の蒸発を抑制する方法として有効である。

【解答 (3)】

重要 ポイント講義

1 ◆ 暑中コンクリートの基本ポイント

　暑中コンクリートのポイントは、気温と適用期間、使用材料、製造・施工および養生である。なお、JASS5と土木学会示方書に相違点があり、注意を要する。

- 日平均気温が **25℃を超える時期**に施工することが想定される場合（土木学会示方書）
- 日平均気温の平年値が **25℃を超える期間**を基準（JASS5）

　暑中コンクリートの特徴として、凝結が早く水分蒸発によりスランプの低下が大きい、同一スランプを得るための単位水量が多くなる、コールドジョイントができやすくプラスティック収縮ひび割れが発生しやすい、初期強度の発現は速やかだが**長期強度が小さい**、といった傾向がある。

2 ◆ 暑中コンクリートの使用材料

　コンクリート材料（セメント、骨材および水）はできるだけ低温のものを用いることが有効である。

🚚 暑中コンクリートの使用材料 🚚

コンクリート材料	注意点
セメント	高温のセメントは用いないようにする。打込み後の水和熱を小さくするために、圧縮強度の保証材齢を延長して、水和熱の小さい中庸熱ポルトランドセメント、低熱ポルトランドセメント、混合セメントを用いる検討をする
骨　材	骨材は、直射日光などによる温度上昇が大きくならないように貯蔵する
練混ぜ水	練混ぜ水は、できるだけ低温のものを用いる。練混ぜ水の一部に氷を用いる場合は、水に融解しやすいものを用いる

　単位水量の増加、スランプの低下、過度の早い凝結、プラスティック収縮ひび割れ等の改善または緩和のために、**AE減水剤遅延形および減水剤遅延形**の使用が有効である。

3 ◆ 暑中コンクリートの製造、施工

　コンクリートの温度について、**JASS5**では、荷卸し時のコンクリート温度は原則として**35℃以下**としており、土木学会示方書では、打込み時のコンクリート温度の上限は、**35℃以下**を標準としている。

コンクリート温度が 35℃ を超えることが予想される場合は、コンクリートの冷却、または材料・調合の変更などによるコンクリートの品質変動抑制対策をとる。なお、コンクリートの温度を 1℃ 下げるためには、おおよそセメントで 8℃、水で 4℃、骨材で 2℃、いずれかの温度を下げる必要がある。また、練混ぜ水へのフレークアイスの混入、骨材の液体窒素での冷却や、液体窒素をトラックアジテータへ直接噴入することも有効である。

土木学会示方書の場合

コンクリートを打ち込む前には、地盤、型枠などのコンクリートから吸水するおそれのある部分を湿潤状態に保つ。また、型枠、鉄筋等が直射日光を受けて高温になるおそれのある場合には、散水、覆い等の適切な処置を施さなければならない。

コンクリートの打込みはできるだけ早く行い、原則として練混ぜ開始から打込み終了までの時間は 1.5 時間以内とする。また、コールドジョイントの発生を防止するため、打重ね時間間隔は 2 時間より短く設定する。

JASS5 の場合

コンクリートの運搬機器などは、直射日光ができるだけ当たらないところに設置する。また、打ち込まれるコンクリートに接する箇所（先に打ち込まれたコンクリート、せき板、打込み型枠など）の表面は、散水または直射日光を防ぐなどの対策を講じる。練混ぜ開始から打込み終了までの時間の限度は 90 分とする。また、打重ね時間間隔の限度は 120 分を目安とし、先に打ち込んだコンクリートの再振動可能時間以内とする。

打込み後のコンクリートは、直射日光によるコンクリートの急激な温度上昇を防止し、湿潤に保つ。湿潤養生の開始時期は、コンクリート上面ではブリーディング水の消失した時点、せき板に接する部分では型枠脱型直後とする。また、普通ポルトランドセメントを用いた場合の湿潤養生期間は、5 日以上とする。

コンクリートが接する部分は、直射日光を当てず、散水で濡らすことで温度が高くならないように！

JIS A 5308（レディーミクストコンクリート）の場合

季節にかかわらず、練混ぜ開始から、荷卸しまでの時間を 1.5 時間以内としている。

(((問題 1))) 暑中コンクリートに関する次の記述のうち、**不適当なものはどれか。**

(1) コンクリート温度を下げるため、粗骨材に冷水を散布して骨材温度を下げた。

(2) コンクリート温度を 1℃程度下げるため、練混ぜ水の温度を約 4℃下げた。

(3) プラスティック収縮ひび割れの発生を防止するため、仮設上屋を設置して直射日光を防いだ。

(4) コールドジョイントの発生を防止するため、打重ね時間間隔の上限を 150 分として打ち込んだ。

解説 (1) 粗骨材に冷水を散布して骨材温度を下げることは、コンクリート温度を下げるために有効な方法である。ただし、骨材表面水率が大きくなるため、製造上、品質管理が困難にならないよう配慮が必要である。

(4) 暑中コンクリートでは凝結が早く進行するため、打重ね時間間隔の管理が重要となる。**打重ね時間間隔は 2 時間より短くするべきである。**　【解答 (4)】

(((問題 2))) 暑中コンクリートに関する次の記述のうち、**適当なものはどれか。**

(1) 運搬中のスランプ低下を防ぐために、促進形の AE 減水剤を用いた。

(2) 空気が連行されやすいので、AE 剤の使用量を減らした。

(3) コンクリート温度を下げるために、練り混ぜたコンクリートに氷を投入して冷却した。

(4) コンクリートの打込みにおいて、練り混ぜてから打ち終わるまでの時間が 90 分以内となるように計画した。

解説 (1) 促進形の AE 減水剤を用いると、**凝結が早まりスランプ低下が大きくなる。** 遅延形を用いるべきである。

(2) コンクリート**温度が高いほど空気が連行されにくいので、AE 剤の使用量を増す必要がある。**

(3) 練混ぜ水に溶けやすいフレーク状の氷などを混入させることは暑中コンクリートの温度を低下させるために有効である。しかし、練混ぜ後に氷を投入することは、コンクリートに**加水することになるため、実施してはならない。**

【解答 (4)】

(((問題 3))) 暑中コンクリートの施工に関する次の記述のうち、**適当なものはどれか。**

(1) コンクリートの荷卸し中にスランプの低下が認められたため、トラックアジテータ内に水を加え、スランプを回復した。

(2) コールドジョイントの発生を抑制するため、打重ね時間間隔を標準期よりも長くした。

(3) せき板の温度が高くなるおそれがあったため、打込み前、型枠内に水が溜まらない程度に、せき板に水を噴霧した。

(4) コンクリートの温度を下げるため、打込み後、直ちにコンクリート上面に冷風を当てた。

解説 (1) トラックアジテータ内に水を加えることは、コンクリートの単位水量が増し、水セメント比を大きくすることになる。**コンクリート品質が低下するため、禁止されている。**

(2) コールドジョイントの発生を抑制するためには、打重ね時間間隔を**標準期より短くする**とよい。

(3) 打込み前に型枠内に水を噴霧することは、せき板の温度を低下させるとともに、せき板に接するコンクリートのドライアウト対策として有効である。

(4) 打込み後、直ちにコンクリート上面に冷風を当てると、コンクリート温度の低下効果よりも、**表面からの水分の散逸を促進してドライアウトやプラスティック収縮ひび割れの原因となるため、実施すべきではない。**　【解答 (3)】

3章 マスコンクリート

こんな問題が出題されます！

基本問題

下図に示す壁状のマスコンクリート構造物における温度ひび割れ対策に関する次の記述のうち、**適当なものはどれか**。

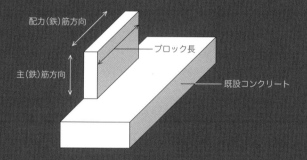

- 配力(鉄)筋方向
- ブロック長
- 主(鉄)筋方向
- 既設コンクリート

(1) ブロック長を長くし、配力(鉄)筋(水平方向配置)の量を増やす。

(2) ブロック長を長くし、主(鉄)筋(鉛直方向配置)の量を増やす。

(3) ブロック長を短くし、主(鉄)筋(鉛直方向配置)の量を増やす。

(4) ブロック長を短くし、配力(鉄)筋(水平方向配置)の量を増やす。

解説 マスコンクリート構造物の温度ひび割れ対策の基本的事項に関する設問である。

(1)、(2) ブロック長を長くすると温度ひび割れが生じやすくなる。

(2)、(3) 発生する温度応力によるひび割れは配力(鉄)筋(水平方向配置)に直行する方向であり、主(鉄)筋(鉛直方向配置)に平行であるため、主(鉄)筋(鉛直方向配置)の量を増やすことは温度ひび割れ対策の効果が期待できない。

【解答 (4)】

重要ポイント講義

1 ◆ マスコンクリートの適用部位

マスコンクリートが適用される目安は、JASS5 と土木学会示方書に規定があるが、相違点があるので注意する。

■ マスコンクリートの適用される目安 ■

	適用する場合	目 安
土木学会示方書	セメントの水和熱に起因した温度応力が問題となる場合	広がりのあるスラブ：厚さ 80 ～ 100 cm 以上 下端が拘束された壁：厚さ 50 cm 以上
JASS5	部材断面の最小寸法が大きく、水和熱の温度上昇で有害なひび割れが入るおそれのある部分	壁状部材：最小断面寸法 80 cm 以上 マット状部材・柱状部材：最小断面寸法 100 cm 以上

2 ◆ マスコンクリートの温度ひび割れの種類（発生メカニズム）

■ 外部拘束によるひび割れ

新設コンクリート全体の温度が降下するときの収縮変形が、既設のコンクリートや岩盤などによって外部から拘束されて生じる温度ひび割れ。材齢がある程度進んだ後に発生し、**貫通ひび割れに成長する場合が多い**。

■ 内部拘束によるひび割れ

コンクリートの表面と内部の温度差から生じる内部拘束応力によって生じる温度ひび割れ。初期の段階で発生する、**表面ひび割れである**。

拘束がない場合　　　拘束がある場合

(a) 外部拘束による場合

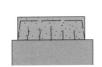

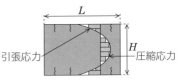

(b) 内部拘束による場合

■ マスコンクリートのひび割れ ■
（出典：日本コンクリート工学会「コンクリート技術の要点 '21」p. 207（2021））

3 ◆ マスコンクリートの温度挙動の特徴

セメントの水和熱によるコンクリートの温度上昇は、セメントの種類、単位セメント量、打込み温度の影響が大きい。単位セメント量の増減による構造物の温度上昇の増減の程度は、**10 kg/m³ 当たりおおよそ1℃**といわれている。

打込み時のコンクリート温度が高いほど、セメントの水和反応が促進、温度上昇が大きくなる。**打込み温度10℃の増減につき最高温度は3〜5℃増減する。**

4 ◆ マスコンクリートの温度ひび割れ対策

■ 温度ひび割れ対策の基本的な考え方

温度ひび割れを制御するための施工上の注意事項は、コンクリートの温度上昇を小さくする、発生する温度応力を小さくする、発生する温度応力に対して抵抗力をつける、の3点にまとめられる。

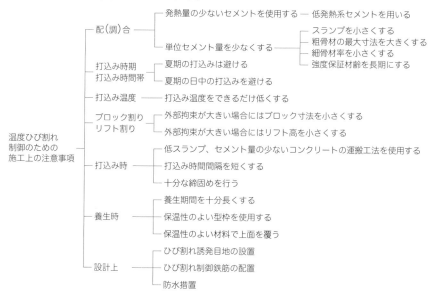

■ 温度ひび割れを制御するための施工上の注意事項、対策の例 ■

■ 配(調)合関連

強度発現の遅い、あるいは**低発熱性**のセメント（低熱ポルトランドセメント、中庸熱ポルトランドセメントなど）を用いる。発熱量が抑制されているセメントは、長期材齢における強度増進が大きいため、**設計基準強度の基準となる材齢を91日程度の長期にとるのがよい。**なお、一般市販品の高炉セメントB種は、温

度が高いほど水和反応が促進され、普通ポルトランドセメントとほぼ同等あるいは上回る発熱となるため使用にあたっては注意する。

　粗骨材の最大寸法を大きくすると、同一スランプを得るのに必要な単位水量を低減でき、結果的に単位セメント量も少なくなり、**水和熱の減少を図れる**。スランプは、施工性に問題がなく、所要品質を得られる範囲内でできるだけ小さくして、単位セメント量・単位水量の低減を図る。

　熱膨張係数の小さな骨材を使用すると、温度の上昇、下降による膨張収縮挙動を低減できるため、温度ひび割れ対策として有効である。高性能 AE 減水剤、流動化剤などの化学混和剤の使用は単位セメント量・単位水量を低減できる。また、コンクリートの温度上昇抑制のために、フライアッシュの使用も有効である。

　強度保証材齢を施工上支障のない範囲でできるだけ長期にとり、単位セメント量の低減を図ることもよい。

　なお、膨張材を適切に使用すると、比較的断面寸法や厚さの小さなマスコンクリートで、最高温度到達後の温度低下に伴うコンクリート収縮を低減させて、温度応力を小さくすることができる。また、最高温度に達するまでの日数がかかる大断面のマスコンクリートの内部拘束によるひび割れ低減にも効果がある。

■ 打込み関連

　コンクリートの練上がり温度を低くするために、冷却水、冷却骨材の使用、および液体窒素を用いて材料やコンクリートを冷却する方法も有効である。

　打設順序、打継ぎ時間間隔などは、拘束の大小、新旧コンクリートの温度差など諸条件によって相違する。

> ### ▶ パイプクーリング
>
> 　パイプクーリングは、コンクリート中にあらかじめ設置されたパイプ中に冷水を通してコンクリート温度の上昇を抑制する方法である。以下が要点である。
> - クーリングパイプは、熱伝導がよく水密性のある薄肉鋼管などを用いる。
> - 通水は一般的にコンクリート打込み開始後に始めるが、最高温度に達した後の通水は急激な温度降下によるひび割れの発生の恐れもあるため注意する。
> - コンクリート温度と通水温度との差は 20℃程度以下が目安である。
> - クーリング終了後、クーリングパイプ内にセメントミルクや無収縮グラウト材などを充填する。

(((問題1))) マスコンクリートに発生した次の温度ひび割れのうち、内部拘束によるひび割れとして、**適当なものはどれか。**

(1) 図Aに示す、杭頭部に打ち込んだ厚さ2mのフーチング
(2) 図Bに示す、底版コンクリート上に打ち込んだ厚さ80cmの壁
(3) 図Cに示す、先打ちコンクリートに打ち継いだ厚さ1mのスラブ
(4) 図Dに示す、岩盤上に打ち込んだ厚さ1mのスラブ

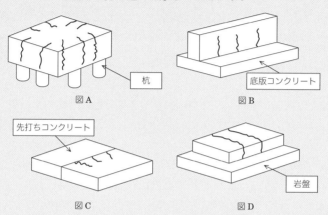

杭

図A

底版コンクリート

図B

先打ちコンクリート

図C

岩盤

図D

解説 マスコンクリートに発生するひび割れで、外部拘束が主体となる場合と、内部拘束が主体となる場合の代表的なひび割れを判断する設問である。

外部拘束によるひび割れは、新設コンクリート全体の温度が降下するときの収縮変形が、先打ちされたコンクリートや岩盤によって下端、縁端、下面を拘束されて生じるひび割れであり、図B、C、Dがこれにあたる。図Aは、マッシブな部材であり、杭による拘束の効果は小さいと考えられるため、**コンクリートの表面と内部の温度差から生じる内部拘束主体となるひび割れ**である。 【解答(1)】

7
時
限
目

(((問題2))) マスコンクリートの温度ひび割れ対策に関する次の記述のうち、**誤っているものはどれか**。

(1) 外部拘束によるひび割れを抑制するため、コンクリートの打込みブロック（区画）を小さくした。

(2) 中庸熱ポルトランドセメントを使用し、設計基準強度の管理材齢を28日から56日に変更した。

(3) 暑中期間であったので、トラックアジテータ内に液体窒素を噴入し、コンクリートを冷却する方法を採用した。

(4) パイプクーリングにおいて、コンクリートが最高温度に達した直後から通水を開始するよう計画した。

解説 （4）パイプクーリングは、コンクリート打込み開始後に通水を開始して、コンクリートの温度上昇を抑制する方法である。最高温度に達した直後から開始すると、**温度が急激に低下し、ひび割れを促進する恐れもあるため誤っている。**

【解答（4）】

(((問題3))) マスコンクリートの温度ひび割れに関する次の記述において、空欄に入る用語の組合せのうち、**正しいものはどれか**。

温度ひび割れは、その発生メカニズムにより二つのタイプに分けられる。一つは、コンクリートの表面と内部の温度差に起因して生じる　（ア）　ひび割れと、もう一方は、新たに打ち込まれたコンクリート全体の温度が降下するときの収縮変形が、既設コンクリートや岩盤などに拘束されることによって生じる　（イ）　ひび割れである。

また、　（ウ）　ひび割れは、材齢がある程度進んだ段階で発生し、部材断面を貫通することが多く、　（エ）　ひび割れは、打込み後の初期の段階で部材表面に生じることが多い。

	（ア）	（イ）	（ウ）	（エ）
(1)	外部拘束	内部拘束	内部拘束	外部拘束
(2)	外部拘束	内部拘束	外部拘束	内部拘束
(3)	内部拘束	外部拘束	内部拘束	外部拘束
(4)	内部拘束	外部拘束	外部拘束	内部拘束

解説 マスコンクリートの温度ひび割れの二つのタイプについて、定義やごく基本的な事項を問う設問である。（ア）と（エ）が内部拘束であり、（イ）と（ウ）が外部拘束であるため、正答は（4）である。

【解答（4）】

(((問題 4))) 図1に示すように、岩盤上に施工されるスラブ状のマスコンクリート構造物を連続的に打ち込んだ。コンクリート打込み後に、図2に示すような温度ひび割れを確認した。図1中のA点（構造物中心部）とB点（構造物表層部）の温度履歴を図3に示す。図3に示すa～dのうち、このひび割れが発生する時期として、**適当なものはどれか。**

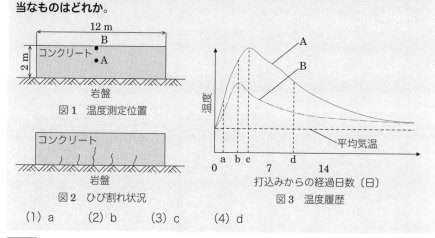

図1　温度測定位置

図2　ひび割れ状況

図3　温度履歴

(1) a　　(2) b　　(3) c　　(4) d

解説 ひび割れの形態から外部拘束によるひび割れと判断できるため、コンクリート温度の上昇が終了した後の温度下降時に発生したことが推定できる。

　よって、（4）のdが正答である。　　　　　　　　　　　　　　**【解答（4）】**

(((問題 5))) マスコンクリートの温度ひび割れ抑制対策に関する次の記述のうち、**不適当なものはどれか。**

(1) 混和剤をAE減水剤から高性能AE減水剤に変更した。
(2) 粗骨材の最大寸法を小さくした。
(3) 膨張材を使用した。
(4) 熱膨張係数の小さい骨材を使用した。

解説 (2) 粗骨材の**最大寸法を小さくする**と、同一スランプを得るためには単位水量を増加させる必要がある。そうすると単位セメント量も増加し、**水和熱が大きくなってしまうため対策にはならない。**

　(4) 熱膨張係数の小さな骨材を使用すると、コンクリートの膨張収縮挙動を抑制することで、温度応力を低減させる効果がある。　　　　　　　　　**【解答（2）】**

4章 水中コンクリート

◾️ **こんな問題が出題されます！**

基本問題

水中コンクリートに関する次の記述のうち、**適当なものはどれか。**

(1) 一般の水中コンクリートの水中落下高さを、1m以下として打ち込んだ。

(2) 地下連続壁（地中壁）に用いる水中コンクリートの水セメント比を、60%とした。

(3) 地下連続壁（地中壁）に用いる水中コンクリートのスランプを、21cmとした。

(4) 水中不分離性コンクリートの圧送負荷を、一般のコンクリートの1/2～1/3として計画した。

解説 各種水中コンクリートの基礎的な知識を問う設問である。

(1) 一般の水中コンクリートは、**水中を落下させてはならない。**

(2) 地下連続壁（地中壁）に用いる水中コンクリートの水セメント比は、**55%以下**とする必要がある。

(4) 水中不分離性コンクリートは粘性が大きいため、**圧送負荷は一般のコンクリートの2～3倍、打込み速度は1/2～1/3程度**として計画するとよい。

【解答（3）】

重要 ポイント講義

1 ◆ 一般の水中コンクリート（土木学会示方書）の留意点

　コンクリートは連続して打ち込む。この際、トレミー（管）またはコンクリートポンプを用いて打ち込むことを原則とする。粘性に富む配合とし、かつ配合強度を大きくする。振動機は通常用いない。

　水中施工時の強度が標準供試体の強度の 0.6 ～ 0.8 倍とみなして配合強度を設定することを標準とする。

> ▶ **配合条件**
> - スランプ：13 ～ 18 cm（トレミー（管）、ポンプ）、10 ～ 15 cm（底開き箱（袋））
> - 水セメント比：50%以下
> - 単位セメント量：370 kg/m³ 以上

2 ◆ 一般の水中コンクリートの施工

　一般的な水中コンクリートは、次の点に注意して施工する。
- セメントの流失およびレイタンスの発生による水質汚濁を防ぐため、適当な締切りをして、水を静止させて打ち込まなければならない。完全な締切りができない場合でも、流速は **5 cm/s** 以下とする。
- 水中を落下させてはならない。
- コンクリートは、その上面をなるべく水平に保ちながら所定の高さまたは水面上に達するまで連続して打ち込まなければならない。
- 打込み中、コンクリートをかき乱さないようにしなければならない。
- コンクリートが硬化するまで、水の流動を防がなければならない。
- 一区画のコンクリートの打込み終了後、レイタンスを除かなければ、次の打込みを始めてはならない。
- トレミー（管）は、打込み中、その先端が既に打ち込まれたコンクリート中になければならない。
- トレミー（管）は、打込み中水平移動してはならない。

3 ◆ 場所打ち杭および地下連続壁（地中壁）に用いるコンクリート

　場所打ち杭および地下連続壁（地中壁）に用いる水中コンクリートは、安定液（ベントナイトなど）の中でコンクリートを打ち込む、安定液中では鉄筋とコンクリートの付着強度が低下する、大深度地下連続壁などでは高流動・高強度コンクリートも使用されている、などの特徴がある。

　配(調)合条件のうち、水中分離抵抗性は、粘性に影響する水セメント比および単位セメント量で設定する。配合強度は、水中施工時の強度を気中施工時の**0.8**倍、安定液中施工時の強度を気中施工時の**0.7**倍とみなして設定する（土木学会示方書）。

　 ◗場所打ち杭および地下連続壁（地中壁）に用いるコンクリートの配(調)合条件◖

	JASS5	土木学会示方書
粗骨材最大寸法	25 mm 以下	鉄筋のあきの1/2以下、かつ25 mm 以下
スランプ	21 cm 以下（調合管理強度が 33 N/mm² 未満） 23 cm 以下（調合管理強度が 33 N/mm² 以上）	18 ～ 21 cm スランプフロー50 ～ 70 cm
水セメント比	60%以下（場所打ち杭） 55%以下（地中壁）	55%以下
単位セメント量	330 kg/m³ 以上（場所打ち杭） 360 kg/m³ 以上（地中壁）	350 kg/m³ 以上
単位水量	200 kg/m³ 以下	

　場所打ち杭および地下連続壁（地中壁）に用いる水中コンクリートの打込みは、トレミー(管)を用いて、連続して打ち込む。かぶり(厚さ)は一般のコンクリートより大きくする。

　 ◗場所打ち杭および地下連続壁（地中壁）に用いる水中コンクリートのかぶり(厚さ)◖

JASS5	土木学会示方書
孔壁内面と鉄筋かご最外側鉄筋の間隔 10 cm 以上、ケーシング面からは 8 cm 以上	10 cm 以上 仮設壁・止水壁：8 cm 以上

　その他の留意点としては、打込みに先立ちスライムの除去を確実に行う、トレミー(管)の先端はコンクリート中に**2 m**以上挿入しておく、コンクリートは設計面より高く盛り上げる（余盛り：土木学会示方書では50 cm 以上、JASS5では50 ～ 100 cm）。

4 ◆ 水中不分離性コンクリート

　水中不分離性コンクリートは、水中不分離性混和剤を混和することにより、コンクリートが水の洗い作用を受けても材料分離しにくい性質（水中不分離性）を増大させたコンクリートである。

■ 特 徴

　水中不分離性コンクリートには次のような特徴がある。

- 流動性が大きく、粘性も大きいことから、材料分離を生じることなく、高い充填性やセルフレベリング性を有する。
- 通常のコンクリートに比較して、水の洗い作用に対する抵抗性が高く、水中を落下させても分離しにくい（水質を汚濁することが少ない）。
- ブリーディングがほとんど生じない。
- 凝結時間は、通常のコンクリートに比べて 5 〜 10 時間程度遅延する。
- 乾燥収縮率が通常のコンクリートに比べて 20 〜 30％程度大きいので、原則として常時水中にある構造物に使用する。
- 耐凍害性が低いので、やむを得ず干満帯で施工する場合でも、凍結融解作用を受ける地域では施工してはならない。

■ 使用材料、配合

　コンクリート用水中不分離性混和剤を必ず使用する。水中不分離性混和剤はセルロース系とアクリル系に大別できる。

　流動性はスランプフローで測る。高流動コンクリートと異なり、非常に粘性が大きいため、スランプコーンを引き上げてから 5 分後に測定する。スランプフローの目標値は、施工場所、打込み方法などの施工条件に応じて 35 〜 60 cm の間で設定する。

　配合強度は、設計基準強度に、現場において予想されるコンクリートの圧縮強度の変動係数に応じて求めた割増係数を乗じた値とする。粗骨材の最大寸法は、40 mm 以下を標準とする。空気量は 4％以下を標準とする。単位水量は一般の場合に比べ多くなり、200 kg/m³ を超えることが多い。

　■ 耐久性から定まる水中不分離性コンクリートの水セメント比の最大値 ■

	無筋コンクリート	鉄筋コンクリート
淡水中	65％	55％
海　中	60％	50％

施　工

　練混ぜは、強制練りバッチミキサにより、公称容量の 80 % 以下を 1 バッチとして、あらかじめセメント・骨材および水中不分離性混和剤で空練りを行った後に水と所定の混和剤を投入して全材料の練混ぜを行うことを原則とする。空練り時間は 20 〜 30 秒を標準とする。

　打込みは、コンクリートポンプあるいはトレミー(管)を使用し、**静水中（流速 5 cm/s 程度以下）で、水中落下高さは 50 cm 以下として行うことを原則とする。なお、水中流動距離は 5 m 以下を原則とする。**ポンプ圧送する場合、圧送負荷は通常のコンクリートの **2 〜 3 倍、打込み速度は 1/2 〜 1/3 程度**となる。

　水中不分離性コンクリートは流動性がよく、かつ凝結時間が遅延する。よって、**型枠に作用する側圧は、通常のコンクリートより大きくなるため、安全を見て液圧として型枠を設計する。**

　なお、強度管理は、水中作製供試体の材齢 28 日圧縮強度による。

標準問題で レベルアップ!!!

(((問題 1)))　一般の水中コンクリートの施工に関する次の記述のうち、土木学会示方書に照らして、**適当なものはどれか。**
(1)　スランプ 8 cm の AE コンクリートを使用した。
(2)　水セメント比が 55 % のコンクリートを使用した。
(3)　流速が 10 cm/s の水中にコンクリートを打ち込んだ。
(4)　打込み中、トレミーの配管の先端は、すでに打ち込まれたコンクリート中に 30 〜 50 cm 程度挿入した。

解説　土木学会示方書における一般の水中コンクリートの施工に関する規定についての理解度を問う設問である。
　(1)　一般の水中コンクリートのスランプは、**ポンプ圧送やトレミー管による打込みの場合 13 〜 18 cm、底開き箱（袋）による場合 10 〜 15 cm** としている。
　(2)　一般の水中コンクリートの水セメント比は、**50 % 以下**と規定されている。
　(3)　一般の水中コンクリートの打込みは、**静水中で実施すること**とし、やむを得ない場合でも**流速 5 cm/s 以下**とする。
　(4)　土木学会示方書では、コンクリート中への挿入深さの規定はないが、「その先端をすでに打ち込まれたコンクリート中に挿入しておかなければならない」としている。

【解答（4）】

(((問題2))) 地下連続壁（地中壁）の施工において、ベントナイト安定液中に打ち込む水中コンクリートの配(調)合と施工に関する次の記述のうち、**不適当なものはどれか。**

(1) 単位セメント量を 370 kg/m³ とした。

(2) 鉄筋のかぶり（厚さ）を 4 cm とした。

(3) トレミー管の先端のコンクリート中への挿入深さを 2.5 m とした。

(4) 余盛り高さを 100 cm とした。

解説 (2) 鉄筋のかぶり（厚さ）は、土木学会示方書では、10 cm 以上必要としたうえで、仮設壁・止水壁では 8 cm 以上としている。また、JASS5 では、孔内壁面と鉄筋かご最外側鉄筋の間隔 10 cm 以上、ケーシング面から 8 cm 以上としている。いずれにしろ **4 cm は小さすぎる。** 　　　　　　　　　　　　　　【解答 (2)】

(((問題3))) 一般のコンクリートと比較した場合の水中不分離性コンクリートの特徴に関する次の一般的な記述のうち、**不適当なものはどれか。**

(1) 単位水量が少ない。

(2) ブリーディング量が少ない。

(3) 凝結時間が長い。

(4) 耐凍害性が低い。

解説 (1) 水中不分離性コンクリートは、一般のコンクリートに比較して**単位水量は多くなる。** 　　　　　　　　　　　　　　　　　　　　　　　【解答 (1)】

5章 海水の作用を受けるコンクリート

こんな問題が**出題**されます！

基本問題

下図に示す海水の作用を受ける鉄筋コンクリート構造物の位置A、B、Cと劣化の程度の関係に関する次の記述のうち、**不適当なもの**はどれか。

(1) すりへりによって生じる劣化の度合いは、位置Bよりも位置Aのほうが小さい。

(2) やむを得ず打継目（打継ぎ）を設ける場合には、位置Bよりも位置Aに計画するのがよい。

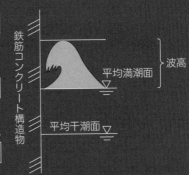

(3) 同じコンクリートが打継ぎなしで施工され、かつ、かぶり（厚さ）が同じであれば、鉄筋の腐食速度は、位置Bよりも位置Cのほうが速い。

(4) 硫酸塩による化学作用で生じる劣化の度合いは、位置Aよりも位置Cのほうが大きい。

解説 海水の作用を受ける鉄筋コンクリート構造物の塩害環境区分別の劣化の程度に関する設問である。ここで、位置Aは海上大気中、位置Bは飛沫帯および干満帯、位置Cは海中を示している。

(3) 位置Cは、常時海水下にあり、酸素の供給が位置Bより少ないため**腐食速度は遅くなる**。　　　　　　　　　　　　　　　　　　　　　　　　　　【解答（3）】

重要ポイント講義

1 ◆ 劣化現象と塩害環境

　海水の作用を受けるコンクリートの劣化現象は、塩化物イオンの浸透に起因する鋼材の腐食、海水成分の化学作用によるコンクリート自体の劣化、波浪、凍結融解などの物理作用によるコンクリート表面の損傷に大別される。

■ 塩害環境区分（土木学会示方書）■

区　分	場　所	特　徴
海上大気中	飛沫帯の上部にあって常時潮風を受け、波しぶきをまれに受ける環境	飛沫帯および干満帯に次いで侵食を受けやすい
飛沫帯および干満帯	潮の干満、波しぶきによる乾湿の繰り返しを受ける部分	この部分では海水による化学的な作用のほかに、干満に応じた乾湿の繰り返し、波浪や浮遊物による衝撃力や摩耗などの物理的な作用を受けるため、耐久性上最も厳しい
海中	常時海水下にある部分	海水の化学作用、摩耗作用を受けるが、コンクリート中の鋼材腐食作用は、飛沫帯および干満帯、海上大気中に比べて緩やか

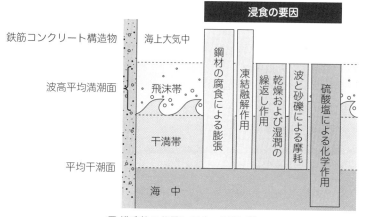

■ 構造物の位置と浸食の要因 ■

　なお、JASS5 による塩害環境の区分は、飛来塩分量に応じて重塩害環境、塩害環境および準塩害環境となっている。海水に接する部分で潮の干満を受ける部分、および波しぶきを受ける部分は重塩害環境、海水に接する部分で常時海中にある部分は準塩害環境に区分される。

成　分	特　性
硫酸マグネシウム（MgSO₄）	最も有害であり、セメントの水和生成物である水酸化カルシウム（Ca(OH)₂）と反応して、石こうの結晶と水酸化マグネシウム（Mg(OH)₂）を生成する。これらは体積膨張を起こし、コンクリートのひび割れや局部破壊を生じる
石こう	石こうの一部はセメント中のC₃Aと反応し、エトリンガイトを生成し、著しく体積膨張する。この体積膨張により、ひび割れが発生し、局部的破壊に至る
塩化マグネシウム（MgCl₂）	水酸化カルシウム（Ca(OH)₂）と反応して、水溶性の塩化カルシウム（CaCl₂）を形成し、コンクリートの組織を多孔質化する

■ 気象作用の影響

　気温が著しく低いと、濃縮された海水の化学作用と凍結融解作用が複合してコンクリートを劣化させる。海水中の耐凍害性は、淡水中よりかなり低い。

　コンクリート中の水が凍結融解を繰返すことにより、塩化物イオンが凍結部から未凍結部へ移動し、塩化物イオンの侵入や濃縮が促進されて、劣化が進行する。

　凍害によるスケーリングやポップアウトによってかぶり（厚さ）が減少し、塩化物イオンや酸素などの腐食因子の供給が促進される。

■ 海水の物理的作用

　大きな波浪による繰返し荷重、漂流固形物の衝撃などによるひび割れ、漂砂や波浪などの持続的作用によるコンクリート表面の摩耗が考えられる。

2 ◆ 材料、調合

　セメントでは、可溶性結晶であるCa(OH)₂の生成量を少なくする高炉セメントやフライアッシュセメントが適している。

　耐硫酸塩、中庸熱および低熱ポルトランドセメントは、C₃A含有率が低く耐硫酸塩性に優れるが、一方で塩化物イオンの侵入が早くなる可能性があるため、使用する場合は、低水セメント比にするなどにより密実なコンクリートにすることが重要である。

　混和材料は、良質な化学混和剤を用い、ワーカビリティーを向上させる。

　骨材は、吸水率の小さいものとし、膨張性のあるものは不適である。

　水セメント比は、次ページのとおりとし、一般のコンクリートより小さくする。水セメント比で45％以下、空気量6％以上にすると、海水や凍結防止剤などの塩化物の影響を受けるコンクリートのスケーリングが防止できる。

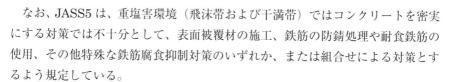

　なお、JASS5 は、重塩害環境（飛沫帯および干満帯）ではコンクリートを密実にする対策では不十分として、表面被覆材の施工、鉄筋の防錆処理や耐食鉄筋の使用、その他特殊な鉄筋腐食抑制対策のいずれか、または組合せによる対策とするよう規定している。

🧱 水セメント比の最大値（土木学会示方書）🧱

環境区分 ＼ 施工条件	一般の現場施工の場合	工場製品、または材料の選定および施工において、工場製品と同等以上の品質が保証される場合
海上大気中	45%	50%
飛沫帯および干満帯	45%	45%
海中	50%	50%

※実績、研究成果等により確かめられたものについては、最大の水セメント比を、上表の値に 5 〜 10 を加えた値としてよい。

🧱 水セメント比の最大値（JASS5）🧱

塩害環境の区分	水セメント比の最大値	
	普通ポルトランドセメント	高炉セメント B 種
塩害環境	45%	50%
準塩害環境	55%	60%

3 ◆ 施工上の留意点

　かぶり（厚さ）を大きくする。JASS5 では、設計かぶり厚さは、部材・部位ごとに最小かぶり厚さに 15 mm を加えた値以上とするという規定がある。

　スペーサはコンクリート製またはモルタル製とする。鉄筋の結束に用いた結束線は、かぶりコンクリートの部分に残らないように内側に折り曲げる。

　海中および直接波しぶきを受ける部分には打継ぎを設けない（その他の部分でもなるべく避ける）。特に、最高潮位から上へ **60 cm** と最低潮位から下へ **60 cm** の間は劣化を受けやすいため、連続して打ち込む。

　打込み後、少なくとも **5 日間**（普通セメント使用の場合）は海水に洗われないようにする。特に、ひび割れが発生しないよう配慮する。

(((問題1))) 海水の作用を受けるコンクリートに関する次の記述のうち、**不適当な ものはどれか。**

(1) 海水に対する化学的抵抗性の向上を期待して、フライアッシュセメントを使用した。

(2) 飛沫帯に用いることを考慮して、水セメント比を55%とした。

(3) 打継目は弱点となりやすいことを考慮して、水平打継目は干満部を避けて計画した。

(4) 鉄筋と型枠との間のスペーサに、本体コンクリートと同等以上の品質を有するコンクリート製のものを用いた。

解説 (2) 土木学会示方書では、飛沫帯および干満帯における**水セメント比は45%以下と規定されている。** 【解答 (2)】

(((問題2))) 海水中のコンクリート構造物の劣化現象とその主な原因となる海水中に含まれる塩類の組合せのうち、**適当なものはどれか。**

劣化現象	コンクリート中の 鋼材腐食	コンクリートの体積膨張 によるひび割れ
(1)	硫酸カリウム（K_2SO_4）	硫酸マグネシウム（$MgSO_4$）
(2)	塩化ナトリウム（$NaCl$）	硫酸マグネシウム（$MgSO_4$）
(3)	硫酸カリウム（K_2SO_4）	塩化マグネシウム（$MgCl_2$）
(4)	塩化ナトリウム（$NaCl$）	塩化マグネシウム（$MgCl_2$）

解説 $NaCl$ は、コンクリート中に侵入して鋼材腐食の原因となる。$MgSO_4$ は、コンクリート中の水酸化カルシウム（$Ca(OH)_2$）との反応で膨張性のある石こうの結晶や水酸化マグネシウム（$Mg(OH)_2$）を生成して、コンクリートに体積膨張によるひび割れを生じさせる。$MgCl_2$ は、コンクリート中の $Ca(OH)_2$ と反応して水溶性の塩化カルシウム（$CaCl_2$）を生成し、コンクリート組織を多孔質化する。なお、K_2SO_4 は、コンクリートの侵食性を有する硫酸塩であるが、海水での含有量が少なく、コンクリート品質への影響は小さい。

以上より、適当な組み合わせは、(2) である。 【解答 (2)】

(((問題3))) 海水の作用を受けるコンクリート構造物に関する次の一般的な記述のうち、**不適当なものはどれか。**

(1) 凍結融解作用による劣化は、淡水が作用する場合より激しい。

(2) コンクリート中の鋼材の腐食は、飛沫帯よりも海中の方が激しい。

(3) コンクリートの塩化物イオンの侵入量は、海上大気中よりも干満帯の方が大きい。

(4) 硫酸塩の化学的作用による劣化は、海上大気中よりも干満帯の方が激しい。

解説 (1) 海水が作用する環境での凍結融解作用は、塩害との複合劣化となるため、淡水の場合より激しい。

(2) **海中よりも飛沫帯の方が、化学的、物理的な侵食が強く、鋼材の腐食が著しい。** 【解答 (2)】

(((問題4))) 海水の作用を受けるコンクリートに関する次の記述のうち、**適当なものはどれか。**

(1) 物理的な侵食は、飛沫帯や干満帯よりも海中部の方が生じやすい。

(2) 化学的抵抗性は、高炉セメント B 種よりも普通ポルトランドセメントの方が高い。

(3) 海水中の硫酸マグネシウム（$MgSO_4$）は、水和生成物との反応により体積膨張してコンクリートを劣化させる。

(4) 海水中の塩化マグネシウム（$MgCl_2$）は、コンクリート中の水酸化カルシウムと反応して組織を緻密にする。

解説 (1) 物理的な侵食は、**海中部よりも飛沫帯や干満帯の方が生じやすい。**

(2) **高炉セメント B 種は、**普通ポルトランドセメントに比べ水酸化カルシウム（$Ca(OH)_2$）の生成量が少ないため、**普通ポルトランドセメントより化学的抵抗性が高い。**

(4) 塩化マグネシウムは、コンクリート中の水酸化カルシウムと反応して、水溶性の塩化カルシウム（$CaCl_2$）を生成し、コンクリート**組織を多孔質化する。** 【解答 (3)】

6章 高強度コンクリート

出題傾向 高強度コンクリートに関する出題は、隔年で1問程度。製造方法および施工上の留意点が重要である。また、JIS A 5308の高強度コンクリートの規定に関する設問もみられる。

こんな問題が**出題**されます！

基本問題

JIS A 5308（レディーミクストコンクリート）における呼び方「高強度 60 60 20 N」のコンクリートの製造および施工に関する次の記述のうち、**不適当なもの**はどれか。

(1) 製造時における細骨材の表面水率の測定は、一般のコンクリートよりも頻度を多くする計画とした。

(2) 圧送時の管内圧力損失は、一般のコンクリートより小さいものとしてコンクリートポンプ車を選定した。

(3) 型枠に作用する側圧は、一般のコンクリートより大きいものとして型枠を設計した。

(4) 受入れ検査の項目としてスランプフローを用いた。

解説 「高強度 60 60 20 N」は、種類が高強度コンクリート、呼び強度 60、スランプフロー 60 cm、粗骨材の最大寸法 20 mm、普通ポルトランドセメント使用、を意味していることから、判断するとよい。

(1) 高強度コンクリートでは、単位水量が少ないことから細骨材の表面水率の管理が重要であり、表面水率の測定頻度を多くするのは適切な対応である。

(2) 普通ポルトランドセメントを使用した高強度コンクリートは粘性が大きいことから、圧送時の管内圧力損失は**一般のコンクリートに比べて大きい**。

(3) 高性能 AE 減水剤を使用しており、スランプフロー 60 cm と流動性が高く、流動性の持続時間も長いことから、型枠に作用する側圧は大きく、液圧で計画する必要がある。

(4) 記述のとおり。 【解答 (2)】

重要 ポイント講義

1 ◆ 高強度コンクリートの定義と適用範囲など

　普通コンクリートよりも高い強度である高強度コンクリートは、建築物の高層化や橋梁の大スパン化（プレストレストコンクリート構造）などを可能にするために開発された。

- 設計基準強度 $50 \sim 100\,\mathrm{N/mm^2}$ 程度までの高強度コンクリート（土木学会示方書）
- 設計基準強度が $36\,\mathrm{N/mm^2}$ を超えるコンクリート（JASS5）

　※設計基準強度が $60\,\mathrm{N/mm^2}$ を超える場合、信頼できる資料または試験により、設計が要求する構造体の品質が得られることを確かめる。

> ■ **JIS A 5308**（レディーミクストコンクリート）の高強度コンクリート
> - 区分　スランプ $12 \sim 21\,\mathrm{cm}$：呼び強度の強度値 $50\,\mathrm{N/mm^2}$
> 　　　　スランプフロー 45、50、55、$60\,\mathrm{cm}$：呼び強度の強度値 50、55、$60\,\mathrm{N/mm^2}$
> - 普通コンクリートとの規定上の相違点は、使用材料の種類や品質に制限が設けられていることと、強度の試験頻度が普通コンクリートで $150\,\mathrm{m^3}$ に 1 回であるのに対して $100\,\mathrm{m^3}$ に 1 回としていることなどである。

2 ◆ 高強度コンクリートの品質・特徴

　フレッシュコンクリートの流動性は、スランプまたはスランプフローで表し、設計基準強度が $45\,\mathrm{N/mm^2}$ 未満の場合はスランプ $21\,\mathrm{cm}$ 以下またはスランプフロー $50\,\mathrm{cm}$ 以下、設計基準強度が $45\,\mathrm{N/mm^2}$ 以上、$60\,\mathrm{N/mm^2}$ 以下の場合は、スランプ $23\,\mathrm{cm}$ 以下またはスランプフロー $60\,\mathrm{cm}$ 以下とする（JASS5）。

　構造体コンクリート強度は、構造体コンクリート強度を保証する材齢において設計基準強度以上とする。構造体コンクリート強度を保証する材齢は、特記による。特記のない場合は、**91 日とする**（JASS5）。

　凍害のおそれがある場合、コンクリートの空気量は 4.5 ％を標準とする（JASS5）。

強度	・水結合材比を小さくすることにより高い強度が得られるが、結合材量が多いため、水和熱に起因する初期の高温履歴によって構造物内のコンクリートの圧縮強度は、供試体の圧縮強度より小さくなる場合がある
耐久性	・組織が緻密であるため、中性化の進行や塩化物の侵入に対して抵抗性が大きいが、単位セメント量の増加によりコンクリート中のアルカリ総量が高くなるため、アルカリシリカ反応には配慮する必要がある
ひび割れ抵抗性	・単位結合材量が多く、結合材の水和熱や自己収縮に起因するひび割れによってその性能が低下する可能性がある（有害なひび割れを発生させないための適切な処置を行う）
水密性	・組織が緻密であるため水密性に優れるが、ひび割れに対して適切な処置を講じなければ、ひび割れから水が浸透し所要の水密性が得られない場合があるので注意する
耐火性	・組織が緻密であるため、火災によってコンクリート表面が高温に曝されると、水結合材比が小さいほど爆裂を生じる可能性が高くなり、その損傷の程度も大きくなる傾向がある
ワーカビリティー	・粘性が高いため、ポンプ圧送時の管内抵抗が大きく、振動締固めが効きにくい。このため、所用のワーカビリティーが確保できるよう、高い流動性を有するコンクリートを用いるのがよい

3 ◆ 高強度コンクリートの材料・配(調)合

■ JASS5 による材料・配(調)合

■ 高強度コンクリートに用いる骨材の品質と練混ぜ水 ■

項 目		品 質
骨材	種類	砂利・砕石、砂・砕砂、高炉スラグ細骨材とし、コンクリートとして所定の圧縮強度およびヤング係数が得られるもの
	砕石・砕砂	砕石の粒形判定実積率 57% 以上 砕砂の微粒分量 5.0% 以下
	アルカリシリカ反応性	無害と判定されるもの（高炉スラグ細骨材は試験による判定不要）
練混ぜ水		回収水は使用しない

■ 計画調合の標準値（設計基準強度 120 N/mm² 以下の範囲）■

調合条件	標準的な数値
単位水量	175 kg/m³ 以下（骨材事情により 185 kg/m³ 以下も可） 水結合材比（W/B）＝20% 以下では 160 kg/m³ 以下
単位セメント量	できるだけ小さい値
単位粗骨材量	良好なワーカビリティーの得られる値
化学混和剤使用量	良好なワーカビリティーの得られる値 所用の品質を確保する値
混和材使用量 その他の材料使用量	所用の品質を確保する値

空気量	激しい凍害のおそれのある場合：4.5% 凍害のおそれのない場合：3.0%以下
塩化物量	塩化物イオン（Cl⁻）量として 0.30 kg/m³ 以下
水セメント比	50%以下 超長期供用級の場合：40%以下

■ 土木学会示方書による材料・配(調)合

- 水和熱に起因する高温履歴を受けることにより、構造物内のコンクリートの圧縮強度が標準養生供試体の圧縮強度より低下する可能性のある場合には、この影響を考慮して配合を決める。試験方法として、部材を模擬した試験体から採取したコア供試体強度で評価する方法や、部材と同じ温度履歴を与えた供試体強度（温度追随養生）で評価する方法などがある。
- 低発熱性のセメント使用や強度発現が遅いセメントの使用の場合、圧縮強度の基準材齢を 28 日よりも長くして、発熱による温度上昇を極力低く抑える。
- 高強度コンクリートでは、セメントマトリックスの強度が骨材強度に近くなり、骨材強度がコンクリートの圧縮強度に及ぼす影響が大きくなる。
- 高強度コンクリートの流動性は、フレッシュコンクリートの性状および施工方法に応じてスランプまたはスランプフローを指標として設定し、設計基準強度 50 N/mm² 程度の場合はスランプ 18 ～ 21 cm 程度、設計基準強度 50 N/mm² を超える場合はスランプフロー 50 ～ 65 cm 程度を標準としている。
- 耐凍害性が要求される場合の高強度コンクリートの空気量は、以下に示す値を標準としている。

■ 耐凍害性が要求される場合の高強度コンクリートの空気量 ■

設計基準強度	空気量
50 ～ 60 N/mm²	4.0%
80 N/mm²	3.5%
100 N/mm²	3.0%

- 単位水量は、175 kg/m³ 以下を標準とし、所要の性能が得られる範囲でできるだけ少なくなるよう、試験によって定めなければならない。
- 単位水量を減じ過ぎると、ワーカビリティーの低下や、化学混和剤の使用量の増加に伴う凝結の遅延を招くことがあるため、注意する。

4 ◆ 高強度コンクリートの製造・運搬

　通常のコンクリートに比べて使用材料の品質変動の影響を受けやすい。特に細骨材の表面水率の安定化が重要であり、細骨材の表面水率の測定頻度を多くすることや、表面水率の自動測定装置の設置などの配慮が必要である。

　粘性が高いため、ミキサ負荷を軽減できるよう、1バッチの練混ぜ量を通常の場合より少なくするとよい。事前の実機試し練りにおいて、練混ぜ量、練混ぜ時間、ミキサ負荷電流などの関係を把握し、適切な練混ぜ量および練混ぜ時間を設定する。

　コンクリートの練混ぜから打込み終了までの時間は、**120分を限度とする**（JASS5）。

　ポンプ圧送時の管内圧力損失は、通常のコンクリートに比べて**2〜4倍になる場合もある**。よって、十分な圧送性能を得られるポンプの機種や管径を選定する。なお、圧送負荷の増大により、スランプフローなどのコンクリートの品質変動が大きくなることがある。

5 ◆ 高強度コンクリートの施工・養生

JASS5 による施工・養生

　粘性が高いため、振動締固めが効きにくいので、振動機の挿入間隔を小さくしたり、十分な時間をかけるなどの対応が必要である。

　ブリーデイングはほとんど発生せず、夏期など外気温が高い場合、日射の影響や風の影響などにより、表面が乾燥しやすく、仕上げ作業に支障をきたす場合がある。このため、コンクリート表面にこわばり現象やプラスティック収縮ひび割れが発生しやすい。プラスティック収縮ひび割れの防止には、押えが完了した直後から噴霧や散水等により水分を供給したり、養生シート等による乾燥防止や表面養生剤散布などの対策、または材料・調合の変更等を行う。また、高性能AE減水剤の添加量が多くなっていることから、**冬期などの外気温の低い時期には凝結が遅れ、仕上げ作業も遅くなる**。

　直仕上げ作業は、コンクリートの粘性が高く、表面の乾燥が急激であり、仕上がり状態や平坦さの精度確保が困難となるため、**仕上げ時に散水や水噴霧を行う**とよい。

　打込み後の湿潤養生の期間は、セメントの種類および設計基準強度に応じて次ページの表に示す値とする。ただし、これ以外のセメントを使用する場合や高炉

スラグ微粉末などの混和材を使用する場合は、試験などによって定める。なお、普通および中庸熱ポルトランドセメントを用いた厚さ 18 cm 以上の部材では、現場封かん養生供試体強度が 15 N/mm² に達した時点で、その後の湿潤養生を打ち切ることができる。

■ 高強度コンクリートの湿潤養生期間（JASS5）■

セメントの種類	設計基準強度（N/mm²） 36 超〜40 以下	40 超〜50 以下	50 超〜60 以下
普通ポルトランドセメント	5 日以上	4 日以上	3 日以上
中庸熱ポルトランドセメント	6 日以上	4 日以上	3 日以上
低熱ポルトランドセメント	7 日以上	5 日以上	4 日以上

■ 土木学会示方書による施工・養生

ブリーディングがほとんど生じず、打込み直後にコンクリートの表面が乾燥してこわばりを生じる反面、凝結が遅延し、表面の仕上げが困難になる場合がある。また、スランプフローで管理するような流動性が大きい高強度コンクリートでは、粘性の高いペーストがこてに付着して表面を引っ張ってしまい、平滑に均すのが難しい場合もある。このような場合には、仕上げの際に霧吹き等を用いて、表面に適量の水を散布するとよい。

コンクリートの表面が乾燥することで許容打重ね時間間隔が短くなる場合やプラスティック収縮ひび割れを生じる場合があるので、打込み後は日光や風が直接当たらないように速やかにシートや養生マット等で表面を覆い、さらに散水や膜養生剤の噴霧等の対策を施すのも効果的である。

6 ◆ 高強度コンクリートの品質管理

■ JASS5 による品質管理

荷卸し時のフレッシュコンクリートの検査は、使用するコンクリートおよび構造体コンクリートの圧縮強度試験用供試体採取時に行う。スランプの許容差はスランプ 18 cm 以下で ±2.5 cm、21 cm 以上で ±2 cm とし、スランプフローの許容差はスランプフロー 50 cm 以下で ±7.5 cm、50 cm 超で ±10 cm とする。

使用するコンクリートおよび構造体コンクリートの圧縮強度の検査は、打込み日、打込み工区かつ 300 m³ ごとに検査ロットを構成して行う。1 検査ロットにおける試験回数は 3 回とする。なお、1 日の打込み量が 30 m³ 以下の場合は、工事監理者と協議のうえこれと異なる検査ロットを構成することができる。

1 回の検査は、任意の 1 台の運搬車から採取した 3 個の供試体の試験結果とする。

土木学会示方書による検査

高強度コンクリートの受入れ検査は、1日1回または構造物の重要度と工事の規模に応じて 50 ～ 150 m³ ごとに1回とする。

スランプまたはスランプフローの判定基準

		判定基準
スランプ	18 cm	設定値±2.5 cm
	18 cm を超え 21 cm 以下	設定値±2.0 cm
スランプフロー	50 cm	設定値±7.5 cm
	60 cm	設定値±10.0 cm

標準問題でレベルアップ!!!!

(((問題 1))) 一般のコンクリートと比較した場合の高強度コンクリートの特徴に関する次の一般的な記述のうち、**適当なものはどれか。**

(1) コンクリート製造時における練混ぜ時間は、短くなる。

(2) コンクリートのポンプ圧送時における管内圧力損失は、小さくなる。

(3) コンクリートの締固め時における内部振動機の振動が伝わる範囲は、広くなる。

(4) コンクリート上面のプラスティック収縮ひび割れは、生じやすくなる。

解説 (1) 高強度コンクリートは粘性が高いため、一般のコンクリートと同量を練り混ぜる場合は、**練混ぜ時間は長く必要になる。**

(2) 高強度コンクリートは粘性が高いため、コンクリートのポンプ圧送時における**管内圧力損失は、大きくなる。**

(3) 高強度コンクリートは粘性が高いため、コンクリートの締固め時の内部振動機の**振動が伝わる範囲は、狭くなる。**

(4) 高強度コンクリートは、ブリーディングがほとんど生じないため、プラスティック収縮ひび割れが生じやすくなる。　　　　　　　　　　【解答（4）】

(((問題2)))　高流動コンクリートおよび高強度コンクリートに関する次の一般的な記述のうち、**適当なものはどれか。**

(1) 高流動コンクリートの型枠に作用する側圧は、一般のコンクリートと比べて小さくなる。

(2) 高強度コンクリートの圧送時の管内圧力損失は、一般のコンクリートと比べて小さくなる。

(3) 高流動コンクリートの降伏値は、一般のコンクリートに比べて小さくなる。

(4) 高強度コンクリートの温度上昇量は、一般のコンクリートに比べて小さくなる。

解説　(1) 高流動コンクリートは、流動性が高く、凝結が遅延する傾向のあることから、型枠に作用する側圧は**一般のコンクリートに比べて大きくなる。**

(2) 高強度コンクリートの圧送時の管内圧力損失は、**一般のコンクリートに比べて大きくなる。**

(3) 高流動コンクリートのフレッシュコンクリート性状は、降伏値（流動を起こさせるのに必要な最小限の応力）が一般のコンクリートに比べて小さく、塑性粘度（流動を開始した後の粘り具合）が大きくなる。

(4) 高強度コンクリートは単位セメント量が多いため、**温度上昇量は一般のコンクリートに比べて大きくなる。** 【解答 (3)】

7章 高流動コンクリート

出題傾向 高流動コンクリートに関する出題は、隔年で1問程度出題されており、なかでも高流動コンクリートの材料・配(調)合による種類と特徴、施工上の留意点が重要である。

■ **こんな問題が出題されます！**

基本問題

一般のコンクリートと比較した、高流動コンクリートの特徴に関する次の一般的な記述のうち、**適当なものはどれか。**
(1) 単位粗骨材量は少ない。
(2) 圧送時の圧力損失は小さい。
(3) ブリーディング量は多い。
(4) 凝結時間は短い。

解説 (2) 一般のコンクリートと比較して粘性が大きく、コンクリートポンプによる圧送時の圧力損失が大きい。

(3) 一般のコンクリートと比較して、ブリーディングおよびレイタンスの発生が少ない。

(4) 一般のコンクリートと比較して、高性能 AE 減水剤の添加量が多く、凝結硬化が遅延する傾向にある。　　　　　　　　　　　　　　　　【解答 (1)】

重要ポイント講義

1 ◆ 高流動コンクリートの定義と一般的事項

製造・運搬・打込み時に有害な材料分離を起こさず、振動・締固めをしなくてもほぼ型枠内に充填することができる、いわゆる自己充填性を備えたコンクリートを対象としている（JASS5。なお、下線部は土木学会示方書では、"型枠内の隅々まで"となっている）。

使用材料による高流動コンクリートの種類には、**多量の粉体を用いる粉体系**、**増粘剤を用いる増粘剤系**、および両者を併用する併用系がある。

　フレッシュコンクリートの流動性はスランプフローで表し、その値は **55 cm 以上 65 cm 以下**とするとしている（JASS5）。

　フレッシュコンクリートの材料分離抵抗性は、スランプフロー試験後のコンクリートの状態で評価し、広がったコンクリートの中央部に粗骨材が偏在しておらず、周辺部にペーストや遊離した水が偏在していないことである。

🟦 高流動コンクリートを使用した場合に期待される効果 🟦

①	振動締固めなしに型枠内に充填することができるので、工事現場における省力化や騒音・振動発生の抑制が図れる
②	プレキャストコンクリート造の接合部のような振動・締固め作業が困難な箇所、あるいは鋼管充填コンクリートのような振動・締固めが不可能な箇所への充填に用いることができる
③	打込みに際して豆板や巣などの打込み不具合をつくらずに施工でき、構造体コンクリートの高品質化につながる
④	大量のコンクリートを短時間に施工できるため、大規模なマスコンクリートへ適用できる

2 ◆ 高流動コンクリートの性質

　高流動コンクリートの性質には次のような特徴がある。

- 所定の間隙通過性を確保するため、従来のコンクリートと比較して単位粗骨材量が少なく、高性能 AE 減水剤あるいは高性能減水剤の使用量が多い。
- ブリーディングおよびレイタンスの発生が少ない。
- 凝結硬化が遅延する傾向にある。
- 使用材料の品質変動や計量誤差による影響を受けやすいため、厳しい品質管理、製造管理、施工管理が要求される。
- コンクリートポンプによる圧送時の抵抗が大きい。
- 振動締固め作業を行わないことから、従来のコンクリート以上の流動性などの保持時間に留意する必要がある。
- 通常のコンクリートと比べて粘性が高く、所要の品質を得るために要する練混ぜ時間は長くなる傾向にある。
- 通常のコンクリートと比較して一般に細骨材率が大きく、単位粗骨材量が小さいことから、ヤング係数がやや小さくなる可能性がある。
- 降伏値（流動を起こさせるのに必要な最小限の応力）が小さく、塑性粘度（流動を開始した後の粘り具合）が大きい。

3 ◆ 高流動コンクリートの使用材料

セメントは、ポルトランドセメントでは中庸熱または低熱ポルトランドセメントが適している。

粉体系、併用系では多量の粉体が必要であり、混和材としてフライアッシュ、高炉スラグ微粉末、石灰石微粉末などが使用されることがある。また、高強度領域では、シリカフュームが使用されることが多い。

自己充填性は、骨材粒子の形状や粒度分布に左右され、自己充填性を向上させるためには実積率の大きな粗骨材を使用することが望ましい。

粗骨材の最大寸法は、25 mm、20 mm または 15 mm とする（JASS5）場合と、20 mm または 25 mm を標準とする（土木学会高流動コンクリート施工指針）場合がある。

化学混和剤は高性能 AE 減水剤を使用する。増粘剤（分離低減剤）は、フレッシュコンクリートの粘性を高める作用を有し、セルロース系、アクリル系、バイオポリマー系などがある。

4 ◆ 高流動コンクリートの配(調)合

■ JASS5 による配(調)合

- 調合強度は、調合管理強度と、所要のワーカビリティーが得られる水結合材比に対応する強度のうち、大きいほうの値とする。
- フレッシュコンクリートの流動性はスランプフローで表し、55 cm 以上 70 cm 以下とし、目標値は 55、60 または 65 cm の三つのレベルとする。品質管理におけるスランプフロー試験では、目標値の ±7.5 cm の範囲内にあり、かつ 50 cm を下回らず 70 cm を越えないものとする。
- コンクリートの空気量は、3.0%以上 4.5%以下の値とする。
- 水結合材比は 50%以下とし、所要の品質を満足し、必要な性能が確かめられた場合は、工事監理者の承認を受け、55%以下とすることができる。
- 単位水量は、175 kg/m³ 以下とし、打込み箇所の形状・寸法あるいは配筋状況に対して必要な流動性が得られない場合は、材料分離抵抗性、その他所要の品質が得られることを確かめ、工事監理者の承認を受け 185 kg/m³ 以下とすることができる。
- 単位粗骨材かさ容積は、0.500 m³/m³ 以上とする。

土木学会示方書による配(調)合

- 配合は、粉体系、増粘剤系、併用系の高流動コンクリートの中から適切なものを選定する。
- 所定の自己充填性を満足するように使用材料およびその単位量を定める。
- 自己充填性は、打込み対象となる構造物の形状、寸法、配筋状態を考慮して、適切に設定する。

自己充填性のレベル（3ランクの設定）

ランク	自己充填性	スランプフローの目標値の目安
ランク1	鋼材の最小あきが35〜60 mm程度で、複雑な断面性状、断面寸法の小さい部材または箇所に自重のみで均質に充填できる	700 mm
ランク2	鋼材の最小あきが60〜200 mm程度の鉄筋コンクリート構造物または部材に自重のみで均質に充填できる	650 mm
ランク3	鋼材の最小あきが200 mm程度以上で、断面寸法が大きく配筋量の少ない部材または箇所、無筋のコンクリート構造物に自重のみで均質に充填できる	600 mm

5 ◆ 高流動コンクリートの製造・施工

JASS5による製造・施工

- コンクリートの練混ぜから打込み終了までの時間の限度は、原則として**120分**とする。
- 打込みにあたっては、水平流動による材料分離が生じないように打込み箇所を移動する。自由流動距離の一応の目安として、一般建築物の柱・梁においては**20 m**程度まで、かつ打込み柱を除く複数の柱を横切って流動させてはならない。
- 打込み区画に用いる仕切材は、ペーストの流出がなく、かつ、側圧などによる破壊や過大な変形が生じないものとする。
- コンクリートの吹出し部分には、あらかじめ押さえのふたをしておく。
- 自由落下高さはコンクリートが分離しない範囲とする。
- 充填が困難な場合は、必要に応じてコンクリート用棒形振動機、型枠振動機、その他の機具を用いて打ち込む。
- 型枠設計用のコンクリートの側圧は、原則としてフレッシュコンクリートの単位容積質量による**液圧**が作用するものとして算定する。
- せき板の存置期間は、コンクリートの圧縮強度が**5 N/mm²**以上に達したことが確認されるまでとする。

土木学会示方書による製造・施工

- 骨材の表面水率の補正が迅速に行えるように、必要に応じて、表面水率の測定頻度を多くする。
- 配合、構造条件、施工条件を考慮してあらかじめ許容できる自由落下高さや流動距離を設定しておく。**最大自由落下高さが 5 m 程度以下、最大水平流動距離が 8 ～ 15 m 以下を標準とする。**
- 現場内の運搬にコンクリートポンプを用いる場合、通常のコンクリートと比較して、管内圧力損失が大きくなる傾向にあるため、通常より輸送管の径を大きくするとともに、理論吐出圧力の大きなコンクリートポンプを選定する。
- **粘性が高く、ブリーディングが少ないため、表面仕上げを行う時期まで、表面の乾燥を防止する対策を施すとともに、その時期を逸しないようにし、こて均しは、水を噴霧しながら仕上げるなどの工夫が必要である。**
- 型枠に作用する側圧は、**原則として、液圧として設計する。**
- 閉鎖空間に打ち込む場合には、型枠の適切な位置に空気抜き孔を設ける。
- 粘性が高いため気泡の抜けがよくない。残った気泡がせき板面に留まって表面気泡となりやすいため、気泡が美観上の欠点となるような構造物では、せき板材の材質や剥離剤の種類の選定等に注意する。
- コンクリート表面の急激な乾燥に伴うプラスティック収縮ひび割れを抑制するため、シートや養生マット覆い、水の噴霧などの対策を施す必要がある。

(((問題1))) 高流動コンクリートに関する次の一般的な記述のうち、**不適当なもの
はどれか。**

（1）スランプフローの保持性能に優れた配(調)合にすると、凝結時間は長くなる。

（2）材料分離抵抗性を付与する方法によって、粉体系、増粘剤系および併用系に分
類される。

（3）自己充填性を高めるには、実積率の小さい粗骨材を用いることが有効である。

（4）増粘剤は、セメントペーストや水の粘性を高めて材料分離抵抗性を付与する。

解説 （1）スランプフローの保持性能をよくするためには高性能 AE 減水剤の
添加量を増す必要があり、凝結時間は長くなる。

（3）自己充填性を高めるには、粒形が良好な**実積率の大きい粗骨材を用いるこ**
とが有効である。 【解答 （3）】

(((問題2))) 高流動コンクリートの施工計画に関する次の記述のうち、**不適当なも
のはどれか。**

（1）土木学会示方書に従って、打込み時の自由落下高さを 8 m として計画した。

（2）JASS5 に従って、自由流動距離を 8 m として計画した。

（3）型枠に作用する側圧を液圧として型枠を設計した。

（4）圧送時の管内圧力損失を一般のコンクリートよりも大きく設定した。

解説 （1）土木学会示方書に従うと、打込み時の**自由落下高さを 5 m 以下**にな
るよう計画する必要がある。

（2）JASS5 では、自由流動距離は 20 m 程度以下、かつ打込み柱を除く複数の
柱を横切って流動させてはならないとしているため、8 m で計画することは適当
である。 【解答 （1）】

7
時限目

8 章　流動化コンクリート

出題傾向　流動化コンクリートに関する出題は、隔年で 1 問出題される程度で、材料・配(調)合による種類と特徴、施工上の留意点が出題されている。

こんな問題が出題されます！

基本問題

　流動化コンクリートに関する次の一般的な記述のうち、**不適当なもの**はどれか。

(1) 細骨材率は、ベースコンクリートと同じスランプの一般のコンクリートよりも小さくする。

(2) コンクリートの温度が 5〜30℃の範囲では、流動化剤の添加量は、温度の高い方がやや少なくて済む。

(3) 流動化の時期が遅くなると、流動化後のスランプの経時的な低下量は大きくなる傾向がある。

(4) 流動化後 20〜30 分以内に打込みを完了させるのがよい。

解説　(1)　一般のコンクリートの配(調)合をそのまま用いると細骨材が不足し、分離しやすくなるため、**細骨材率は通常の場合より大きくする必要がある。**

(2)、(3)、(4) 記述のとおり。　　　　　　　　　　　　　　　【解答（1）】

重要ポイント講義

1 ◆ 流動化コンクリートの定義と一般的事項

　流動化コンクリートとは、あらかじめ練り混ぜられたベースコンクリートに流動化剤を添加し、これを撹拌して流動性を増大させたコンクリートをいう。流動化コンクリートは、硬化後のコンクリートの品質を変化させることなく、ワーカビリティーを改善できる。

流動化剤は、単位水量、単位セメント量を増加させることなくスランプを増大し、コンクリートの施工性を改善することを主目的として使用される。そのほか、単位水量を減じてコンクリートの品質を改善することを目的としても使用される。

　流動化コンクリートは、通常の AE 減水剤を用いたコンクリートに比べ、スランプの経時低下（スランプロス）が大きいため、流動化剤の添加時期など製造、施工法に特別な注意が必要である。

2 ◆ 流動化コンクリートの効果と使用目的

> ■ 流動化コンクリートの使用目的（JASS5）
> ・通常のコンクリートでは単位水量の最大値の規定（185 kg/m³）を満足することができない場合などに単位水量の低減を図る。
> ・暑中コンクリートなどで運搬・打込みによるスランプ低下が著しくなる場合にワーカビリティーの改善を図る。
> ・高強度コンクリートなどにおいて、ワーカビリティーの改善または単位セメント量の低減を図る。
> ・マスコンクリートなどでコンクリートの水和熱による温度上昇を抑制したい場合に単位セメント量の低減を図る。

3 ◆ 流動化コンクリートの配(調)合

　ベースコンクリートの配(調)合および流動化剤の添加量は、流動化後において所定のワーカビリティー・強度・ヤング係数・耐久性などの性能が得られるよう試し練りを行って定める。

① **JASS5 による配(調)合**
・スランプは、下表に示す値以下とし、打込み場所別にベースコンクリートおよび流動化コンクリートのスランプの組合せを定める。

🛢 流動化コンクリートのスランプ 🛢

コンクリートの種類	ベースコンクリート	流動化コンクリート
普通コンクリート	15 cm 以下※	21 cm 以下※
軽量コンクリート	18 cm 以下	21 cm 以下

※調合管理強度が 33 N/mm² 以上の場合、材料分離を生じない範囲でベースコンクリートを 18 cm 以下、流動化コンクリートを 23 cm 以下とすることができる。

- 流動化によるスランプの増大量は、**10 cm 程度以下とすることが望ましい。**
- ベースコンクリートの調合は、通常の硬練りコンクリートの調合をそのまま用いると細骨材が不足し分離を起こしやすいので、**細骨材率は流動化後のスランプと同程度とするとよい。**

② **土木学会示方書による配(調)合**

- ベースコンクリートの荷卸しの目標スランプは、一般に 8 ~ 12 cm 程度とする。
- 流動化によるスランプの増加量は **10 cm 以下**を原則とし、**5 ~ 8 cm を標準**とする。流動化後のスランプは、原則として **18 cm 以下**とする。
- ベースコンクリートの細骨材率は、スランプの増大量に応じて通常の場合よりも **0 ~ 3%大きくするとよい。**

4 ◆ 流動化コンクリートの製造、施工

流動化コンクリートの製造方法は、コンクリートの配合・品質および打込み箇所・打込み量のほか、レディーミクストコンクリート工場から工事現場までの運搬時間、工事現場の立地条件などを考慮して選定する。

製造方法には以下の 2 種類がある。工場添加方式で、工場で直ちに高速撹拌する方法もあるが、その後のスランプの経時変化と運搬時間に注意する。

現場添加方式	レディーミクストコンクリート工場から運搬したベースコンクリートに、工事現場で流動化剤を添加し、撹拌する
工場添加方式	レディーミクストコンクリート工場で流動化剤を添加し、低速でアジテートしながら運搬し、工事現場で撹拌する

流動化コンクリートのスランプの経時変化は、通常の軟練りコンクリートの場合より大きい。よって、流動化後から打ち終わるまでの時間の限度の目安は、**外気温が 25℃未満の場合には 30 分、外気温が 25℃以上の場合には 20 分とするのがよい。**

流動化コンクリートの**再流動化**は、流動化剤の過剰添加による材料分離あるいはコンクリートの凝結遅延を引き起こし、**耐久性、長期強度などの硬化後のコンクリートの性能に悪影響を及ぼす可能性があるため、行わない。**

(((問題1))) 流動化コンクリートに関する次の記述のうち、**適当なものはどれか。**
(1) ベースコンクリートのスランプを8cm、流動化後のスランプを21cmとした。
(2) 流動化コンクリートの単位水量を、流動化後と同じスランプの一般のコンクリートと同等とした。
(3) 流動化コンクリートの細骨材率を、ベースコンクリートと同じスランプの一般のコンクリートと同等とした。
(4) 打込みが完了するまでの時間を、現場において流動化した後20分以内とした。

解説 (1) JASS5では、ベースコンクリートのスランプ15cm以下、流動化コンクリートのスランプ21cm以下とし、かつ、**流動化によるスランプの増大量は10cm程度以下**とすることが望ましい、とされている。

(2) 流動化コンクリートに用いる流動化剤は、ベースコンクリートに添加、撹拌することで、単位水量をほぼ一定のまま、流動性を大きくできる。よって、流動化コンクリートの**単位水量は流動化前のベースコンクリートとほぼ同等**と考えてよい。

(3) 流動化コンクリートでは、流動化後に分離性状を示さないよう、ベースコンクリートの**細骨材率を流動化後のスランプに合わせて少し大きめに設定**する必要がある。 【解答 (4)】

(((問題2))) 流動化コンクリートに関する次の記述のうち、**不適当なものはどれか。**
(1) 流動化コンクリートの圧縮強度は、ベースコンクリートの圧縮強度と同等として計画した。
(2) 流動化コンクリートの打込み完了は、外気温が25℃未満なので、流動化後30分以内として計画した。
(3) 流動化コンクリートの細骨材率は、ベースコンクリートと同じスランプの一般のコンクリートよりも小さくした。
(4) 流動化剤の使用量は、一定のスランプの増大量を得るため、コンクリートの温度によって変化させた。

解説 (1) 流動化コンクリートとベースコンクリートの水セメント比はほぼ同等であるため、強度も同等と考えてよい。

(3) 流動化コンクリートの細骨材率は、**流動化後と同じスランプの一般のコンクリート程度にする**とよい。 【解答 (3)】

■ こんな問題が出題されます！

基本問題

舗装コンクリートに関する次の一般的な記述のうち、**適当なものはどれか**。

(1) JIS A 5308(レディーミクストコンクリート)では、呼び強度として、「引張 4.5」を規定している。

(2) コンシステンシーの判定には、スランプあるいは振動台式コンシステンシー試験の沈下度が用いられる。

(3) JIS A 5308(レディーミクストコンクリート)では、スランプ 6.5 cm の舗装コンクリートの運搬に、ダンプトラックを用いることができるとしている。

(4) 強度試験を行わないで湿潤養生期間を定める場合、セメントの種類によらず 7 日間を標準としている。

解説 (1) JIS A 5308 の舗装コンクリートには、「曲げ 4.5」が規定されている。

(2) 通常の舗装機械を用いる場合の舗装コンクリートのコンシステンシーは、スランプで 2.5 cm、振動台式コンシステンシー試験による沈下度で 30 秒を標準としている。

(3) JIS A 5308 では、「ダンプトラックは、**スランプ 2.5 cm の舗装コンクリートを運搬する場合に限り使用することができる。**」とある。

(4) 強度試験を行わないで湿潤養生期間を定める場合、**早強ポルトランドセメントで 7 日、普通ポルトランドセメントで 14 日、中庸熱・フライアッシュ B 種で 21 日**を標準としている。　　　　　　　　　　　　　【解答 (2)】

重要 ポイント講義

1 ◆ 舗装コンクリートの特性

厚さおよび強度

- コンクリート舗装版の厚さは、道路舗装では交通量の区分に応じて **15 〜 30 cm** の範囲とし、空港舗装では **27 〜 45 cm** の範囲としている。
- 舗装コンクリートの強度は、**材齢 28 日**における**曲げ強度**を基準とし、道路舗装では設計基準強度 4.5 N/mm²、空港舗装では 5.0 N/mm² を標準としている。

耐久性、抵抗性等

- 気象作用に対する耐久性のほかに、車両のタイヤによるすりへり作用に対する抵抗性が大きい必要がある。
- 舗装版の表面は平坦であり、かつすべり抵抗性が大きい必要がある。

2 ◆ 使用材料、配(調)合

粗骨材

- 最大寸法：40 mm 以下
- ロサンゼルス試験機によるすりへり減量：35％以下

配(調)合

配(調)合の留意点は以下のとおり。

コンシステンシー	• JIS A 5308 の舗装コンクリート：スランプ 2.5 cm、6.5 cm • 通常の機械施工の場合：スランプ 2.5 cm、振動台式コンシステンシー試験による沈下度 30 秒を標準
単位水量	• 所要のコンシステンシーが得られる範囲でできるだけ少なくする • 120 〜 140 kg/m³ 程度（粗骨材の最大寸法 40 mm、スランプ 2.5 cm、空気量 4.5％の場合）
水セメント比	• 凍結融解がしばしば繰り返される場合：55％以下 • 凍結融解がときどき起きる場合：60％以下
空気量	• JIS A 5308 の舗装コンクリート：4.5％ • 土木学会示方書：4 〜 7％を標準

7 時限目

3 ◆ 施 工

施工の留意点は以下のとおり。

運搬	スランプが 2.5 cm ではダンプトラックを、6.5 cm ではトラックアジテータを用いることとしている
練混ぜから 荷卸しまでの時間	ダンプトラックでは 1 時間、トラックアジテータでは 1.5 時間以内とする
敷きならし	材料が分離せず、一様な密度になるよう敷きならす
締固め	下層と上層を一度に締め固める
表面仕上げの順番	振動をかけながら荒仕上げ（フィニッシャー） 凹凸をなくす平坦仕上げ（表面仕上げ機、またはフロート） すべり抵抗性を増す粗面仕上げ（ブラシ、ほうき、はけ等）
目地	膨張、収縮、反りなどによる応力を軽減するため設ける（縦目地、横膨張目地、横収縮目地等あり）
初期養生	三角屋根覆い、ビニール乳剤などによる膜養生を行う
湿潤養生	マット、麻袋、むしろなどを敷き、散水する
養生期間	現場養生供試体の曲げ強度が所定の値に達するまでの期間行い、通常、配合強度（設計基準強度ではない）の 7 割に達するまでとする 試験を行わない場合は、次を標準とする ①早強で 7 日　②普通で 14 日　③中庸熱・フライアッシュ B 種で 21 日

4 ◆ 転圧コンクリート舗装（RCCP）

　超硬練りコンクリートを使用し、アスファルトコンクリート舗装と同様な施工方法で舗設し、強度の高いコンクリート舗装版を造るものである。

　特徴は以下である。

- 粗骨材量が多く、耐摩耗性およびすべり抵抗性が高い。
- 単位水量は **100 kg/m³** 前後と小さく、乾燥収縮が小さい。
- 水セメント比は 35 ％程度で、圧縮強度に対する曲げ強度の割合が大きい。
- コンシステンシー評価は、**修正 VC 試験またはマーシャル突固め試験**を使用し、修正 VC 試験による場合、VC 値 50 秒、マーシャル突固め試験の場合、締固め率で 96 ％が標準値である。
- 強度や耐久性は、転圧施工による空隙率に大きく影響される。
- フィニッシャーやローラーなどの一般的な施工機械だけで施工可能である。

(((問題 1))) 舗装コンクリートに関する次の記述のうち、**不適当なものはどれか。**
(1) スランプ 2.5 cm のコンクリートのダンプトラックでの運搬時間の限度を 1 時間とした。
(2) 粗骨材のすりへり減量の限度を 35 % とした。
(3) 材齢 28 日における圧縮強度を設計の基準とした。
(4) 凍結融解がしばしば繰り返される環境において、水セメント比を 50 % とした。

解説 (3) 舗装コンクリートは**材齢 28 日の曲げ強度を設計の基準**としている。
(4) 凍結融解がしばしば繰り返される環境では、水セメント比を **55 % 以下**とする。よって記述は適当である。　　　　　　　　　　　　　　　　　　【解答 (3)】

(((問題 2))) 舗装コンクリートに関する次の記述のうち、**不適当なものはどれか。**
(1) 材齢 28 日における曲げ強度を設計の基準とした。
(2) 粗骨材の最大寸法が 40 mm のコンクリートを用いた。
(3) スランプ 2.5 cm のコンクリートをダンプトラックで運搬した。
(4) 転圧コンクリート舗装（RCCP）の施工において、単位水量を通常の舗装コンクリートよりも大きくした。

解説 (4) RCCP には、従来の舗装コンクリートに比べて単位水量が少ない超硬練りコンクリートを用いる。　　　　　　　　　　　　　　　　　　　　【解答 (4)】

(((問題 3))) 舗装コンクリートに関する次の記述のうち、**不適当なものはどれか。**
(1) JIS A 5308（レディーミクストコンクリート）にしたがって、スランプ 6.5 cm の舗装コンクリートをダンプトラックで運搬した。
(2) コンクリートの強度管理に、材齢 28 日における曲げ強度を用いた。
(3) 養生期間は、現場養生供試体の曲げ強度が配合強度の 7 割に達するまでとした。
(4) 大きなすりへり作用を受けるので、粗骨材のすりへり減量の上限を 35 % とした。

解説 (1) JIS A 5308 では、**スランプ 2.5 cm** の舗装コンクリートに限ってダンプトラックで運搬できる、としている。　　　　　　　　　　　　　【解答 (1)】

10章 その他の各種コンクリート

出題傾向 ▶ この章の各種コンクリートは、出題頻度は少ないが、1問に複数種類が出題されることが多い。ここでは、吹付けコンクリート、軽量（骨材）コンクリート、重量コンクリートを取り上げる。出題傾向を踏まえた基本的な知識を身につけよう。

■■ こんな問題が出題されます！

基本問題

軽量骨材コンクリートおよび重量コンクリートに関する次の一般的な記述のうち、**不適当なもの**はどれか。

(1) 軽量骨材コンクリートの静弾性係数は、一般のコンクリートと同等である。

(2) 軽量骨材のアルカリシリカ反応性は、それを用いたコンクリートによる試験（コンクリートバー法）で評価する必要がある。

(3) 重量コンクリートのX線やγ線に対する遮蔽性能は、一般のコンクリートに比べて高い。

(4) 重量コンクリートには、赤鉄鉱や磁鉄鉱などの密度の大きな骨材が用いられる。

解説 ▶ (1) 軽量骨材コンクリートの静弾性係数は、**一般のコンクリートより小さい傾向がある。**

(2)、(3)、(4) 記述のとおり。　　　　　　　　　　　　　　　　　　【解答 (1)】

重要ポイント講義

1 ◆ 吹付けコンクリート

吹付け方法に乾式と湿式とがあり、それぞれの特徴は以下である。

吹付けコンクリートの方式と特徴

項目	乾式吹付け方式	湿式吹付け方式
コンクリートの品質	水セメント比の調整がノズルマンの技術に左右される	配合の管理は普通コンクリートの場合に近い 施工技術による影響は乾式より小さい
圧送距離	長くできる	配合にもよるが、一般的には短い
粉じん・はね返り（リバウンド）	一般に多い	一般に少ない
急結剤添加の難易性	容易	容易
吹付け機械の大きさ	小〜中	大
施工能力	$5 \sim 8 \, \mathrm{m^3/h}$	$6 \sim 10 \, \mathrm{m^3/h}$
その他の施工性	・細骨材の表面水管理が重要 ・練混ぜから吹き付けるまでの時間が長く取れる ・清掃が容易 ・比較的小面積を何回にも分けて施工するのにも適している	・コンシステンシーの管理が重要 ・練混ぜてから吹き付けるまでの時間に制約あり ・吹付け終了時または中断時に機械の清掃等の処理を要する ・大規模な面積を連続して施工するのに適する場合が多い
作業性	容易	繁雑

2 ◆ 軽量（骨材）コンクリート

　軽量コンクリートは、骨材の全部または一部に人工軽量骨材を用いて、単位容積質量または密度を普通コンクリートよりも小さくしたコンクリートである。JIS A 5308 および JASS5 では軽量コンクリート、土木学会示方書では軽量骨材コンクリートと呼称している。

7 時限目

JASS5 における軽量コンクリートの種類

軽量コンク リートの種類	用いる骨材		設計基準強 度の最大値 （N/mm²）	気乾単位容積質 量の範囲の標準 （t/m³）
	粗骨材	細骨材		
軽量コンク リート1種	人工軽量骨材	砂・砕砂・再生細骨材 H・各種ス ラグ細骨材	36	1.8 〜 2.1
軽量コンク リート2種	主として人工 軽量骨材	主として人工軽量細骨材・これに 砂・砕砂・再生細骨材 H・各種ス ラグ細骨材などを加えた混合細骨材	27	1.4 〜 1.8

土木学会示方書による軽量骨材コンクリートの種類

軽量骨材コンク リートの種類	用いる骨材		気乾単位容積質量の 範囲の標準（t/m³）
	粗骨材	細骨材	
軽量骨材コンク リート1種	軽量骨材または 一部普通骨材	普通骨材	1.6 〜 2.1
軽量骨材コンク リート2種	軽量骨材または 一部普通骨材	軽量骨材または 一部普通骨材	1.2 〜 1.7

軽量（骨材）コンクリートのポイントは以下である。

- 凍結融解作用を受けるコンクリートに軽量骨材を使用する場合、実績に基づいて耐凍害性を確認するか、JIS A 1148（コンクリートの凍結融解試験方法）による気中凍結水中融解試験の結果を参考にして確認する。
- 軽量骨材のアルカリシリカ反応性は、**過去の実績あるいはコンクリートバー法**によって確認する。
- レディーミクストコンクリート配合計画書では、**人工軽量骨材は絶乾状態の質量を記載**する。
- JASS5 では、人工軽量粗骨材の最大寸法は 15 mm としている。
- スランプは、JASS5 では 21 cm 以下としている。土木学会示方書では、18 cm 未満は圧送時のスランプ低下や閉塞が生じやすいため、流動化コンクリートまたは高性能 AE 減水剤を用いたコンクリートを標準として、スランプ 18 cm 程度とするか、スランプフローで管理するコンクリートとするとしている。
- 軽量（骨材）コンクリートは骨材中の空隙が大きく、骨材の含水率が高い場合は凍結時の膨張圧が大きくなる。よって、凍結融解抵抗性を確保するため、空気量は、**JASS5 では 5.0 %を標準**とし、**土木学会示方書では普通コンクリートより 1 %大きくする**よう規定されている。

- JASS5 では、単位セメント量の最小値 320 kg/m³、水セメント比の最大値 55％とし、設計基準強度が 27 N/mm² を超える場合は、単位セメント量の最小値 340 kg/m³、水セメント比の最大値 50％としている。
- 製造では、運搬中のスランプ低下やポンプ圧送時の圧力吸水を抑制するため、あらかじめ十分吸水（プレウェッティング）させた軽量骨材を使用する。
- 打込み・締固め後、コンクリート表面に浮き出た軽量粗骨材は、タンピング、こて押えなどで内部に押し込み、コンクリート表面を平たんにする。

3 ◆ 重量コンクリート

- 重量コンクリートは、骨材の全部または一部に重量骨材を用いて、単位容積質量または密度を普通コンクリートより大きくしたコンクリートである。
- 単位容積質量は、選定する骨材の種類によって、2.5 ～ 5 t/m³ 程度の範囲である。
- X 線やガンマ線の遮蔽性能は、遮蔽体の密度と厚さの積にほぼ比例するため、重量コンクリートは一般のコンクリートに比べて遮蔽性能が高い。そのため、重量コンクリートは、病院など医療用放射線を遮蔽する必要のある部位に用いられる。
- また、密度が高い特性を活かし、重量のある消波ブロックや人造石として、海岸や河川で用いられる。
- 重量骨材には、磁鉄鉱、かっ鉄鉱、赤鉄鉱、鉄、重晶石（バライト）、砂鉄などが用いられる。
- JASS5 では、遮蔽用コンクリートは、スランプ 15 cm 以下、水セメント比 60％以下とし、試し練りや打込み実験で所要の性能の得られることを確認することが望ましいとしている。

(((問題1))) 　下表に示す各種コンクリートの用途・部材とセメント以外の主な材料の組合せに対応する単位容積質量の概略値のうち、**適当なものはどれか。**

	用途・部材	セメント以外の主な材料	単位容積質量の概略値〔t/m³〕
(1)	鉄骨造床スラブ	人工軽量骨材	1.8
(2)	放射線遮へい壁	磁鉄鉱、重晶石、鉄片	2.0
(3)	建築用の軽量パネル	生石灰、発泡剤	2.3
(4)	鉄筋コンクリート造柱	川砂、川砂利、砕石	3.0

解説 コンクリートの用途に応じた各種コンクリートの材料と特徴に関する設問である。基本的だが幅広い知識が必要な問題である。

（1）鉄骨造建築物の床スラブコンクリートには、荷重軽減のため軽量（骨材）コンクリートが採用されることがある。通常のコンクリートの単位容積質量 2.3 t/m³ 程度に対し、軽量（骨材）コンクリートを 1.8 t/m³ とすることは一般的である。

（2）放射線の遮蔽壁は、単位容積質量が大きいほど有効であるため、磁鉄鉱などの単位容積質量の大きな骨材を使用している。しかし、**単位容積質量の 2.0 t/m³ は一般的なコンクリートよりも小さく、記述は不適当**である。

（3）ALC などの建築用の軽量パネルは、軽量化のため発泡剤によって内部の空気量を大幅に増加させている。しかし、**単位容積質量の 2.3 t/m³ は一般のコンクリートの値**である。

（4）鉄筋コンクリート造柱に用いるコンクリートは一般的な骨材を使用したものであり、**単位容積質量はおおよそ 2.3 t/m³ である。** 　　　　【解答 (1)】

8時限目
コンクリート構造とコンクリート製品

　8時限目は、コンクリート構造、プレストレストコンクリートとコンクリート製品についてです。コンクリート構造の問題は、鉄筋コンクリート構造の簡単な構造計算や、作用荷重とひび割れの関係を理解しておけば解ける問題が多いです。計算問題や曲げモーメントということだけで避けてしまう方もいるようですが、過去問題を中心に演習しておけば確実に得点できる分野でもあります。また、プレストレストコンクリートとコンクリート製品についても、実際に業務としてかかわっていない人にとっては難しく感じるかもしれませんが、構造の特質や養生方法を理解することで、正解を導くことは可能です。

　最終時限です。最後まで頑張って学習しましょう。

1章　鉄筋コンクリート構造

こんな問題が出題されます！

基本問題

　下図に示すように、柱の脚部もしくは梁の両端が固定されたコンクリート部材に鉛直下向きの集中荷重が作用しているとき、発生するひび割れの状況として適当なものはどれか。

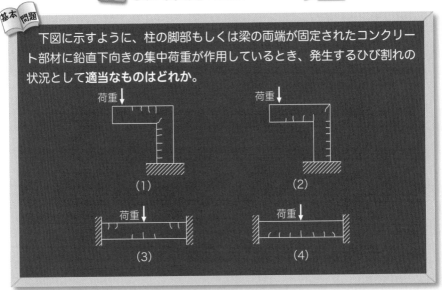

解説　鉄筋コンクリート部材に荷重を載荷した際の引張鉄筋の配置に関する設問である。部材に発生する曲げモーメントを考慮した回答が求められる。

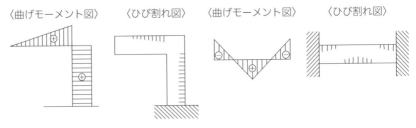

上図の曲げモーメント図とひび割れ図より、（3）が適当である。

【解答（3）】

重要 ポイント講義

1 ◆ 鉄筋コンクリート（Reinforced Concrete）構造の長所と短所

引張強度が小さいというコンクリートそのものの特性を補い、引張応力度を鉄筋で受け持たせたものが鉄筋コンクリートである。

鉄筋コンクリートの長所と短所

長所	・耐久性、耐火性、耐震性に優れている ・種々の形状寸法の構造物を容易につくることができる ・材料の入手が簡単で、設備も少なくてすむ ・建設費が比較的少なくてすむ ・鉄筋の錆を防ぐ効果がある
短所	・自重が大きい（地震時の慣性力が大きくなる。部材や基礎が大きくなる。梁のスパン長も制限を受ける） ・コンクリートの引張強度が小さく、ひび割れが発生する ・強度発現に時間がかかる ・部材の耐力や品質が施工の良否に影響されやすい ・改修や取壊しが綿密な計画に基づく大掛かりな施工になりやすく、長期の施工期間と多額の費用を要する

2 ◆ 鉄筋とコンクリートの役割

引張応力度の負担

コンクリートは引張強度が小さいので、通常、コンクリートの引張抵抗は無視し、引張応力度は鉄筋で受け持たせる。無筋コンクリート梁に曲げモーメントが

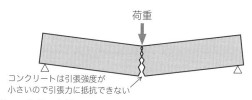

荷重

コンクリートは引張強度が
小さいので引張力に抵抗できない

（a）無筋コンクリート梁

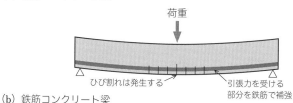

荷重

ひび割れは発生する　　　引張力を受ける
　　　　　　　　　　　　部分を鉄筋で補強

（b）鉄筋コンクリート梁

作用し、断面引張側（梁下面）の応力度がコンクリートの引張強度を超えると、ひび割れが発生して瞬時に破壊に至るので、断面引張側に鉄筋を配し、鉄筋コンクリート梁として抵抗させる。

圧縮応力度の負担

圧縮応力度は、主にコンクリートが負担するが、一部圧縮鉄筋も負担する。圧縮鉄筋の量が多いほどコンクリートの負担が軽くなり、靭性（ねばり耐力＝変形能力）が向上する。

せん断力の負担

せん断力は、コンクリートとせん断補強筋が負担する。せん断補強筋としては、梁ではスターラップ（あばら筋）または折曲鉄筋、柱ではフープ（帯筋）またはらせん筋がある。

コンクリートで鉄筋を包む効果

コンクリートは強アルカリ性で、鉄筋の錆を防ぐほか、かぶり（厚さ）を確保することにより、塩分や有害物質が鉄筋位置まで達することを防ぐ。また、鉄筋は熱に弱いが、コンクリートで包んで耐火性をもたせることができる。

鉄筋でコンクリートを包む効果

軸方向鉄筋、せん断補強筋でコンクリートを包み、拘束することにより、耐力と靭性が向上する。また、地震時のような繰返し応力を受ける場合には、フープ（帯筋）を適切に配置することでコンクリートの脱落を防止し、耐力の低下を防ぐ。

鉄筋コンクリートの各部位の機能

部　材	機　能
軸方向鉄筋 （引張鉄筋・圧縮鉄筋）	・曲げに対する引張補強 ・圧縮力を分担（圧縮側鉄筋、柱部材など）するときは、コンクリートの収縮・クリープの軽減 ・柱部材では圧縮耐力への寄与 ・部材に対する変形能力の付与
せん断補強鉄筋 （スターラップ・帯筋）	・せん断、ねじりに対する補強 ・軸方向鉄筋の位置確保、座屈防止 ・軸筋と帯筋で囲まれたコンクリートを拘束し、はらみ出しを防止 ・せん断力を負担して、せん断ひび割れの進行を抑制 ・せん断力に抵抗して、せん断破壊時の耐力を増加 ・曲げ破壊に対して主筋と帯筋でコンクリートを拘束し、靭性を向上
かぶり（厚さ）	・曲げ部材圧縮部上縁、柱部材などでは圧縮力の一部を分担 ・鉄筋をアルカリ性で包み込み、鉄筋が錆びる（さびる）のを防ぐ ・火災時に、高温を直に鉄筋に伝えないよう保護 ・かぶり厚さが十分な場合は表面コンクリートの剥落防止や鉄筋との付着を確保

3 ◆ ひび割れと鉄筋位置

▓ 鉄筋の配置の原則

- 応力によって発生が予想されるひび割れと直角な方向に配置する。
- 曲げモーメントが生ずる部分には軸方向鉄筋（引張主鉄筋）を配置する。
- せん断が生ずる区間にはせん断補強鉄筋（スターラップ、帯鉄筋など）を配置する。
- 同じ荷重時のひび割れ幅を小さくするには、引張鉄筋の総断面積を変えないで小さな鉄筋径にして本数を増す。
- 建物のひび割れには、荷重による曲げひび割れやせん断ひび割れのほか、不同沈下、乾燥収縮、温度挙動、アルカリシリカ反応、塩害、凍害など、多彩な原因によるひび割れがある。

▓ 曲げ部材におけるひび割れの種類

コンクリートに生ずるひび割れは、ひび割れに直交する方向の引張応力度がコンクリートの引張強度を超えたときに発生する。

🧱 梁部材の曲げモーメントとせん断力の関係 🧱

曲げひび割れ	• せん断力の影響をほとんど無視できる領域で、下端から鉛直に発生するひび割れ
曲げせん断ひび割れ	• せん断力に比べて曲げモーメントの影響が大きな領域で、当初下端から鉛直に発生したひび割れが、次第に載荷点に向かって傾斜して成長するひび割れ
せん断ひび割れ （斜め引張ひび割れ）	• 曲げモーメントに比べてせん断力の影響が大きな領域で、中立軸付近から45°前後の角度で発生するひび割れ

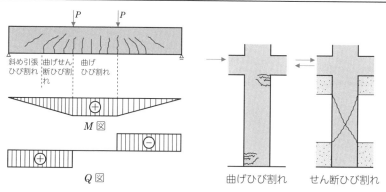

（a）単純梁の場合[1]　　　　　（b）柱の場合[2]

🧱 単純梁や柱のひび割れ 🧱

（出典 1：日本コンクリート工学会「コンクリート技術の要点 '21」p. 293（2021））

（出典 1：日本コンクリート工学会「コンクリート技術の要点 '21」p. 293（2021））
（出典 2：日本建築構造技術者協会（JSCA）「今さら聞けない[Q & A]建築構造の基本攻略マニュアル」p. 48（2016））

4 ◆ 鉄筋コンクリート部材の曲げに対する特性

1) 鉄筋が有効（コンクリートに対する補強）となるのは、一般にひび割れ発生後である。すなわち、鉄筋の挿入は部材のひび割れ発生の抑制対策にならない。

2) 有効高さ、引張鉄筋量の増加は曲げ応力の軽減に効果がある。

3) 有効高さ、引張鉄筋量の増加、引張鉄筋品質の向上は曲げ破壊耐力の増大に効果がある。

   （注：コンクリートの品質（圧縮強度）の向上は、実用上用いられている鉄筋量の範囲では曲げ破壊耐力の増大にならない。通常の場合、曲げ破壊は引張鉄筋の降伏が支配的要因であるからである）

4) 引張鉄筋量の増加は曲げ破壊耐力の増大は図れるが、変形性能は低下する。曲がりにくくなるからである。

5 ◆ 曲げモーメントが作用する梁の断面計算

■ 梁の断面算定における用語

梁の有効高さ (d)	・圧縮側コンクリートの縁から引張鉄筋の断面中心までの距離 ・引張側のコンクリートは力のつり合い上無視するので、引張側では鉄筋の位置が重要となる
中立軸比 (k)	・圧縮縁から中立軸までの距離 x_n を有効高さで除した値（$k = x_n/d$）
応力中心距離 (j)	・圧縮力の合力の位置から引張力の合力の位置までの垂直距離 ・建築分野では、応力中心距離として $j = 7/8\,d$ を用いる ・土木分野では、応力中心距離を文字 z で表し、応力中心距離を有効高さ d で除した値に文字 j が用いられる（$z = jd$）
つり合い鉄筋比 (p_{tb})	・曲げ材において圧縮縁コンクリートの応力度と引張鉄筋の応力が、同時にそれぞれの許容応力度に達するような引張鉄筋比をいう ・梁の引張鉄筋比がつり合い鉄筋比を超えると、コンクリートが先に許容応力度に達し、鉄筋量の増加に比べて許容曲げモーメントの増加が少ないため、不経済となり、変形性能が低下する ・上記理由により、通常は、引張鉄筋比がつり合い鉄筋比以下になるように設計する

■ 断面計算の仮定条件（前提条件）

① 「ひずみは直線分布する」＝「ひずみは中立軸からの距離に比例する」
   ＝「平面保持の法則が成立する」

② 「鉄筋とコンクリートとは一体変形する」
   ＝「鉄筋とコンクリートとの間には相対ずれは生じない」
   ＝「鉄筋とコンクリートとの間には付着が確保されている」

　＝「鉄筋と同じ位置にあるコンクリートには等量の変形（ひずみ）が生じる」

　（注：鉄筋とコンクリートはひずみが同じであっても、応力は同じではない。弾性係数や応力−ひずみ曲線の形状が違うからである）

③「引張側コンクリートは無視する」＝「コンクリートは引張力を分担しない」

　＝「引張力は鉄筋のみが分担する」

　（注：せん断に対しては引張側コンクリートもある程度考慮される）

■ 断面算定の考え方

　下図は、曲げモーメント M に対する梁断面の力のつり合いを示したものである。圧縮縁から中立軸までの距離 x_n は、中立軸高さと呼ばれるもので、水平方向の力のつり合いより求まる。ここで、**使用材料の応力度が、許容しうる最大値すなわち許容応力度に達するときが、許容可能な最大のモーメントを与えることになる**。引張鉄筋が先に許容応力度に達する場合と、圧縮縁コンクリートが先に許容応力度に達する場合の二つの場合が考えられるが、このうち小さい曲げモーメントを与える場合を許容曲げモーメントとし、許容応力度設計法では、これが設計曲げモーメント以上になるように設計する。

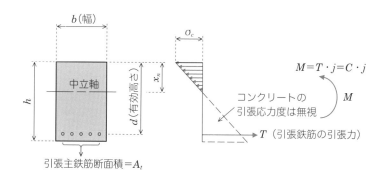

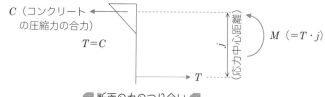

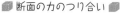

　　　　　　　■ 断面の力のつり合い ■

応力とひび割れ図

　一般的な梁部材ではその形状によって、荷重、モーメント図、ひび割れ、および配筋のパターンが異なる。

　支点条件、荷重条件（作用位置）から、曲げモーメント図を想定し、**曲げモーメントの大きくなる箇所（引張応力の生じる箇所）にひび割れが生じることを意識して、その箇所に引張主鉄筋を配置するように考えておけばわかりやすい。**

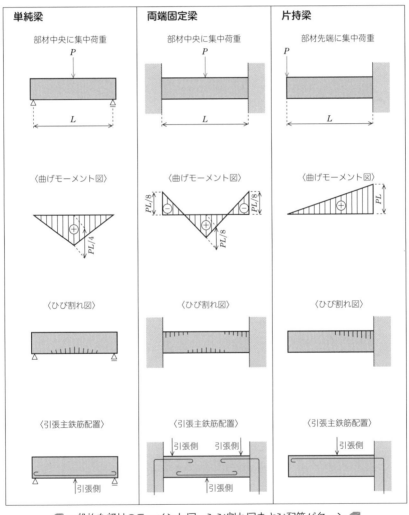

■一般的な部材のモーメント図、ひび割れ図および配筋パターン■

■ 鉄筋コンクリート部材の破壊形態（曲げ破壊とせん断破壊）

　鉄筋コンクリート部材の破壊形態としては、大きく分けると、曲げ破壊とせん断破壊に分類できる。曲げ破壊は、主鉄筋の降伏を迎え、それ以上の繰返し大変形後においても変形性能に富み、水平耐力を保持できる破壊形態である。一方、せん断破壊は靱性が乏しいため、主鉄筋の降伏前に急激に耐荷力を失う脆性的な破壊形態となる。一般的に鉄筋コンクリート部材の設計では、曲げ破壊を先行させて、脆性的な破壊形態であるせん断破壊を防ぐように配慮している。

　破壊形態および靱性は、軸方向鉄筋量、帯鉄筋量、せん断スパン比（せん断スパンと有効高の比）、軸方向圧縮力、繰り返し荷重等に支配される。なお、帯鉄筋を適切に配置することが重要であり、一般にせん断スパン比が小さいと靱性が小さく、軸方向圧縮力の増加に伴い曲げ耐力は増加するが（軸方向圧縮力がある程度の以上に増加すると曲げ耐力も低下する）、変形能力は低下する。

標準問題で**レベルアップ!!!**

(((問題 1)))　鉄筋コンクリート梁に鉛直下向きの集中荷重（P）が作用しているとき、発生する曲げひび割れの状況を示した下図（1）〜（4）のうち、**適当なものはどれか。**

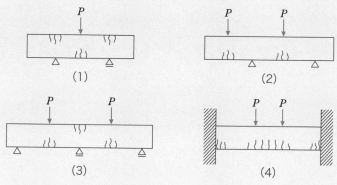

解説 鉄筋コンクリート梁に荷重を載荷した際の挙動に関する基本的な設問である。曲げモーメント図および、ひび割れ図は次図の通りとなる。

　したがって（3）が適当である。

〈曲げモーメント図〉

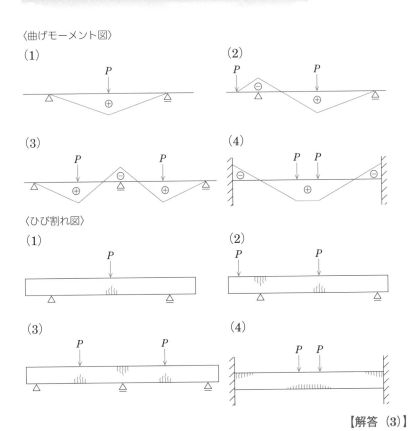

(1)

(2)

(3)

(4)

〈ひび割れ図〉

(1)

(2)

(3)

(4)

【解答 (3)】

(((問題2))) 柱と梁からなる鉄筋コンクリートラーメン構造において、下図の曲げひび割れを発生させる荷重の位置および方向を示したa〜dのうち、**適当なものはどれか。**

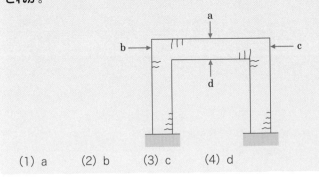

(1) a   (2) b   (3) c   (4) d

したがって（3）のcの荷重位置が適当である。

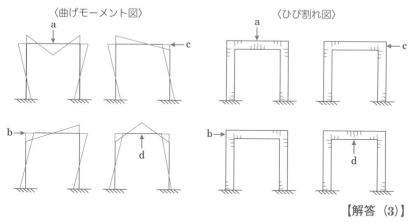

〈曲げモーメント図〉　　　　　　　　　〈ひび割れ図〉

【解答（3）】

(((問題3))) 鉄筋コンクリート梁の設計に関する次の一般的な記述のうち、**不適当なものはどれか。**

（1）せん断耐力を高めるために、スターラップ（あばら筋）を多く配置する。

（2）曲げ耐力を高めるために、引張主（鉄）筋量を多くする。

（3）曲げ耐力の算定において、コンクリートは引張力を負担しないものと考える。

（4）引張主（鉄）筋の継手は、曲げモーメントが最大となる位置に設けるのが良い。

解説 鉄筋コンクリート梁の設計の考え方の基本を理解しておく必要がある。

引張主（鉄）筋の継手は、原則として、**応力が小さく**常時コンクリートに**圧縮応力が生じている部分**に設ける。　　　　　　　　　　　　　　　【解答（4）】

(((問題4))) 鉄筋コンクリート梁のひび割れ発生時の曲げひび割れ幅を小さくする方法に関する次の記述のうち、**適当なものはどれか。**ただし、梁の断面の大きさおよび引張主（鉄）筋の総断面積は同じとする。

（1）引張主（鉄）筋を異形棒鋼から丸鋼に変更した。

（2）引張主（鉄）筋の径を小さくして本数を多くした。

（3）スターラップ（あばら筋）を降伏点の高いものに変更した。

（4）引張主（鉄）筋を降伏点の高いものに変更した。

解説 鉄筋コンクリート梁のひび割れ制御に関する問題である。

(1) 引張主(鉄)筋の総断面積が同じであれば、付着力の大きい**異形棒鋼が有利**である。

(2) 小さな鉄筋径にして本数を増すと、ひび割れが分散して**幅が小さく**なる。

(3) スターラップ（あばら筋）は、せん断力を負担して、せん断ひび割れの進行を抑制するものであり、曲げひび割れ幅の**制御にはつながらない**。

(4) 降伏点の高い鉄筋に変更しても、一般的な使用範囲以内ではひび割れの**制御につながらない**。　　　　　　　　　　　　　　　　　　　　　　【解答（2）】

(((問題5))) 鉄筋コンクリート部材の設計に関する次の一般的な記述のうち、**不適当なものはどれか。**

(1) 柱の脆性的な破壊を防止するために、曲げ耐力がせん断耐力よりも大きくなるようにする。

(2) 柱の軸耐力を高めるために、コンクリートの圧縮強度を高くする。

(3) 梁のせん断耐力を高めるために、スターラップ（あばら筋）の配置間隔を小さくする。

(4) 梁の曲げ耐力を高めるために、引張主(鉄)筋量を多くする。

解説 鉄筋コンクリート部材の耐力に関する基本的な問題である。

一般的に鉄筋コンクリート部材の設計では、曲げ破壊を先行させて、脆性的な破壊形態であるせん断破壊を防ぐように配慮しているため、**せん断耐力が曲げ耐力よりも大きく**なるようにする。　　　　　　　　　　　　　　　　　【解答（1）】

(((問題6))) 下図のような鉄筋コンクリート梁の曲げ載荷試験を行ったとき、降伏荷重が増加する条件として、**不適当なものはどれか。**

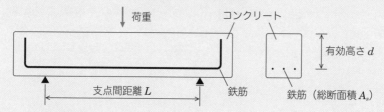

(1) 鉄筋の総断面積 A_s が大きくなったとき
(2) 支点間距離 L が大きくなったとき
(3) 有効高さ d が大きくなったとき
(4) 鉄筋の降伏強度が高くなったとき

解説 単純ばりに対する降伏荷重の考え方を問う基本的な問題である。

　降伏荷重が増加するためには、鉄筋の総断面積の増加や降伏強度の向上、梁の有効高さの増加は寄与するが、断面条件（有効高さ）、材料条件（鉄筋量、降伏点）が変わらず、**支点間距離 L が大きくなるだけでは降伏荷重の増加はない。**

【解答 (2)】

(((問題7))) 鉄筋コンクリート梁の設計に関する次の一般的な記述のうち、**不適当なものはどれか。**

(1) かぶりコンクリートには、鉄筋とコンクリートの付着を確保する役割がある。
(2) 梁の変形能力を高めるためには、降伏強度の高い主(鉄)筋を使用する。
(3) 梁に作用するせん断力は、主にコンクリートとスターラップ（あばら筋）が分担する。
(4) 梁の曲げ耐力を高めるためには、引張主(鉄)筋量を多くする。

解説 鉄筋コンクリート梁の設計に関する基本的な問題である。

(2) 降伏点の高い鉄筋に変更しても、**梁の変形能力の向上につながらない。**

【解答 (2)】

(((問題 8))) 断面が 160×160 mm の鉄筋コンクリートの柱状供試体に、中心軸圧縮力 200 kN を作用させた時に生じる軸方向ひずみとして、**正しいものはどれか**。ただし、鉄筋のヤング係数は 200 kN/mm²、ヤング係数比は 15、鉄筋の総断面積は 500 mm² とする。

    (1) 3.4×10^{-4}
    (2) 4.0×10^{-4}
    (3) 4.6×10^{-4}
    (4) 5.2×10^{-4}

解説 コンクリート断面の、応力とひずみに関する基本的な計算問題である。フックの法則 $\sigma = E \times \varepsilon$ を基本とする。

コンクリート断面積は、$A = 160 \times 160 = 25\,600$ mm² より、コンクリート断面を鉄筋に置き換えて $(25\,600 - 500)/15 = 1\,673.3$ mm²

     換算断面積 $1\,673.3 + 500 = 2\,173.3$ mm²

$\sigma = E \times \varepsilon$ より、$\varepsilon = \sigma/E$

軸方向圧縮力を受ける部材であるので $\sigma = P/A$ より、軸方向ひずみは、$\varepsilon = (P/A)/E$ となる。

  $\varepsilon = (200/2\,173.3)/200 = 0.00046 = 4.6 \times 10^{-4}$ となる。　　　【解答（3）】

(((問題 9))) 高さ 200 mm、断面積 8,000 mm² のコンクリート円柱供試体に、軸方向荷重 80 kN を作用させたときに軸方向の変形（縮み）が 0.1 mm であった。さらに破壊するまで荷重を増大させた結果、最大荷重は 240 kN となり、このときの軸方向の変形（縮み）が 0.4 mm であった。このコンクリート供試体の圧縮強度およびヤング係数のおおよその値を示した次の組合せのうち、**適当なものはどれか**。

	圧縮強度〔N/mm²〕	ヤング係数〔N/mm²〕
(1)	30	2.0×10^4
(2)	10	2.0×10^4
(3)	10	1.5×10^4
(4)	30	1.5×10^4

解説 コンクリート断面の強度とヤング係数に関する計算問題である。

圧縮強度は、最大荷重 240 kN（240 000 N）を断面積 8 000 mm² で除して求めると、240 000/8 000＝30 N/mm² となる。

弾性係数は、静的破壊強度の 1/3 の応力点とひずみ度が 50×10^{-6} のときの応力点とを結んだ直線の勾配で表される割線弾性係数（ヤング係数）である。

静的破壊強度の 1/3 の応力が 80 kN（80 000 N）/8 000 mm²＝10 N/mm² である。

この応力時のひずみ（ε）は、測定区間の変形量を測定区間長（高さ）で除して求める。

$$\varepsilon = 0.1 \text{ mm}/200 \text{ mm} = 0.0005$$

$$E_c = \frac{S_1 - S_2}{\varepsilon_1 - \varepsilon_2}$$

ここに、E_c：ヤング係数〔N/mm²〕

S_1：最大荷重の 1/3 の応力〔N/mm²〕

S_2：ひずみが 50×10^{-6} の時の応力〔N/mm²〕

ε_1：最大荷重の 1/3 の応力によって生じるひずみ

ε_2：50×10^{-6}

より、おおよその値を求められていることから、S_2、ε_2 を非常に微小な値として考える（考慮しない）と、

$$E_c = 10/0.0005 = 20\,000 = 2.0 \times 10^4$$

となる。

【解答 (1)】

8 時限目

2章 プレストレストコンクリート

出題傾向 プレストレストコンクリートに関する出題は毎年平均1問程度であり、プレストレストの方式と構造上の特徴・用途、製造・施工上の留意点が重要ポイントである。

こんな問題が出題されます！

基本問題

プレストレストコンクリートに関する次の一般的な記述のうち、不適当なものはどれか。
(1) ポストテンション方式で用いられるPC鋼材は、定着具により部材に定着される。
(2) プレストレストコンクリートには、設計基準強度が35〜50 N/mm² 程度のコンクリートが用いられる。
(3) コンクリートに導入されたプレストレスは、PC鋼材のリラクセーションによって増加する。
(4) 梁の曲げひび割れ発生荷重は、プレストレスを導入することにより増加する。

解説 (3) プレストレスは、PC鋼材のリラクセーションにより時間の経過に伴って減少する。 【解答 (3)】

重要ポイント講義

1 ◆ 構造の特徴・一般事項

コンクリートは圧縮力には強いが、引張力に弱く、コンクリート構造体に曲げや引張応力が発生するとひび割れを生じる。この欠点を補うため、ひび割れの発生が予想されるコンクリート構造体が曲げや引張力などの外力を受ける前に、あ

らかじめ圧縮力（プレストレス）を与えておく構法をプレストレストコンクリート（**Prestressed Concrete**）構造という。

（a）鉄筋コンクリート桁

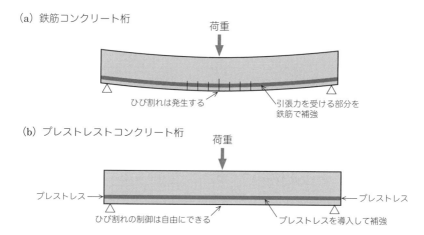

荷重

ひび割れは発生する　　　引張力を受ける部分を鉄筋で補強

（b）プレストレストコンクリート桁

荷重

プレストレス →　　　　　　　　　　← プレストレス

ひび割れの制御は自由にできる　　　プレストレスを導入して補強

🧱 プレストレストコンクリート構造の一般的な特徴 🧱

長所	・ひび割れが生じにくい ・高強度コンクリートおよび高張力鋼を有効に利用できる（設計基準強度は比較的高強度である） ・一般に、RC 構造よりも部材断面を小さくできるので、自重が支配するような大スパン構造（長大橋や大スパン架構）に有利である ・PC 接合（PC 圧着接合）を前提として、分割、つぎ足し、組立てによる施工が可能で、プレハブ化が容易である ・一時的な過大荷重によるひび割れ、変形が生じても、除荷後はほぼ復元する
短所	・プレストレスの設計・施工には、緊張力の導入・定着、グラウト材の注入など慎重を要する PC 特有の技術が必要である ・早期にプレストレスを与えるため、部材の弾性およびクリープ変形が大きくなる可能性があり、設計および施工・製作時に技術的配慮を必要とする ・部材が大きな損傷を受けた場合、その修復が RC 構造に比較して困難である ・ポストテンション方式において、グラウトの充填が十分でない場合、PC 鋼材破断による耐荷性能および耐久性の低下や第三者被害等の問題が発生するおそれがある

2 ◆ 工法の種類と特徴

　プレストレストコンクリートを製作する方法には、プレテンション方式（プレ＝先に、テンション＝引張る）とポストテンション方式（ポスト＝後で）がある。プレストレスは、何らかの要因により緊張力が低下するため、これらの影響を見越して当初の緊張力を設定しておく。

■ プレストレスの低下要因 ■

緊張作業中および緊張直後に生じる低下	時間経過とともに生じる低下
• コンクリートの弾性変形 • PC鋼材とシース管（ダクト）との摩擦 • PC鋼材を定着するときのすべり	• PC鋼材のリラクセーション（PC鋼材に引張荷重を加えて一定の長さを保つとき、時間の経過とともに起こる応力のゆるみ） • コンクリートのクリープ • コンクリートの収縮

■ プレテンション方式

- 一般に工場生産のため、品質管理がしやすく、同一形状のものを多数製造するのに適する。

- PC鋼材を先に緊張してアバット（固定アンカー台）に定着しておき、その状態でコンクリートを打ち込む。その後、促進養生を行い、コンクリートに必要な所定の強度が発現したことを確認した後にアバットに定着していた**PC鋼材を緩めると、コンクリートにプレストレスが導入される。**

- あらかじめPC鋼材を緊張するので、PC鋼材は直線状に配置されることが多い。一方、一般にPC鋼材は曲げモーメントの分布に沿って曲線状に配置するほうが力学的に合理的である。よって、直線状の緊張によるプレテンション方式は小型の部材に適する。

- プレテンション方式は、コンクリートとPC鋼材の付着力により、コンクリートにプレストレスを導入する。

■ ポストテンション方式

- 型枠にシース管（ダクト）を配置しておき、コンクリートを打設し、所定のコンクリート強度が発現したことを確認した後に、シース管内に**PC鋼材**を挿入して緊張する。

- **PC鋼材の曲線配置が容易であり、現場で緊張できるので、大型部材にも適する。**

- 緊張した**PC鋼材は定着具を使用してコンクリートに固定する。**付着を持たせる方法では、シース管（ダクト）とPC鋼材の間隙にグラウトを注入し、コンクリートとPC鋼材を一体化する。

- 定着方式はねじ式とくさび式があり、ねじ式はPC鋼棒に、くさび式はPC鋼より線に用いられる。

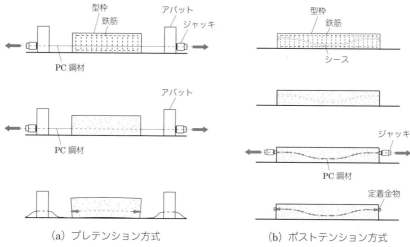

（a）プレテンション方式　　　　　　（b）ポストテンション方式

■ プレストレストコンクリートの製造方法 ■

（出典：日本建築構造技術者協会（JSCA）「今さら聞けない［Q & A］建築構造の基本攻略マニュアル」p. 127（2016））

　　ポストテンション方式は、ボンド工法とアンボンド工法に分けられる。ボンド工法は、グラウトにより PC 鋼材とシースを一体化させる工法である。アンボンド工法は、シースにグリースを注入するか、またはあらかじめ PC 鋼材にグリース、アスファルトを塗布して PC 鋼材とコンクリートの付着を切る工法である。

　　また従来は、PC 鋼材をコンクリート部材断面の内部に配置する内ケーブル方式が一般的に用いられていたが、近年、外部に配置する外ケーブル方式が採用される例も増えてきている。

　　外ケーブル方式には次のような利点がある。

・部材断面を小さくすることができ、死荷重の低減が可能である。

・PC 鋼材の点検が容易になり、再緊張、交換等が可能となる。

・摩擦が少なく、緊張時のプレストレスのロスが少ない。

　　一方、以下のような留意点もある。

・外ケーブルはケーブル全長にわたって応力度が一様になるため、内ケーブルに比べて終局時における応力度増加が少なく、破壊抵抗曲げモーメントが小さくなる。

・定着部・偏向部には応力が集中するため、十分な補強が必要である。

3 ◆ 使用するコンクリートの特徴

　プレストレストコンクリートの製作では、使用するコンクリート材料や配(調)合に特徴がある。

■ コンクリートに対する要求事項

- プレストレス導入のための強度を確保するため高強度で早強性があること。
- プレストレス導入作用を継続するために乾燥収縮およびクリープが小さいこと。
- 比較的狭あいな部材型枠内に充填可能なワーカビリティーを有すること。

■ コンクリート材料

- セメントには、所定材齢に強度発現の得られるものを用いる。早期の強度発現の観点から、早強ポルトランドセメントの利用が比較的多い。
- PC鋼材の腐食防止のために、骨材に含まれる塩化物量が少ないこと。JASS5では、プレテンション部材に用いる細骨材の塩化物 (NaCl) 量は、0.02%以下と規定されている。
- ワーカビリティーの確保および高強度化あるいは単位水量の低減のために混和材料を使用することが多い。ただし、PC鋼材を腐食させたり、シース管（ダクト）やPC鋼材との付着を低下させるおそれのないものとし、特に、有害量の塩化物・硫化物・フッ化物・硝酸塩を含むものは使用しない。

■ コンクリートの配(調)合の特徴

- 粗骨材の最大寸法は、JASS5では、側型枠の内法寸法の最小値の1/5以下、スラブ厚の1/3以下、鋼材相互のあきの4/5以下を標準としている。
- 設計基準強度は、35〜50 N/mm² 程度と比較的高強度である（JASS5では、プレテンション方式の場合35 N/mm²以上、ポストテンションの場合24 N/mm²以上）。
- プレストレス導入時に必要なコンクリートの圧縮強度は、土木学会示方書およびJASS5では、緊張により生じるコンクリートの最大圧縮応力度の1.7倍以上とし、プレテンション方式では、コンクリートの圧縮強度が30 N/mm²を下回ってはならないとされる。JASS5においては、ポストテンション方式についても規定されており、20 N/mm²以上としている。
- 工場で部材の製作を行う場合、スランプ6〜8 cm 程度が多く用いられる。JASS5では、工場製作の場合12 cm以下としている。

- 現場で型枠に直接打ち込む場合には、作業性と細部への充填性確保からスランプ 12 〜 15 cm 程度が多い。近年、高流動コンクリートの利用もみられる（JASS5 では、現場打込みのポストテンション方式で 18 cm 以下と規定）。
- JASS5 では、コンクリートに含まれる塩化物量は、塩化物イオン（Cl⁻）量としてプレテンション部材では 0.20 kg/m³ 以下、ポストテンション部材では 0.30 kg/m³ 以下としている。

4 ◆ 施工上の留意点

プレストレストコンクリートの施工では、型枠や PC 鋼材の配置に留意点がある。

■ 型　枠

- プレストレス導入時のコンクリートのひずみを拘束しないような構造とする。

JASS5	土木学会示方書
プレストレスを与える梁・床スラブあるいは屋根スラブの型枠の支柱は、その部材の構造耐力上必要なプレストレスの導入が完了するまで、取外しおよび盛替えをしてはならない	緊張中に部材の変形を妨げる型枠は、コンクリート部材に悪影響を与えない範囲で、緊張前に取り外すのを標準とする。ただし、自重を受ける部分の型枠および支保工は、コンクリート部材が緊張によって自立できる状態となるまで、取り外してはならない

■ PC 鋼材の配置（JASS5）

- プレテンション方式の PC 鋼材の配置は、次の①、②による。

①	PC 鋼材は設計図に従い、所定の位置に正しく配置する
②	PC 鋼材の位置が設計図に指示されていない場合には、部材端部における PC 鋼材間のあきは、原則として公称直径の 3 倍以上、かつ粗骨材最大寸法の 1.25 倍以上とする

- ポストテンション方式の PC 鋼材の配置は、次の①〜③による。

①	PC 鋼材は設計図に従い所定の位置に配置し、コンクリート打込みの際、位置が移動しないように堅固に組み立てる
②	部材端部における定着装置の配置は、工法によって安全が確かめられている方法による
③	シース管（ダクト）の相互のあきは 30 mm 以上、かつ粗骨材最大寸法の 1.25 倍以上とする。ただし、コンクリートを十分締め固めることができ、シース管（ダクト）が押しつぶされるおそれのない場合には、工事監理者の承認を受けてシース管（ダクト）を接触して配置することができる

8
時限目

PC 鋼材のかぶり（厚さ）（JASS5）

- 設計かぶり（厚さ）は、土に接しない部分の耐力壁・柱・梁については 60 mm 以上、非耐力壁・スラブについては 45 mm 以上とし、直接土に接する部分の部位（基礎を除く）については 70 mm 以上、基礎（布基礎の立上がり部分を除く）については 90 mm 以上。
- 構造上軽微な部材または交換可能なプレテンション二次部材で、単線、2 本より線または異形 3 本より線を多数分散配置する場合の設計かぶり（厚さ）は 30 mm 以上、その他の鋼材を配置する場合は 35 mm 以上。

コンクリートの打込み・締固め

シース管（ダクト）および PC 鋼材に損傷を与えたり、移動させないように行う。また、これらの間にコンクリートが行き渡るように慎重に行う。

プレストレスの導入

プレストレスの導入時のコンクリート圧縮強度は次の①〜③の各項の値以上とする。

①	プレストレス導入直後の最大圧縮応力度の 1.7 倍以上
②	プレテンション方式の場合は 30 N/mm^2、ポストテンション方式の場合は 20 N/mm^2
③	適用工法で定められている値

グラウトの注入

グラウトの注入は、PC 鋼材の緊張作業終了後なるべく早期に行い、PC 鋼材を完全に包み、かつ PC 鋼材配置孔に空隙が生じないように充填する。

定着具および部材端面の保護

定着具および部材端面は、供用時に破損や腐食を生じないように保護する。

標準問題でレベルアップ!!!

(((問題 1))) プレストレストコンクリートに関する次の一般的な記述のうち、**適当なものはどれか。**

(1) 梁部材よりも柱部材に多く用いられる。

(2) プレテンション方式は、定着具により PC 鋼材を部材端部に定着する工法である。

(3) ポストテンション方式は、鋼材とコンクリートの付着により定着する工法である。

(4) コンクリートのクリープが大きいほど、プレストレスの低下量は大きい。

解説 (1) 軸力が大きい柱部材より、曲げや引張応力が発生する**梁部材**に多く用いられる。

(2) 定着具により PC 鋼材を部材端部に定着する工法は、**ポストテンション方式**である。

(3) 鋼材とコンクリートの付着により定着する工法は、**プレテンション方式**である。 **【解答（4）】**

(((問題 2))) プレストレストコンクリートに関する次の一般的な記述のうち、**不適当なものはどれか。**

(1) プレストレストコンクリートに用いられる緊張材の降伏強度は、一般の鉄筋よりも高い。

(2) プレテンション方式は、緊張材とコンクリートとの付着力によって、コンクリートにプレストレスを導入する。

(3) コンクリートに導入されたプレストレスは、時間が経過してもその大きさは一定に保たれる。

(4) プレストレストコンクリート桁は、鉄筋コンクリート桁に比べて、大スパン構造に適している。

解説 (3) コンクリートに導入されたプレストレスは、PC 鋼材のリラクセーションにより、**時間の経過に伴って減少する。** **【解答（3）】**

(((問題3))) プレストレストコンクリートに関する次の一般的な記述のうち、**不適当なものはどれか。**

(1) 断面の中立軸より下方に配置された PC 鋼材を緊張してプレストレスを導入した単純支持梁は、上方向にそり上がる。

(2) PC 鋼材の緊張力が大きくなるほど、梁の曲げ降伏耐力は増加する。

(3) PC 鋼材をコンクリート部材断面の外側に配置する方式を外ケーブル方式という。

(4) ポストテンション方式では、グラウトの充填が十分でないと、PC 鋼材の腐食を生じる可能性がある。

解説 (2) プレストレスを大きくしても、曲げ降伏耐力は**増加しない。**

【解答 (2)】

3章 コンクリート製品

出題傾向 コンクリート製品に関する出題は、平均1問程度で、コンクリート製品では、締固め方法とコンクリート品質、養生方法の種類と特徴が重要である。

こんな**問題**が**出題**されます！

基本問題

コンクリート製品の成形・締固めに関する次の一般的な記述のうち、**不適当なもの**はどれか。

(1) プレストレストコンクリートパイルなどに適用される遠心力締固めは、型枠を遠心機で回転して成形する方法で、コンクリート中の水分が容易に円筒外側に脱水される。

(2) 高流動コンクリートを適用することにより、複雑な形状や狭あい部をもつ部位にもコンクリートを行き渡らせることができ、また充填・締固めに伴う騒音・振動を低減できる。

(3) インターロッキングブロックなどに適用される即時脱型は、硬練りコンクリートを型枠内に振動をかけながら投入し、振動と加圧による成形後に脱型する方法である。

(4) コンクリート矢板などに適用される加圧締固めは、圧力を加えて締め固める方法で、コンクリートの脱水により水セメント比が小さくなり、強度や耐久性の増進が図られる。

8時限目

解説 (1) 遠心力締固めにより成形が行われるとともに脱水・脱泡が行われるが、コンクリート中の水分は**内側に脱水される**ため、コンクリートは内部よりも外部の密度が大きくなる。 【解答 (1)】

1 ◆ コンクリート製品の種類、範囲

コンクリート製品とは、コンクリート製品の JIS 工場で十分な品質管理の下で継続的に生産されるプレキャストコンクリート部材である。

コンクリート製品には、遠心力成形品（下水管、ポール、パイルなど）、コンクリートブロック、護岸用コンクリートブロック、プレストレスト製品、鉄筋コンクリート製品などがある。さらに、環境整備や緑化施設用製品、ガラス繊維や鋼繊維で補強した製品もある。

2 ◆ 製造方法

コンクリート製品の製造では、使用する材料や配(調)合、型枠などで留意する事項がある。

コンクリート製品の製造方法における留意点

セメント	普通ポルトランドセメントを使うが、早期に脱型したい場合には、早強ポルトランドセメントを使う。また、用途に応じて高炉セメント、シリカセメント等の混合セメントが用いられることもある。なお、エコセメントは環境への配慮から工場製品に用いられることが多いが、プレストレストコンクリート製品には用いてはならない。
骨材	土木学会示方書で「粗骨材の最大寸法 40 mm 以下、工場製品の最小厚さの 2/5 以下、かつ鋼材の最小あきの寸法の 4/5 を超えてはならない」としている。
混和材料	製品の強度、耐久性、水密性などの改善、および成形や締固めを容易にするため、化学混和剤を使用するのが一般的である。また、製品の用途に応じた性能を得るため、必要に応じて、フライアッシュ、シリカフューム、高炉スラグ微粉末、膨張材、着色材などが用いられている。
補強材	鉄筋コンクリート用棒鋼や鉄筋格子等のほか PC 鋼棒、PC 鋼線等を使う。短繊維補強材や、連続繊維補強材も使用されている。
配(調)合	製品の種類や成形方法によって違う。一般には、水セメント比 50% 以下、スランプ 5 〜 10 cm 程度のものが多いが、15 cm 程度の軟練りコンクリートを用いる場合もある。JIS A 5364「プレキャストコンクリート製品－材料および製造方法」では、配合条件を次表のように規定している。
型枠	繰り返し使用でき、かつ寸法精度を保つため鋼製型枠を用いるのが一般的であるが、木製、合成樹脂製等の型枠が使用されることもある。

■ コンクリート製品の配合規定（JIS A 5364 より）■

項　目	規　定
水セメント比	プレキャスト無筋コンクリート製品（URC 製品）：65% 以下 プレキャスト鉄筋コンクリート製品（RC 製品）：55% 以下 プレストレストコンクリート製品（PC 製品）：45% 以下
空気量	凍害を受けるおそれのある製品 　：配筋投入時の空気量は 4.5±1.5% を標準（AE コンクリート）
塩化物イオン （Cl⁻）量	プレキャスト鉄筋コンクリート製品（RC 製品）および プレストレストコンクリート製品（PC 製品）　　：0.30 kg/m³ 以下 プレキャスト無筋コンクリート製品（URC 製品）：0.60 kg/m³ 以下

> **■ プレキャストコンクリート製品への再生骨材の使用**
>
> 　再生骨材を用いたコンクリートでは、乾燥収縮およびクリープが大きく、PC 製品にこれを用いるとプレストレスの損失量が大きくなること、および再生骨材を用いたコンクリートの緊張力を受けた鋼材を保護する性能が明確にはなっていないことから、PC 製品の場合には、再生骨材を使用してはならない、としている。

3 ◆ 成形・締固め方法

　成形締固め方法は、振動締固め、加圧締固め、振動・加圧締固め、遠心力締固めに区分される。

■ 振動締固め

- 内部型や外部型の振動機によりコンクリートを締め固める。
- 締固め時間が長過ぎると分離し、短いと締固め不足となる。
- 板状製品、道路用製品および小型製品はテーブルバイブレータを使用し、矢板、梁部材などの長めの製品は型枠振動機、大型製品では棒形振動機を用いることが多い。

■ 加圧締固め（加圧成形）

- 直接加圧する方法、真空ポンプで減圧して大気圧を利用して余剰水を抜く方法がある。養生は加圧成形したまま常圧蒸気養生を行う。
- 水が絞り出され、空隙の少ない緻密なコンクリートが得られるので、矢板などの板状製品に用いられる。

■ 振動・加圧締固め（即時脱型）

- 硬練りコンクリートを型枠内に十分充填するよう振動をかけながら投入し、

強力な振動と加圧による成形後、即時に脱型する。

- 積ブロック、舗装用コンクリート平板、穴あき PC 版、インターロッキングブロックなどに用いられている。

遠心力締固め

- 型枠にコンクリートを投入した後、あるいは投入しながら型枠を回転させ、遠心力による加圧によりコンクリートを高密度化して水分を絞りだし、水セメント比を低下させる。コンクリート中の水分は内側に脱水されるため、内部よりも外部の密度が大きくなる。
- 管類、杭などの中空円筒形製品で用いられる（プレストレストコンクリート管を含む）。
- 遠心力締固めコンクリートの圧縮強度は、通常の締固めコンクリートに比べ **10 〜 25%程度高くなる**。これは、型枠回転時の微振動による締固めの効果と遠心力による高密度化、余剰水の絞り出しによる水セメント比の低下などによって、強度と密度の高いコンクリートが得られるためである。

4 ◆ 養生方法

　養生は、コンクリート製品を成形後なるべく短時間内に脱型できるようにコンクリートの強度発現を促進させる方法である。これにより、型枠の回転率を高め、また製品を早期に出荷できる。一般的に、常圧蒸気養生、さらに二次養生としてオートクレーブ養生を行う場合がある。

常圧蒸気養生

　成形したコンクリートを加湿加温して強度発現を促進する養生である。

　常圧蒸気養生の養生温度と時間はコンクリートの長期強度にも影響する。また常圧蒸気養生における前養生時間は、水セメント比が大きいほど長くする。

常圧蒸気養生の手順

① コンクリートを打込んだ後、3 時間程度の前養生期間を経て、蒸気養生を開始する。

② 型枠をつけたまま蒸気養生室に入れ、養生室の温度を均等に上げる。

③ 温度の上昇速度は 1 時間につき 20℃以下とし、最高温度は 60 〜 80℃程度（JIS、土木学会示方書では 65℃）とし、その温度を所用時間維持する。

④ 養生室の温度を徐々に下げ、外気の温度と大差がないようになってから製品を取り出す。

⑤ 養生方法は、養生槽内に直接蒸気を吹く直接式と、鋼製ベッドを蒸気によって加熱する間接式とがある。

■ オートクレーブ養生（高温高圧蒸気養生）

　常圧蒸気養生を行って型枠を脱型した製品を、鋼製大型の円筒状圧力容器（高温高圧釜）に入れ、**二次養生としてオートクレーブ養生を行う**。

　オートクレーブ養生する製品に用いるセメントは、通常のセメントではシリカ分が不足するため、シリカ質粉末を添加（30〜40％）されたセメントとする。高温高圧の条件下でのセメントの反応は常温の場合と異なり、強固なカルシウムシリケート水和物（トベルモライトもしくはトバモライト）が生成され、製造の翌日には通常の場合の **28日強度程度が得られる**。

■ 常圧蒸気養生の後の、オートクレーブ養生の手順
① 常圧蒸気養生した製品を高温高圧釜に入れ、一定の温度勾配で昇温する。
② 180〜190℃程度、10〜11気圧（1〜1.1 MPa）程度の等温等圧条件を所要時間維持する。
③ 一定の温度勾配で降温させる。外気に触れて急冷することのないようにし、降温時間を短縮するためには、降温時に除冷室へ移すなどの手段を用いる。

　蒸気養生と同様、急激な温度変化に伴う体積変化や変形、ひび割れの発生などを防止するため、昇圧・降圧（昇温・降温）にあたっては一定の温度勾配で行うことを原則としており、急激な圧力（温度）変化を避けるのがよい。

　オートクレーブ養生したコンクリートでは非常に高強度が得られ、設計基準強度 70〜90 N/mm² のレベルのものもあり、高強度 PC 杭はその代表的な例である。

　標準的なオートクレーブ養生は、昇温昇圧過程で 2〜4時間、最高圧力保持は 0.8〜1.4 MPa、175〜190℃で 3〜8時間、降温過程で 2〜4時間である。

■ ALC パネル
　建築用の軽量パネルである ALC パネル（軽量気泡コンクリートパネル）は、石灰質原料およびけい酸質原料を主材料とし、オートクレーブ養生した軽量気泡コンクリート製品である。

　なお、アルミニウム粉末による発泡作用（体積膨張）により、パネルの密度は 0.5 g/cm³ 前後である。

(((問題1))) 工場製品に関する次の一般的な記述のうち、**適当なものはどれか。**

(1) 即時脱型を行う工場製品には、スランプ 2.5 cm のコンクリートが用いられる。

(2) 促進養生を行う工場製品のコンクリート強度の管理は、20℃封かん養生の試験値が用いられる。

(3) 蒸気養生における昇温開始までの前養生の時間は、水セメント比が大きいほど短くできる。

(4) 部材厚が大きい工場製品では、蒸気養生における最高温度保持後の降温勾配を小さくするのがよい。

解説 (1) 即時脱型製品には**スランプ 0 cm** が用いられる。

(2) 封かん養生は、コンクリート表面からの水分の出入りを防ぐように覆った気中養生であるが、工場製品の強度管理に用いられることはない。

(3) 常圧蒸気養生における前養生時間は、水セメント比が大きいほど**長くする**。　　　　　　　　　　　　　　　　　　　　　　　　　　　　【解答（4）】

(((問題2))) コンクリート製品に関する次の一般的な記述のうち、**不適当なものはどれか。**

(1) 遠心力締固めは、筒状の型枠にコンクリートを投入して、その型枠を遠心機で回転させることで成形する方法である。

(2) 加圧締固めは、型枠にコンクリートを投入した後、ふたをして圧力を加えて締め固める方法である。

(3) 蒸気養生は、ボイラーで発生させた蒸気を養生室内に通気し、型枠内のコンクリートを加温加湿して養生する方法である。

(4) オートクレーブ養生は、型枠内にコンクリートを投入して振動により締め固めた後、圧力を加えて常温で養生する方法である。

解説 (4) オートクレーブ養生は、高温高圧蒸気養生であり、常圧蒸気養生を行って型枠を脱型した製品を、**鋼製大型の円筒状圧力容器（高温高圧釜）に入れ、二次養生として養生する方法**である。　　　　　　　　　　　　　　【解答（4）】

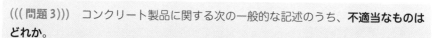

(((問題3))) コンクリート製品に関する次の一般的な記述のうち、**不適当なものは
どれか。**

(1) 製品そのものを載荷試験や組立試験することで実物に相当する部材や接合部
の品質を確認できる。

(2) 即時脱型方式は、ブロックなど小型のコンクリート製品に適している。

(3) 常圧蒸気養生は、コンクリートの打込み後直ちに行われる。

(4) オートクレーブ養生は、常圧蒸気養生後の二次養生として行う。

解説 ▶ (3) 蒸気養生を行う場合、コンクリートを練混ぜた後、**3時間程度の前養
生期間**を経て、蒸気養生を開始する。

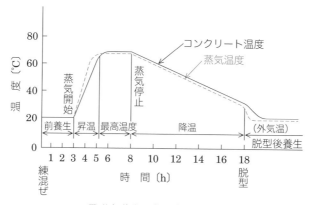

■ 蒸気養生温度と時間の例 ■

(出典：日本コンクリート工学会「コンクリート技術の要点 '21」p. 265（2021））

【解答 (3)】

補習
〇×式問題 集中講義

　本試験には「一問一答形式の〇×式問題」があります。この〇×式問題は、四肢択一式よりも確かな知識を持っていることが要求されるため、最後に「補習」として扱います。

　補習の〇×式問題は最近5か年（2015～2019年）の問題を中心に作成してあります。ここまで、1時限目から8時限目まで学習して、身につけた知識を確認しながら問題を解いてみましょう。

※一問一答形式の〇×式問題は、2020年、2021年に出題はありませんでした。

1. コンクリートの材料

問題	問題文
1-1	セメントと化学的に結合し得る水量は、セメント質量の約40%である。
1-2	JIS R 5201（セメントの物理試験方法）に規定されるセメントの強さ試験に用いるモルタルの配合は、セメントと標準砂の質量比を1：3とし水セメント比は50%とする。
1-3	フライアッシュをセメントの一部に置換して用いると、水和熱による温度上昇を低減できる。
1-4	JIS R 5210（ポルトランドセメント）において、早強ポルトランドセメントの強熱減量は5.0%以下と規定されている。
1-5	ポルトランドセメントの焼成工程では、粉砕した石灰石他の原料を1 450℃程度の高温で焼成する。
1-6	混合セメントでは、混合材の分量が多いほど密度は大きくなる。
1-7	骨材の弾性係数が小さいほど、コンクリートの乾燥収縮ひずみが小さくなる。
1-8	表面乾燥飽水状態（表乾状態）の骨材の含水率が、その骨材の吸水率である。
1-9	JIS A 5308（レディーミクストコンクリート）の規定においては、再生細骨材Mの使用が認められている。
1-10	JIS A 5308（レディーミクストコンクリート）の規定では、各種スラグ粗骨材は、高強度コンクリートには使用できない。
1-11	JIS A 6204（コンクリート用化学混和剤）の規定では、化学混和剤の性能として、長さ変化比が規定されている。
1-12	流動化剤のスランプ保持性能は、高性能AE減水剤と同等である。
1-13	ケミカルプレストレスを導入するため、膨張材をコンクリートの結合材として単位量50 kg/m³で使用した。
1-14	混和材として用いる石灰石微粉末は、一般に配(調)合設計では結合材とはみなさない。
1-15	品質検査を行った上で、スラッジ水を高強度コンクリートの練混ぜ水に用いることができる。
1-16	スラッジ固形分率は、単位セメント量に対するスラッジ固形分の質量の割合を分率で表したものである。
1-17	JIS A 5308 附属書C（レディーミクストコンクリートの練ぜに用いる水）によれば、スラッジ固形分率とは、スラッジ水中に含まれるスラッジ固形分の質量濃度のことである。
1-18	JIS A 5308 附属書C（レディーミクストコンクリートの練ぜに用いる水）によれば、スラッジ水中のスラッジ固形分率が1%未満の場合、スラッジ固形分を水の質量に含めてもよい。

解答	解説
×	セメントと化学的に結合し得る水量は、セメント質量の 25％程度である。
○	記述は正しい。p.15 参照。
○	記述は正しい。p.18 参照。
○	記述は正しい。p.13 参照。
○	記述は正しい。p.18 参照。
×	混合セメントの密度は、ポルトランドセメントより小さく、かつ、混合材の分量が多いほど小さい。
×	骨材の弾性係数が大きいほど、コンクリートの乾燥収縮は小さくなる。
○	記述は正しい。p.30 参照。
×	JIS A 5308（レディーミクストコンクリート）には再生骨材 H のみ使用でき、M、L は使用できない。
○	記述は正しい。p.28 参照。
○	記述は正しい。p.43 参照。
×	高性能 AE 減水剤は高い減水性能と優れたスランプ保持性能を持つが、流動化剤は高い減水性能があるもののスランプの低下が大きい。
○	記述は正しい。p.41 参照。
○	記述は正しい。p.42 参照。
×	JIS A 5308（レディーミクストコンクリート）では、スラッジ水は、高強度コンクリートには適用しないとされている。
○	記述は正しい。p.52 参照。
×	スラッジ固形分率は、単位セメント量に対するスラッジ固形分の質量の割合を示す。
○	記述は正しい。p.52 参照。

1-19	JIS A 5308 附属書 C（レディーミクストコンクリートの練混ぜに用いる水）の規定において、上水道水以外の水の試験結果の報告記載事項には、塩化物イオン（Cl⁻）量が含まれる。
1-20	化学法で"無害でない"と判定された骨材をモルタルバー法で試験したところ"無害"と判定されたので、JIS A 5308 附属書 A（レディーミクストコンクリート用骨材）の規定に照らして、「区分 A」と判定した。
1-21	JIS A 5308 附属書 A（レディーミクストコンクリート用骨材）によれば、アルカリシリカ反応性試験において"無害"と判定された細骨材と"無害でない"と判定された細骨材を、9：1 の質量比で混合して用いる場合、細骨材全体は区分 A として取り扱うことができる。
1-22	鋼材中の炭素量が増加すると、引張強さが増加し、破断伸びは低下する。
1-23	鉄筋コンクリート用棒鋼の弾性係数（ヤング率）は、降伏点が大きいほど大きくなる。
1-24	SD 345 の鉄筋は、引張強さの下限値が 345 N/mm² である。

2. コンクリートの性質

問題	問題文
2-1	細骨材の吸水率が低いと、コンクリートのスランプの経時変化は大きくなる。
2-2	粗骨材の粒形判定実積率が低くなると、スランプは大きくなる。
2-3	エントレインドエアを増加させると、フレッシュコンクリートのスランプは大きくなる。
2-4	ワーカビリティーとは、材料分離を生じることなく、運搬、打込み、締固め、仕上げなどの作業が容易にできる程度を表すフレッシュコンクリートの性質のことである。
2-5	JIS A 1101（コンクリートのスランプ試験方法）によれば、スランプコーンにコンクリートを 3 層に分けて詰める際に、各層を 25 回突くと材料の分離を生じるおそれのあるときは、分離を生じない程度に突き数を減らして良い。
2-6	JIS A 1123（コンクリートのブリーディング試験方法）による試験において、コンクリート上面に浸み出した水の体積を量り、試料上面の面積で、割った値をブリーディング率とした。
2-7	JIS A 1147（コンクリートの凝結時間試験方法）に基づいて試験を行う場合、粗骨材が貫入針の障害となるので、コンクリートから粗骨材を取り除いた配合条件のモルタルを練り混ぜて、これを試料として用いる。
2-8	コンクリートの凝結時間は、塩分を含む骨材を用いると遅くなる。
2-9	コンクリートの凝結時間は、網ふるいでふるって粗骨材を除去したモルタルを用いた貫入抵抗試験により求める。

○	記述は正しい。p.51 参照。
○	記述は正しい。p.27 参照。
×	区分 B "無害でない" と判定されたもの、またはこの試験を行っていないものを混合した場合は、この骨材全体を無害であることが確認されていない骨材として取り扱わなければならない。
○	記述は正しい。p.56 参照。
×	降伏点の大小にかかわらず一定である。
×	数字は、降伏点の下限値を示す。引張強さの下限値は 490 N/mm² である。

解答	解説
×	細骨材の吸水率が大きい場合は、スランプの変動が大きくなりやすい。
×	砕石・砕砂の粒形の良否は、粒形判定実積率で判定され、単位水量を等しくした場合、粒形判定実積率とスランプとの間には、比例関係（粒形判定実積率が大きくなるとスランプも大きくなる）がある。
○	記述は正しい。p.76 参照。
○	記述は正しい。p.71 参照。
○	記述は正しい。p.72 参照。
×	説明はブリーディング量〔cm³/cm²〕についてのものである。
×	試験に用いる試料は、採取したコンクリート試料を公称目開き 4.75 mm の網ふるいでふるったモルタル分とする。
×	骨材や練混ぜ水に含まれる塩分は凝結を早める。
○	記述は正しい。p.77 参照。

2-10	下図は、セメントペースト、モルタル、コンクリート、および骨材の圧縮応力–ひずみ曲線の概念図である。このうち、コンクリートに相当する曲線は、イである。 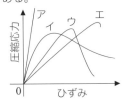
2-11	硬化コンクリートのクリープひずみは、載荷開始時の材齢が若いほど大きくなる。
2-12	コンクリートの圧縮強度が高くなるほど、引張強度の圧縮強度に対する比（引張強度／圧縮強度）は小さくなる。
2-13	コンクリート円柱供試体の圧縮強度は、キャッピング面の凹凸の影響を受け、凸の場合は見かけの圧縮強度が上昇する。
2-14	コンクリートの動弾性係数は、静弾性係数よりも一般に $10 \sim 40\%$ 程度小さい値を示す。
2-15	直径が等しいコンクリート供試体の圧縮強度の試験結果は、直径に対する高さの比が小さくなるほど低くなる。
2-16	軸圧縮力を受けるコンクリートに発生する軸直角方向のひずみは、引張ひずみとなり、弾性範囲内では、その大きさは軸方向圧縮ひずみの $1/5 \sim 1/7$ 程度である。
2-17	JIS A 1149（コンクリートの静弾性係数試験方法）によると、ひずみ測定器の検長は、コンクリートに用いた粗骨材の最大寸法の 3 倍以上かつ供試体の高さの $1/2$ 以上としなければならない。
2-18	コンクリートのクリープひずみは、水セメント比が同じ場合、セメントペーストの量が多いほど大きい。
2-19	コンクリートの透水係数は、一般に粗骨材の最大寸法が大きいほど大きい。
2-20	同一水セメント比の場合、粗骨材の最大寸法が大きいほどコンクリートの透水係数は大きくなる。
2-21	コンクリートの熱膨張係数は、骨材種類の影響を受け、石灰岩を用いた場合は硬質砂岩を用いた場合よりも大きい。
2-22	石灰岩を骨材に用いたコンクリートの熱膨張係数は、硬質砂岩を骨材に用いたコンクリートの熱膨張係数よりも一般的に小さい。

○	記述は正しい。骨材やセメントペースト、モルタルはコンクリートに比べて弾性体に近い挙動を示し、広い範囲が直線となる。これから、コンクリートは、イであると判断できる。
○	記述は正しい。p.87 参照。
○	記述は正しい。p.85 参照。
×	キャッピング面の凹凸の強度に及ぼす影響は、凸の場合に大きく、見掛けの強度低下は 30%程度になることもある。
×	動弾性係数は、静弾性係数よりも一般に 10 ～ 40%程度大きい値を示す。
×	供試体の直径に対する高さの比が小さいほど、圧縮強度の試験結果は大きな値を示す。
○	記述は正しい。p.86 参照。
×	ひずみ測定器の検長は、コンクリートに用いた粗骨材の最大寸法の 3 倍以上かつ供試体の高さの 1/2 以下とする。
○	記述は正しい。p.87 参照。
○	記述は正しい。p.89 参照。
○	記述は正しい。p.89 参照。
×	一般に、砂岩、安山岩、花崗岩と比べて石灰岩の熱膨張率は低いため、石灰岩を用いたコンクリートの熱膨張係数は小さくなる。
○	記述は正しい。p.89 参照。

3. コンクリートの劣化・耐久性

問題	問題文
3-1	コンクリートの中性化範囲は、フェノールフタレインの1%エタノール溶液をコンクリートのはつり部分などに噴霧し、赤紫色に着色しない範囲として判定する。
3-2	海水に含まれる硫酸マグネシウム（$MgSO_4$）は、コンクリート中の水酸化カルシウム（$Ca(OH)_2$）と反応して膨張性の物質を生成し、コンクリートの劣化を促進させる。
3-3	JIS A 1145（骨材のアルカリシリカ反応性試験方法（化学法））では、反応により消費された水酸化ナトリウムの量と溶出したシリカの量の大小関係から骨材の反応性を判定する。
3-4	帯（鉄）筋の腐食に伴う体積膨張が原因となり、鉄筋コンクリート柱部材のかぶり部分に、帯（鉄）筋に直角方向のひび割れが発生することがある。
3-5	JIS A 1148（コンクリートの凍結融解試験方法）において、耐久性指数の値は、供試体の相対動弾性係数を用いて求められる。

4. コンクリートの配（調）合

問題	問題文
4-1	粗骨材を川砂利から砕石に変えたので、細骨材率を小さくし単位水量を減らした。
4-2	粗骨材の最大寸法が大きいほど、単位水量は小さくなる。
4-3	粗骨材を実積率の小さいものに変えると、同等のワーカビリティーを確保するための細骨材率は小さくなる。
4-4	配（調）合の補正において、細骨材率を大きくしたので、単位水量を小さくした。
4-5	配（調）合設計において、細骨材を粗粒率の小さいものに変更したので、同一のスランプを得るために、細骨材率を大きくして単位水量を小さくした。

5. 製造・品質管理と検査

問題	問題文
5-1	圧縮強度のX管理図において、3σ限界線を上方に超える点が1点存在したが、強度が高い側であるため、原因の究明や特別な対策は不要と判断した。
5-2	エコセメントは、高強度コンクリートを用いる鉄筋コンクリートに適している。
5-3	JIS A 5308（レディーミクストコンクリート）によれば、納入書にメビウスループを表示できるコンクリートに使用されるリサイクル材の一つとして、再生骨材Hが含まれる。

解答	解説
○	記述は正しい。p.103 参照。
○	記述は正しい。p.238 参照。
○	記述は正しい。p.104 参照。
×	鉄筋腐食による膨張ひび割れは、鉄筋に沿って発生する。
○	記述は正しい。p.107 参照。

解答	解説
×	砕石は砂利に比べて粒径が悪いため、流動性が低下するとともに分離しやすくなる。そこでワーカビリティーを改善し、所要のスランプを維持するため、細骨材率（s/a）を大きくし、単位水量を増す必要がある。
○	記述は正しい。p.124 参照。
×	粗骨材の実積率が高い場合（骨材の粒形が球形に近く粒度分布もよい）は、細骨材率を小さくすると同一のコンシステンシーを維持できる。
×	細骨材率を大きくしてスランプを維持するためには、単位水量を多くする必要がある。
×	砂が細かくなったら、単位水量はそのままでよいが、細骨材率は小さくする。（砂利を増し、砂を減ずる）

解答	解説
×	管理限界は通常 3σ 限界が用いられ、「中央値（平均値）$+3\sigma$」を上方管理限界線、「中央値（平均値）-3σ」を下方管理限界線とする。上方の1点であっても 3σ 限界の外の値は、異常を示した値と判断する。
×	普通エコセメントは、高強度コンクリートには適用しない。
○	記述は正しい。納入書にメビウスループを表示できるリサイクル材に、再生骨材 H は含まれている。

5-4	JIS A 5308 附属書 D（トラックアジテータのドラム内に付着したモルタルの使用方法）によれば、付着モルタル安定剤を添加してトラックアジテータのドラム内に付着したモルタルを再利用する場合、源となるコンクリートは普通コンクリートもしくは高強度コンクリートに限定される。
5-5	戻りコンクリートを洗浄して得られた回収骨材を用いて、JIS A 5308（レディーミクストコンクリート）の規定に従って「高強度 55 50 20 M」を製造出荷した。
5-6	JIS A 5308（レディーミクストコンクリート）によれば、「高強度 50 60 20 L」のコンクリートのスランプフローの許容差は±10 cm である。
5-7	JIS A 5308（レディーミクストコンクリート）によれば、異なる種類の骨材を混合して用いる場合、骨材に含まれる塩化物量については、混合後とともに、混合前の各骨材の塩化物含有量がそれぞれの骨材の規定を満たしていなければならない。
5-8	JIS A 5308（レディーミクストコンクリート）に規定される高強度コンクリートに JIS R 5214（エコセメント）に適合した普通エコセメントを使用した。
5-9	レディーミクストコンクリートの塩化物含有量の検査を工場出荷時に行った。
5-10	コンクリートの練混ぜ時間は、強制練りミキサより重力式ミキサによる場合の方が短くできる。
5-11	JIS A 5308（レディーミクストコンクリート）の規定に照らして、高性能 AE 減水剤を使用した、呼び方が「普通 30 21 20 N」のコンクリートのスランプの許容差を、±2.5 cm とした。
5-12	JIS A 5308（レディーミクストコンクリート）では、軽量コンクリートの荷卸し時点における空気量を 4.5%とし、その許容差を±1.5%と規定している。

6. コンクリートの施工

問題	問題文
6-1	梁部材の型枠支保工の組立てに際し、打ち込まれたコンクリートの自重などで型枠がたわむことを考慮して、上げ越し（むくり）を設けた。
6-2	鉄骨鉄筋コンクリート梁において、鉄骨のフランジ下端へコンクリートを確実に充填させるために、鉄骨のフランジ下端へ両側から同時に打ち込んだ。
6-3	コンクリートの打込みにおいて、柱と壁のコンクリートを梁下レベルまで打ち上げた後、直ちに梁・スラブのコンクリートを打ち込むのがよい。
6-4	コンクリートの締固めに使用する棒形振動機の振動効果は、振動棒の振動体の加速度に反比例する。
6-5	一般に、型枠振動機は棒形振動機より締固め効果が大きい。
6-6	水平部材について、側面の型枠を底面の型枠よりも早く取り外すようにした。

×	高強度コンクリートの場合は、付着モルタルの再利用は行わない。高強度コンクリートを源にした付着モルタルは使用できない。
×	軽量コンクリートおよび高強度コンクリートには、回収骨材を用いない。
○	記述は正しい。p.148 参照。
×	混合後の骨材の塩化物量が、規定に適合していればよい。
×	普通エコセメントは、高強度コンクリートには適用しない。
○	記述は正しい。p.149 参照。
×	練混ぜの最小時間を重力式ミキサで 1 分 30 秒、強制練りミキサで 1 分を標準としている。
×	スランプ 21 cm の場合の許容差は ±1.5 cm であるが、呼び強度 27 以上で、高性能 AE 減水剤を使用する場合は ±2 cm である。
×	軽量コンクリートの荷卸し時点における空気量は 5.0% である。

解答	解説
○	記述は正しい。p.196 参照。
×	鉄骨フランジの下端は一度に打ち込むと、す(巣)ができやすいため、順序よく確認して打ち込む必要がある。その際、片側から打ち込み、もう片側から噴出を確認した上で、両側から打ち込む。
×	梁下でいったん打ち止め、十分に締め固めて、沈降待ちして十分にコンクリートが落ち着いてから梁・スラブのコンクリートを打ち込む。
×	振動の効果は、加速度に比例する。
×	棒形振動機のほうが締固め能力が高く、一般的に使用されており、型枠振動機の振動の効果はコンクリート表面近傍に限られる。
○	記述は正しい。p.198 参照。

補習

6-7	コンクリート橋脚の打込みに際し、透水性型枠を使用することにより、コンクリート表層の品質を向上させた。
6-8	コンクリート表面のプラスティック収縮ひび割れは、普通コンクリートより水セメント比の小さい高強度コンクリートで生じやすい。
6-9	スクイズ式コンクリートポンプは、高強度コンクリートの圧送に適している。
6-10	コンクリートポンプは、計算で得られた圧送負荷の 1.25 倍を上回る吐出圧力の機種とした。
6-11	鉄筋径が同一の場合、SD 490 の鉄筋の重ね継手の長さは、SD 345 の鉄筋の重ね継手の長さよりも長くなる。
6-12	曲げ加工した鉄筋の曲げ戻しは、1 回に限り行うことができる。
6-13	鉄筋を曲げ加工する場合の折曲げ内法直径（または曲げ内半径）は、コンクリートの設計基準強度と粗骨材の最大寸法をもとに定められている。
6-14	鉄筋を曲げ加工する場合、鉄筋の降伏強度が高い方が、曲げ内半径（または折曲げ内法直径）を小さくできる。

7. 各種コンクリート

問題	問題文
7-1	夏期に打ち込んだコンクリートは、冬期に打ち込んだ同じ配(調)合のコンクリートよりも、長期強度が高くなる。
7-2	暑中コンクリートにおいて、同一のスランプを得るための単位水量は、一般のコンクリートよりも多くなる。
7-3	外気温が 30℃になると予想されたので、打重ね時間間隔を 90 分以内になるように計画した。
7-4	暑中コンクリートにおけるプラスティック収縮ひび割れの抑制には、ブリーディングの速度および量を適切にすることができる遅延形の化学混和剤の使用が有効である。
7-5	マスコンクリートの外部拘束によるひび割れは、打ち込んだコンクリートの材齢がある程度進み、全体の温度が降下する段階で発生する。
7-6	高流動コンクリートの降伏値が小さいと、スランプフローは小さくなる。
7-7	高流動コンクリートは、一般のコンクリートに比べてフレッシュコンクリートの降伏値が小さい。
7-8	高流動コンクリートの練混ぜ時間は、普通コンクリートより短くできる。
7-9	高強度コンクリートは、高性能 AE 減水剤が比較的多く使用されており、冬期などの温度が低い時期には凝結が遅れ、仕上げ時期も遅くなる。

解答	解説
○	記述は正しい。p.195 参照。
○	記述は正しい。p.189 参照。
×	スクイズ式コンクリートポンプは、軟練コンクリートの小規模な打込みに適しているが、粘性が高い高強度コンクリートには適さない。
○	記述は正しい。p.177 参照。
○	記述は正しい。p.203 参照。
×	いったん曲げ加工した鉄筋を曲げ戻すと材質を害するおそれがあるため、曲げ戻しは避けなければならない。
×	折曲げ内法直径は、鋼材の種類と使用箇所（JASS5 では折曲げ角度）により定められている。
×	コンクリート標準示方書に鉄筋の曲げ内半径が、JASS5 では鉄筋の折曲げ内法直径がそれぞれ定められているが、降伏強度が高いほうが曲げ内半径（または折曲げ内法直径）は大きい。

解答	解説
×	暑中コンクリートは凝結が早く、初期強度の発現は速やかだが、長期強度が小さい傾向があり、冬期は逆に初期強度発現は遅いが長期強度は暑中に比べ高くなる。
○	記述は正しい。p.219 参照。
○	記述は正しい。p.220 参照。
○	記述は正しい。p.219 参照。
○	記述は正しい。p.224 参照。
×	降伏値（流動を起こさせるのに必要な最小限の応力）が小さいとスランプフローは大きくなる。
○	記述は正しい。p.251 参照。
×	通常のコンクリートと比べて粘性が高く、所要の品質を得るために要する練混ぜ時間は長くなる傾向にある。
○	記述は正しい。p.246 参照。

7-10	高強度コンクリートの火災時の爆裂防止対策として、ポリプロピレンの短繊維を混入する方法は有効である。
7-11	水中不分離性コンクリートの配(調)合強度は、水中施工による強度低下を考慮して割り増す。
7-12	場所打ち杭の施工において、水中での材料分離を防止するため、単位セメント量が 270 kg/m³ の配合とした。
7-13	場所打ち杭に用いる水中コンクリートの単位セメント量を 300 kg/m³ とした。
7-14	乾式吹付けコンクリートは、湿式吹付けコンクリートと比較して、圧送距離を長くとれるが、リバウンド（はね返り）の量は多い。
7-15	吹付けコンクリートでは、湿式よりも乾式の方がリバウンド量は少なくなる。
7-16	鋼繊維補強コンクリートでは、所要のスランプを得るための細骨材率と単位水量を、一般のコンクリートに比べて大きくする必要がある。

8. コンクリート構造とコンクリート製品

問題	問題文
8-1	鉄筋コンクリート柱の水平変形能力は、柱に作用する軸圧縮力が大きいほど小さくなる。
8-2	鉄筋コンクリート柱部材の設計において、せん断破壊よりも曲げ破壊が先行するようにした。
8-3	鉄筋コンクリート梁の設計において、スターラップ（あばら筋）の降伏強度を増加させると、せん断力によって生じる斜め引張ひび割れの発生を遅らせることができる。
8-4	プレテンション方式のプレストレストコンクリートポールの製造において、コンクリートの凝結の終結直後にプレストレスを導入した。
8-5	オートクレーブ養生を行ったコンクリート製品の養生終了直後の圧縮強度は、水中養生を行った場合の材齢 7 日の圧縮強度と同程度になる。

○	記述は正しい。p.59 参照。
○	記述は正しい。p.233 参照。
×	単位セメント量は、コンクリート標準示方書では 350 kg/m³ 以上、JASS5 では 330 kg/m³ 以上としている。
×	土木学会示方書では 350 kg/m³ 以上、JASS5 では 330 kg/m³ 以上とされている。
○	記述は正しい。p.265 参照。
×	乾式の方が、はね返り（リバウンド）が多い。
○	記述は正しい。p.59 参照。

解答	解説
○	記述は正しい。p.277 参照。
○	記述は正しい。p.277 参照。
×	スターラップ（あばら筋）の降伏強度を増加させることで、せん断破壊時の耐力、および靭性（ねばり耐力＝変形能力）は向上するが、斜め引張ひび割れの発生は変わらない。
×	プレストレス導入時の圧縮強度が規定されているため、コンクリートの凝結の終結直後にプレストレスを導入することはできない。
×	オートクレーブ養生を行ったコンクリート製品の養生終了直後の圧縮強度は、材齢 28 日強度程度が得られる。

補習

巻末資料　キーワード集

　コンクリート技士試験では、JIS A 0203 に示されているコンクリートに関して用いられる用語およびその定義の知識が必要となる。

> ＜JIS 規格におけるコンクリートに関する用語の分類＞
> 1. コンクリート
> 2. 材料
>   - 2-1　セメント
>   - 2-2　混和材料
>   - 2-3　骨材
>   - 2-4　補強材
> 3. コンクリートおよび材料の性質
> 4. 設備および施工

　なお、JIS A 0203 コンクリート用語と、JASS5、および土木学会示方書とでは、若干表現が異なる場合もあることに注意する必要がある。

----

1. コンクリート

用　語	定　義
セメントペースト	セメント、水および必要に応じて加える混和材料を構成材料とし、これらを練り混ぜその他の方法によって混合したもの、または硬化させたもの
モルタル	セメント、水、細骨材および必要に応じて加える混和材料を構成材料とし、これらを練り混ぜその他の方法によって混合したもの、または硬化させたもの
グラウト	空隙、目地、ひび割れなどの細かいすき間を充填するために、注入用材料として用いるセメントペーストまたはモルタル
ポリマーセメントモルタル	結合材にセメントおよびセメント混和用ポリマー（またはポリマー混和剤）を用いたモルタル
ポリマーモルタル	結合材にポリマーだけを用い、充填材および細骨材を加えたもの。レジンモルタルとも呼ばれる
ポリマー含浸モルタル	浸透性重合性をもつモノマーを脱気後含浸させ、重合させたセメントモルタル

用　語	定　義
コンクリート	セメント、水、細骨材、粗骨材および必要に応じて加える混和材料を構成材料とし、これらを練り混ぜその他の方法によって混合したもの、または硬化させたもの
フレッシュコンクリート	まだ固まらない状態にあるコンクリート
プレーンコンクリート	セメント、水、細骨材および粗骨材だけを構成材料とし、混和材料を用いないコンクリート。無筋コンクリートを指す場合がある
AE コンクリート	AE 剤などを用いて微細な空気泡を含ませたコンクリート
流動化コンクリート	あらかじめ練り混ぜられたコンクリートに流動化剤を添加し、これを撹拌して流動性を増大させたコンクリート
レディーミクストコンクリート	整備されたコンクリート製造設備をもつ工場から、荷卸し地点における品質を指定して購入することができるフレッシュコンクリート
普通コンクリート	砂・砂利、砕砂・砕石、各種スラグ骨材などを用いてつくられる、単位容積質量または密度が 2.3 t/m³ 前後のコンクリート
軽量コンクリート	骨材の全部または一部に人工軽量骨材を用いて、単位容積質量または密度を普通コンクリートよりも小さくしたコンクリート
重量コンクリート	骨材の全部または一部に重量骨材を用いて、単位容積質量または密度を普通コンクリートよりも大きくしたコンクリート
気泡コンクリート	モルタルまたは最大寸法の小さな粗骨材を用いたコンクリートに、多量の気泡を含ませることによって、単位容積質量または密度を小さくしたコンクリート
高流動コンクリート	材料分離抵抗性を損なうことなく、流動性を著しく高めたコンクリート
膨張コンクリート	混和材として膨張材を用いたコンクリート
ポリマーセメントコンクリート	結合材にセメントおよびセメント混和用ポリマー（またはポリマー混和剤）を用いたコンクリート
ポリマーコンクリート	結合材にポリマーだけを用い、充填材、細骨材および粗骨材を加えたもの。レジンコンクリートとも呼ばれる
ポリマー含浸コンクリート	浸透性重合性をもつモノマーを脱気後含浸させ、重合させたセメントコンクリート
再生骨材コンクリート	骨材の全部または一部に再生骨材を用いたコンクリート
無筋コンクリート	鋼材などで補強されていないコンクリート
鉄筋コンクリート	鉄筋で補強されたコンクリート
鉄骨鉄筋コンクリート	鉄骨および鉄筋で補強されたコンクリート
プレストレストコンクリート	PC 鋼材などによってプレストレスが与えられているコンクリート
短繊維補強コンクリート	短繊維で補強したコンクリート
連続繊維補強コンクリート	連続繊維補強材で補強したコンクリート
プレキャストコンクリート	工場または工事現場内の製造設備によって、あらかじめ製造されたコンクリート部材または製品

2. 材料

2-1 セメント

用　語	定　義
セメント	水と反応して、硬化する鉱物質の微粉末。一般にはポルトランドセメント、混合セメントなどをいう
ポルトランドセメント	水硬性のカルシウムシリケートを主成分とするクリンカーに適量のせっこうを加え、微粉砕して製造されるセメント
普通ポルトランドセメント	一般の用途に用いる汎用性のあるポルトランドセメント
早強ポルトランドセメント	普通ポルトランドセメントより強度の発現が早くなるように調整されたポルトランドセメント
超早強ポルトランドセメント	早強ポルトランドセメントよりも強度の発現がさらに早くなるように調整されたポルトランドセメント
耐硫酸塩ポルトランドセメント	普通ポルトランドセメントより硫酸塩の侵食作用に対する抵抗性が大きくなるように調整されたポルトランドセメント
中庸熱ポルトランドセメント	普通ポルトランドセメントより水和熱が小さくなるように調整されたポルトランドセメント
低熱ポルトランドセメント	中庸熱ポルトランドセメントよりも水和熱がさらに小さくなるように調整されたポルトランドセメント
白色ポルトランドセメント	セメントペーストの色が硬化後も白色になるように、鉄分を少なくしたポルトランドセメント
混合セメント	ポルトランドセメントに、高炉スラグ微粉末、シリカ質混合材、フライアッシュなどの混合材をあらかじめ混合したセメント
高炉セメント	混合材として、高炉スラグ微粉末を用いた混合セメント
シリカセメント	混合材として、シリカ質混合材を用いた混合セメント
フライアッシュセメント	混合材として、フライアッシュを用いた混合セメント
アルミナセメント	水硬性のカルシウムアルミネートを主成分とするクリンカーを微粉砕して製造されるセメント
エコセメント	都市ごみ焼却灰、下水汚泥などを、セメントクリンカーの主原料とする資源リサイクル形のセメント

2-2 混和材料

用　語	定　義
混和材料	セメント、水および骨材以外の材料で、コンクリートなどに特別の性質を与えるために、打込みを行う前までに必要に応じて加える材料
混和材	混和材料の中で、使用量が比較的多く、それ自体の容積がコンクリートなどの練上がり容積に算入されるもの
結合材	水と反応し、コンクリートの強度発現に寄与する物質を生成するものの総称で、セメント、高炉スラグ微粉末、フライアッシュなどを含めたもの
ポゾラン	それ自体は水硬性をほとんどもたないが、水の存在のもとで水酸化カルシウムと常温で反応して不溶性の化合物を作って硬化する鉱物質の微粉末の材料

用　語	定　義
フライアッシュ	微粉炭燃焼ボイラの燃焼ガスから集じん器で捕集されるアッシュ（灰）。ポゾランの一種である
高炉スラグ微粉末	溶鉱炉で銑鉄と同時に生成する溶融状態の高炉スラグを水によって急冷し、これを乾燥・粉砕したもの、またはこれにせっこうを添加したもの
膨張材	セメントおよび水とともに練り混ぜた後、水和反応によってエトリンガイト、水酸化カルシウムなどを生成し、コンクリートまたはモルタルを膨張させる混和材
ポリマーディスパージョン	ゴムラテックスまたは樹脂エマルションに、安定剤、消泡剤などを加えてよく分散（ディスパージョン）させ、均質にしたもの
再乳化形粉末樹脂	ゴムラテックスまたは樹脂エマルションに安定剤などを加えたものを乾燥して得られる微粉末の材料
シリカフューム	金属シリコンまたはフェロシリコンをアーク式電気炉で製造する際に発生する排ガスから捕集される非結晶の二酸化けい素を主成分とする球状の非常に細かい粒子。ポゾランの一種である
混和剤	混和材料の中で、使用量が少なく、それ自体の容積がコンクリートなどの練上がり容積に算入されないもの
化学混和剤	主として、その界面活性作用によって、コンクリートの諸性質を改善するために用いる混和剤
AE 剤	コンクリートなどの中に、多数の微細な独立した空気泡を一様に分布させ、ワーカビリティーおよび耐凍害性を向上させるために用いる混和剤
減水剤	所要のスランプを得るのに必要な単位水量を減少させるために用いる混和剤
AE 減水剤	AE 剤と減水剤との両方の使用効果を兼ね備えた混和剤
高性能 AE 減水剤	空気連行性能をもち、AE 減水剤よりも高い減水性能および良好なスランプ保持性能をもつ混和剤
流動化剤	あらかじめ練り混ぜられたコンクリートに添加し、これを撹拌することによって、その流動性を増大させることを主たる目的とする混和剤
防せい剤	コンクリート中の鋼材が、使用材料中に含まれる塩化物によって腐食するのを抑制するために用いる混和剤
急結剤	コンクリートの凝結時間を著しく短くし、早期強度を増進するために、主として吹付けコンクリートに用いる混和剤
硬化促進剤	セメントの水和を早め、初期材齢の強度発現を大きくするために用いる混和剤
凝結遅延剤	セメントの水和反応を遅らせ、凝結に要する時間を長くするために用いる混和剤
高性能減水剤	スランプを一定とした条件で単位水量を大幅に減少させるか、または単位水量を一定とした条件でスランプを大幅に増加させる混和剤

2-3　骨材

用　語	定　義
骨材	モルタルまたはコンクリートをつくるために、セメントおよび水と練り混ぜる砂、砂利、砕砂、砕石、スラグ骨材、その他これらに類似の材料
細骨材	10 mm 網ふるいを全部通り、5 mm 網ふるいを質量で 85%以上通る骨材
粗骨材	5 mm 網ふるいに質量で 85%以上とどまる骨材
砂	自然作用によって岩石からできた細骨材

用　語	定　義
砂利	自然作用によって岩石からできた粗骨材
砕砂	工場で岩石を破砕して製造するコンクリート用の細骨材
砕石	工場で岩石を破砕して製造するコンクリート用の粗骨材
高炉スラグ骨材	溶鉱炉で銑鉄と同時に生成する溶融スラグを冷却し、粒度調整した骨材。細骨材および粗骨材がある
フェロニッケルスラグ骨材	炉でフェロニッケルと同時に生成する溶融スラグを徐冷し、または水、空気などによって急冷し、粒度調整した骨材。細骨材および粗骨材がある
銅スラグ細骨材	炉で銅と同時に生成する溶融スラグを水によって急冷し、粒度調整した細骨材
電気炉酸化スラグ骨材	電気炉で溶鋼と同時に生成する溶融した酸化スラグを冷却し、鉄分を除去して粒度調整した骨材。細骨材および粗骨材がある
溶融スラグ骨材	一般廃棄物、下水汚泥またはそれらの焼却灰を溶融固化したコンクリート用溶融スラグ骨材。細骨材および粗骨材がある
再生骨材	解体したコンクリート塊などを破砕などの処理を行うことによって製造したコンクリート用の骨材。再生骨材 H、再生骨材 M、再生骨材 L に分類し、それぞれに細骨材および粗骨材がある
軽量骨材	コンクリートの質量の軽減、断熱などの目的で用いる普通の岩石よりも密度の小さい骨材。天然軽量骨材、人工軽量骨材、副産軽量骨材がある
天然軽量骨材	火山作用などによって天然に産出する軽量骨材
人工軽量骨材	けつ岩、フライアッシュなどを主原料として人工的につくった軽量骨材。細骨材および粗骨材がある
重量骨材	遮蔽用コンクリートなどに用いられる、普通の岩石よりも密度の大きい骨材
標準砂	セメントの強さ試験用モルタルに用いる天然けい砂

2-4　補強材

用　語	定　義
鉄筋	コンクリートに埋め込んで、コンクリートを補強するために用いる棒状の鋼材
丸鋼	断面が一様な円形の鉄筋
異形棒鋼、異形鉄筋	コンクリートとの付着をよくするために、表面に突起をもつ棒状の鋼材
ステンレス鉄筋	コンクリート補強に使用する熱間圧延によって製造したステンレス鋼の棒状の鋼材。異形棒鋼およびコイル状のものがある
PC 鋼材	プレストレストコンクリートに用いる緊張用の鋼材
溶接金網	コンクリートに埋め込んで、コンクリートを補強するために用いる金網で、格子状に配列した線径 2.6 mm 以上で 16.0 mm 以下の鉄線の交点を電気抵抗溶接して製造したもの
短繊維	コンクリートに分散混入する鋼繊維、炭素繊維、ガラス繊維、プラスチック繊維などの短い繊維
連続繊維補強材	炭素繊維、アラミド繊維、ガラス繊維などの連続した繊維に樹脂を含浸・硬化させた複合材料で、棒状、格子状のものなどがある
補強用連続繊維シート	1 本の太さが数 μm から十数 μm 程度のフィラメントを多数束ねて、平面状の一方向または二方向に配列してシート状または織物状にしたもの

3. コンクリートおよび材料の性質

用　語	定　義
密度（粉末の）	セメント、混和材などの粉体の質量をその絶対容積で除した値
粉末度	セメント、混和材などの粉体の細かさ
比表面積（粉体の）	セメント、混和材などの粉体の細かさを示す指標で、一般にはブレーン空気透過装置で測定された値
凝結（セメントの）	セメントに水を加えて練り混ぜてから、ある時間を経た後、水和反応によって流動性を失い、次第に硬くなる現象
偽凝結	セメントに水を加え練り混ぜているときまたは練混ぜを終えて間もない時期に、正常な水和反応によらないで、一時的にこわばりまたは凝結したような状態を示す現象
硬化	セメントが凝結した後、時間の経過に伴って硬さおよび強さが増進する現象
水和熱	セメントの水和反応に伴って発生する熱
安定性（セメントの）	セメントが異常な体積変化を起こさずに、安定して水和する性質
圧縮強さ（セメントの）	供試体が耐えられる最大圧縮荷重を、圧縮力に垂直な供試体の断面積で除した値
フロー値比（混和材の）	普通ポルトランドセメントを用いて作製した基準とするモルタルのフロー値に対する、混和材と普通ポルトランドセメントとを用いて作製した試験モルタルのフロー値の比を百分率で表した値
活性度指数（混和材の）	普通ポルトランドセメントを用いて作製した基準とするモルタルの圧縮強度に対する、混和材と普通ポルトランドセメントとを用いて作製した試験モルタルの圧縮強度の比を百分率で表した値
安定性（骨材の）	骨材の、気象作用に対する抵抗性。凍結融解作用に対する抵抗性の指標にもなる
強熱減量	試料をある一定の温度で強熱した場合の質量の減少量。セメントの場合は風化の程度を、フライアッシュの場合は未燃炭素量を、人工軽量骨材の場合は焼成の完全さを確かめる指標となる
絶対乾燥状態（骨材の）	骨材を 100 ～ 110℃の温度で定質量となるまで乾燥し、骨材粒の内部に含まれている自由水が取り去られた状態。絶乾状態と略称することがある
表面乾燥飽水状態（骨材の）	骨材の表面水がなく、骨材粒の内部の空隙がすべて水で満たされている状態。表乾状態と略称することがある
表面水率（骨材の）	骨材の表面についている水量の表面乾燥飽水状態の骨材質量に対する百分率
吸水率（骨材の）	表面乾燥飽水状態の骨材に含まれている全水量の、絶対乾燥状態の骨材質量に対する百分率
含水率（骨材の）	骨材粒の内部の空隙に含まれる水量と骨材の表面についている水量の総和の絶対乾燥状態の骨材質量に対する百分率
表乾密度（骨材の）	表面乾燥飽水状態の骨材の質量を、骨材の絶対容積で除した値
絶乾密度（骨材の）	骨材の絶対乾燥状態の質量を、骨材の絶対容積で除した値
実積率（骨材の）	容器に満たした骨材の絶対容積の、その容器の容積に対する百分率
絶対容積（骨材の）	骨材粒の占める体積、骨材中の空隙を含み、骨材粒間の空隙は含まない
単位容積質量（骨材の）	所定の締固め条件で容器に満たした骨材の質量を、その容器の容積で除した値
ふるい（コンクリート用）	コンクリートおよびコンクリート用材料の試験に用いるふるいで、JIS Z 8801-1 に規定する網ふるい

用　語	定　義
粒度（骨材の）	骨材の大小の粒の分布の状態
粗粒率（骨材の）	80 mm、40 mm、20 mm、10 mm、5 mm、2.5 mm、1.2 mm、0.6 mm、0.3 mm および 0.15 mm の網ふるいの一組を用いてふるい分けを行った場合、各ふるいを通らない全部の試料の百分率の和を 100 で除した値
最大寸法（粗骨材の）	質量で骨材の 90% 以上が通るふるいのうち、最小寸法のふるいの呼び寸法で示される粗骨材の寸法
微粒分量（骨材の）	骨材に含まれる $75\,\mu m$ の網ふるいを通過する微粉末の量。骨材の全質量に対する比率で表される
すりへり減量（粗骨材の）	回転するドラム中で骨材に摩擦または衝撃を与えた場合の所定の回転数における骨材のすりへり損失量。骨材の耐摩耗性の判定に利用され、骨材の全質量に対する比率で表される
粘土塊量（骨材中の）	骨材中に含まれる粘土塊の量。骨材の全質量に対する比率で表される
有機不純物（細骨材の）	モルタルおよびコンクリートに用いる細骨材中に含まれる有機不純物
塩化物量（細骨材の）	骨材に含まれている塩化物の量
塩化物イオン（Cl⁻）量（フレッシュコンクリートの）	フレッシュコンクリートに含まれる塩化物イオン（Cl⁻）の量
ワーカビリティー	材料分離を生じることなく、運搬、打込み、締固め、仕上げなどの作業が容易にできる程度を表すフレッシュコンクリートの性質
コンシステンシー	フレッシュコンクリート、フレッシュモルタルおよびフレッシュペーストの変形または流動に対する抵抗性
プラスティシティー	容易に型枠に詰めることができ、型枠を取り去るとゆっくり形を変えるが、くずれたり、材料が分離することのないような、フレッシュコンクリートの性質
スランプ	フレッシュコンクリートの軟らかさの程度を示す指標の一つ。スランプコーンを引き上げた直後に測った頂部からの下がりで表す
フロー値	フレッシュモルタルの軟らかさまたは流動性を示す指標の一つ。所定のコーンを用いて成形した試料の直径の広がりで表す
流下時間（漏斗）	フレッシュコンクリート、フレッシュモルタルおよびフレッシュペーストの軟らかさ、または流動性を示す指標の一つ。漏斗状容器からの試料の自由流下に要する時間で表す
スランプフロー	フレッシュコンクリートの流動性を示す指標の一つ。スランプコーンを引き上げた後の、試料の広がりを直径で表す
流動性	自重または外力によってフレッシュコンクリート、フレッシュモルタルおよびフレッシュペーストが流動する性能
ブリーディング	フレッシュコンクリートおよびフレッシュモルタルにおいて、固体材料の沈降または分離によって、練混ぜ水の一部が遊離して上昇する現象
材料分離	運搬中、打込み中または打込み後において、フレッシュコンクリートの構成材料の分布が不均一になる現象
ポンプ圧送性	コンクリートポンプによって、フレッシュコンクリートまたはフレッシュモルタルを圧送するときの圧送の難易性
フィニッシャビリティー	コンクリートの打上がり面を要求された平滑さに仕上げようとする場合、その作業性の難易を示すフレッシュコンクリートの性質

用　語	定　義
単位容積質量（コンクリートの）	フレッシュコンクリートの単位容積当たりの質量
空気量	コンクリート中のセメントペーストまたはモルタル部分に含まれる空気泡の容積の、コンクリート全容積に対する百分率
エントラップトエア	混和剤を用いないコンクリートに、その練り混ぜ中に自然に取り込まれる空気泡
エントレインドエア	AE 剤または空気運行作用がある混和剤を用いてコンクリート中に連行させた独立した微細な空気泡
凝結（コンクリートの）	コンクリートを練り混ぜてから、時間の経過に伴って流動性を失い、次第に硬くなる現象
全塩化物イオン量（硬化コンクリート中の）	硬化コンクリートから硝酸で抽出される塩化物イオン（Cl⁻）の量
供試体	各種試験を行うために所定の形状・寸法になるよう作製したコンクリート、モルタルなどの試験用の成形品
キャッピング	供試体に均等な荷重がかかるよう、セメントペーストなど適切な材料を用いて載荷面を平滑に仕上げること
圧縮強度	供試体が耐えられる最大圧縮荷重を、圧縮力に垂直な供試体の断面積で除した値
引張強度	供試体が耐えられる最大引張荷重を、引張力に垂直な供試体の断面積で除した値。ただし、コンクリートの場合は、一般に割裂引張強度の値を用いる
割裂引張強度	円柱供試体を横にして直径方向に線載荷し、コンクリートが割裂破壊したときの荷重から、弾性理論によって計算された引張応力度の値
曲げ強度	供試体が耐えられる最大曲げモーメントを、供試体の断面係数で除した値
せん断強度	せん断面に沿った最大荷重を、せん断面の断面積で除した値
支圧強度	部分的に圧縮荷重を受けたとき耐えられる最大圧縮荷重を荷重作用面積で除した値
付着強度	コンクリートに埋め込んだ鉄筋、PC 鋼材などの引抜き力または押抜き力の最大値を、二つの材料が接触する付着面積で除した値
ヤング率、静弾性係数（コンクリートの）	一軸静的載荷によって得られた応力―ひずみ曲線において、原点と任意の点とを結ぶ直線の勾配で表される値。コンクリートの場合、強度の 1/3 に相当する応力点と原点とを結ぶ線分の勾配として与えられる割線ヤング係数で示す
ポアソン比	コンクリートに軸方向力を加えたときの縦ひずみに対する、軸方向と直角方向との横ひずみの割合
動弾性係数	振動特性試験における、供試体の形状、大きさ、質量および縦振動または、たわみ振動の一時共鳴振動数などから求められる弾性係数
非破壊試験	破壊することなくコンクリートの諸性質を調べる試験
クリープ	応力を作用させた状態において、弾性ひずみおよび乾燥収縮ひずみを除いたひずみが時間とともに増大していく現象
リラクセーション	材料に力を加えてある一定のひずみを保った場合に、時間とともにその応力が低下していく現象
乾燥収縮	硬化したコンクリートまたはモルタルが乾燥によって収縮する現象
自己収縮	セメントの水和反応の進行によって、コンクリート、モルタルおよびペーストの体積が減少し、収縮する現象

用　語	定　義
温度応力（コンクリートの）	コンクリート部材内部の温度分布が不均一な場合および温度の上昇・下降に伴って生じる体積変化が外的に拘束された場合に、コンクリートに発生する応力
リバウンドハンマ	重錘を衝突させ、重錘の跳ね返り量を測定することで、コンクリート表面の反発度を読み取る装置
反発度（コンクリート表面の）	コンクリート表面の硬度を示す指標。間接的に圧縮強度の指標となる。リバウンドハンマを用いて測定する
耐久性	気象作用、化学的侵食作用、機械的摩耗作用、その他の劣化作用に対して長期間耐えられるコンクリートの性能
中性化	硬化したコンクリートが空気中の炭酸ガスの作用を受けて次第にアルカリ性を失っていく現象。炭酸化と呼ばれることもある
凍害	凍結または凍結融解の作用によって、表面劣化、強度低下、ひび割れ、ポップアウトなどの劣化を生じる現象
初期凍害	凝結硬化の初期に受けるコンクリートの凍害
腐食（鋼材の）	内部または外部からの腐食因子によって、鋼材が錆びる（さびる）現象
塩害	コンクリート中の塩化物イオンによって鋼材が腐食し、コンクリートにひび割れ、剥離、剥落などの損傷を生じさせる現象
アルカリ骨材反応	アルカリとの反応性をもつ骨材が、セメント、その他のアルカリ分と長期にわたって反応し、コンクリートに膨張ひび割れ、ポップアウトを生じさせる現象
水密性	コンクリート内部への水の浸入または透過に対する抵抗性
透水性	コンクリート内部の圧力差による水の移動のしやすさ
配合、調合	コンクリートをつくるときの各材料の使用割合または使用量
設計基準強度	構造計算において基準とするコンクリートの強度
配合強度、調合強度	コンクリートの配合(調合)を決める場合に目標とする強度
呼び強度	JIS A 5308 に規定するコンクリートの強度の区分
示方配合、計画調合	所定の品質のコンクリートが得られるような配合(調合)で、仕様書または責任技術者によって指示されたもの。コンクリートの練上がり $1\,\mathrm{m}^3$ の材料使用量で表す
現場配合、現場調合	示方配合(計画調合)のコンクリートが得られるように、現場における材料の状態および計量方法に応じて定めた配合
単位量	コンクリート $1\,\mathrm{m}^3$ をつくるときに用いる各材料の使用量。単位セメント量、単位水量、単位粗骨材量、単位細骨材量、単位混和材量および単位混和剤量がある
水セメント比	フレッシュコンクリートまたはフレッシュモルタルに含まれるセメントペースト中の水とセメントとの質量比。質量百分率で表されることが多い
セメント水比	フレッシュコンクリートまたはフレッシュモルタルに含まれるセメントペースト中のセメントと水との質量比
水結合材比	フレッシュコンクリートまたはフレッシュモルタルに含まれるセメントペースト中の水と結合材との質量比。質量百分率で表されることが多い
細骨材率	コンクリート中の全骨材量に対する細骨材量の絶対容積比を百分率で表した値
単位粗骨材かさ容積	コンクリート $1\,\mathrm{m}^3$ をつくるときに用いる粗骨材のかさの容積。単位粗骨材量をその粗骨材の単位容積質量で除した値

用　語	定　義
レイタンス	コンクリートの打込み後、ブリーディングに伴い、内部の微細な粒子が浮上し、コンクリート表面に形成するぜい弱な物質の層
エフロレッセンス	硬化したコンクリートの内部からひび割れなどを通じて表面に析出した白色の物質
洗い分析（コンクリートの）	フレッシュコンクリートをふるいを通して水洗いすることによって、各材料の構成比を求める操作
プレクーリング	コンクリートの練上がり温度を低くするため、コンクリートの構成材料をあらかじめ冷やす操作、または練混ぜ中もしくは打込み前にコンクリートを冷やす操作
プレウェッティング、プレソーキング	軽量骨材などを使用する際に、骨材をあらかじめ散水または浸水させて吸水させる操作

4．設備および施工

用　語	定　義
バッチミキサ	一練り分ずつのコンクリート材料を練り混ぜるミキサ
連続練りミキサ	コンクリート用材料の計量、供給および練混ぜを行う各機械を一体化して、フレッシュコンクリートを連続して製造し、排出する装置
重力式ミキサ	内側に練混ぜ用羽の付いた混合胴の回転によってコンクリート用材料をすくいあげ、自重で落下させて練り混ぜる方式のミキサ
強制練りミキサ	羽を動力で回転させ、コンクリート材料を強制的に練り混ぜ、コンクリートを製造する方式のミキサ。水平1軸形、水平2軸形、パン形などの種類がある
練混ぜ	コンクリート材料を均一に混ぜ合わせ、安定した品質になるように練る行為
練直し	練混ぜ後、コンクリートまたはモルタルが固まり始めない段階において、材料が分離した場合などに再び練り混ぜる行為
試し練り	計画した配合（調合）で所定のコンクリートが得られるかどうかを調べるために行う練混ぜ
運搬	フレッシュコンクリートをレディーミクストコンクリート工場から工事現場まで運ぶ行為。または、工事現場内の荷卸し地点から打込み地点までコンクリートポンプなどの装置で移送する行為
アジテータ	フレッシュコンクリートを打ち込む前に分離しないようにかき混ぜる機械
コンクリートポンプ	フレッシュコンクリートを機械的に押し出し、輸送管を通して連続的に運搬する装置
バケット	フレッシュコンクリートを運搬するための、下端部に開閉口の付いたおけ(桶)状の容器
ホッパ	材料またはフレッシュコンクリートを受け入れるための、漏斗状の装置または用具
コンクリートプレーサ	フレッシュコンクリートを圧縮空気によって送り出し、輸送管を通して連続的に運搬する装置
シュート	フレッシュコンクリートを高所から低所へ流し送るためのとい(樋)または管状の用具
打込み／打設	フレッシュコンクリートを所定の位置に投入し、型枠内に詰め込む行為

用　語	定　義
締固め	打ち込んだフレッシュコンクリートを振動させたり、たたいたり、突いたりして空隙を少なくし、密実にする行為
振動機	フレッシュコンクリートに振動を与えて締め固めるための機械（内部振動機と外部振動機とがある）
内部振動機	フレッシュコンクリート内部に差込み締め固める振動機（棒）
外部振動機	フレッシュコンクリートを締め固めるために建築用装置（たとえば、型枠の壁面）の外部の部分に取り付けるもの
コールドジョイント	先に打ち込んだコンクリートと後から打ち込んだコンクリートとの間が、完全に一体化していない継目
打重ね	まだ固まらない状態のコンクリート上に新しいコンクリートを打ち足す行為
タンピング	床（スラブ）または舗装用コンクリートに対し、打ち込んでから固まるまでの間に、その表面をたたいて密実にする行為
豆板	硬化したコンクリートの一部に粗骨材だけが集まってできた空隙の多い不均質な部分
プレパックドコンクリート	あらかじめ型枠内に特定の粒度をもつ粗骨材を詰めておき、その空隙にモルタルを注入してつくるコンクリート
吹付けコンクリート	フレッシュコンクリートまたはその材料を、ホースを用いて圧送し、ホース先端のノズルから所定の場所に、圧縮空気を利用して吹き付けてつくるコンクリート
舗装コンクリート	通常のコンクリートよりも凍結融解抵抗性、すりへり抵抗性、繰返し応力による疲労抵抗性を高め、舗装に適した性能を付与したコンクリート
打継ぎ	硬化した状態にあるコンクリートに接して、新たなコンクリートを打ち込む行為
打継目	打継ぎを行った境界部の継目
膨張目地、伸縮目地	構造物の部材または部位に膨張もしくは収縮が生じても、それらによる変形がほかの部材または部位に拘束されないように設けられるコンクリートの目地。セメントコンクリート舗装要綱では、構造による分類膨張目地、働きによる分類で伸縮目地と呼称している
収縮目地	面積の大きいコンクリートの版、壁などに、収縮による不規則なひび割れが発生することを防止する目的で、溝切りまたは突合せによってあらかじめ設けられる目地
（ひび割れ）誘発目地	乾燥収縮、温度応力、その他の原因によって生じるコンクリート部材のひび割れをあらかじめ定めた位置に生じさせる目的で、所定の位置に断面欠損を設けてつくる目地
ダミー目地	収縮目地の一つで、コンクリートの硬化後、カッタで切るなどしてコンクリート版の上部に溝を造り、ひび割れの発生を誘導する目地。溝には目地材を注入する
化粧目地	表面を意匠的に仕上げた目地
グラウティング	グラウトを注入または充填する作業
パイプクーリング	マスコンクリートなどの施工において、あらかじめコンクリート中に埋め込んだパイプに冷水または冷気を流して、コンクリートを冷やす操作
養生	コンクリートに所要の性能を発揮させるため、打込み直後の一定期間、適切な温度と湿度に保つと同時に、有害な作用から保護する行為または処置

用　語	定　義
標準養生	温度を 20±3℃に保った水中、湿砂中または飽和蒸気中で行う供試体の養生
水中養生	コンクリートを水中に浸せきして行う養生
封かん養生	コンクリート表面からの水分の出入りがない状態に保って行う供試体の養生
湿潤養生	コンクリートを湿潤状態に保つ養生
膜養生	打込み後の適切な時期に、コンクリート表面に膜養生剤を散布して皮膜を形成させ、水分の蒸発を防ぐようにした養生
促進養生	コンクリートの硬化または強度発現を促進させるために行う養生
蒸気養生	高温度の水蒸気の中で行う促進養生
常圧蒸気養生	大気圧下で行う蒸気養生
高温高圧蒸気養生、オートクレーブ養生	高温・高圧の蒸気がま（オートクレーブ）の中で、常圧より高い圧力下で高温の水蒸気を用いて行う蒸気養生
型枠	打ち込まれたコンクリートを所定の形状および寸法に保ち、コンクリートが適切な強度に達するまで支持する仮設物
せき板	型枠の一部で、コンクリートに直接接する木、金属、プラスチックなどの板類
支保工（しほこう）	型枠の一部で、せき板を所定の位置に固定するための仮設構造物
スペーサ	鉄筋、PC 鋼材、シースなどに所定のかぶりを与えたり、その間隔を正しく保持したりするために用いる部品
セパレータ	せき板を所定の間隔に保つために用いる主として鋼製の部品
かぶり（鋼材の）、かぶり厚さ（鋼材の）	鋼材、シースなどの表面とそれらを覆うコンクリートの外側表面までの最短距離
あき（鋼材の）	互いに隣り合って配置された鋼材の表面の最短距離

索　引

タ 行

〈編著者略歴〉

宮入賢一郎（みやいり　けんいちろう）
　　技術士（総合技術監理部門：建設－都市及び地方計画）
　　技術士（建設部門：都市及び地方計画、建設環境）
　　技術士（環境部門：自然環境保全）
　　RCCM（河川、砂防及び海岸・海洋、道路）、測量士、1級土木施工管理技士
　　登録ランドスケープアーキテクト（RLA）

森　　多毅夫（もり　たきお）
　　技術士（建設部門：鋼構造及びコンクリート）
　　1級建築士、1級建築施工管理技士、建築仕上診断技術者
　　コンクリート診断士、コンクリート主任技士、CFT造施工管理技術者

小林雄二郎（こばやし　ゆうじろう）
　　技術士（総合技術監理部門：建設－鋼構造及びコンクリート）
　　技術士（建設部門：鋼構造及びコンクリート）
　　RCCM（道路）、測量士、1級土木施工管理技士
　　コンクリート診断士、コンクリート主任技士

イラスト：原山みりん（せいちんデザイン）

ミヤケン先生の合格講義
コンクリート技士試験（改訂2版）

2016年 5 月25日	第 1 版第1刷発行
2022年 7 月15日	改訂2版第1刷発行

編　　者　宮入賢一郎
著　　者　森　多毅夫
　　　　　小林雄二郎
発 行 者　村上和夫
発 行 所　株式会社　オーム社
　　　　　郵便番号　101-8460
　　　　　東京都千代田区神田錦町 3-1
　　　　　電話　03（3233）0641（代表）
　　　　　URL　https://www.ohmsha.co.jp/

© 宮入賢一郎・森　多毅夫・小林雄二郎 2022

印刷・製本　三美印刷
ISBN978-4-274-22891-9　Printed in Japan

本書の感想募集　https://www.ohmsha.co.jp/kansou/
本書をお読みになった感想を上記サイトまでお寄せください。
お寄せいただいた方には、抽選でプレゼントを差し上げます。